U0531011

心流

最优体验心理学

［美］米哈里·契克森米哈赖
(Mihaly Csikszentmihalyi) 著

张定绮 译

中信出版集团｜北京

图书在版编目（CIP）数据

心流：最优体验心理学 /（美）米哈里·契克森米哈赖著；张定绮译. -- 北京：中信出版社，2017.12（2025.6重印）

书名原文：Flow: The Psychology of Optimal Experience

ISBN 978-7-5086-7553-4

Ⅰ. ①心… Ⅱ. ①米… ②张… Ⅲ. ①心理学－通俗读物 Ⅳ. ① B84-49

中国版本图书馆 CIP 数据核字（2017）第 094899 号

Flow: The Psychology of Optimal Experience by Mihaly Csikszentmihalyi
Copyright © 1990 by J. Mihaly Csikszentmihalyi
Simplified Chinese translation edition © 2017 by CITIC Press Corporation
ALL RIGHTS RESERVED
本书仅限在中国大陆地区发行销售

心流：最优体验心理学

著　者：[美] 米哈里·契克森米哈赖
译　者：张定绮
出版发行：中信出版集团股份有限公司
（北京市朝阳区东三环北路27号嘉铭中心　邮编　100020）
承　印　者：北京通州皇家印刷厂

开　本：880mm×1230mm　1/32　　印　张：12.25　　字　数：237千字
版　次：2017年12月第1版　　　　　印　次：2025年6月第69次印刷
京权图字：01-2011-1722
书　号：ISBN 978-7-5086-7553-4
定　价：49.00元

版权所有·侵权必究
如有印刷、装订问题，本公司负责调换。
服务热线：400-600-8099
投稿邮箱：author@citicpub.com

目录

序一 | 自造内心秩序之途　郑也夫 // 001
序二 | 心流人生：一曲冰与火之歌　赵昱鲲 // 027
序三 | 胜利者一无所获　阳志平 // 039
序四 | 契克森米哈赖的幸福课　万维钢 // 047
序五 | 听见喜悦的声音　余德慧 // 053
序六 | 快乐需要用心学习　朱宗庆 // 057

第一章 | 心流，快乐的源泉 // 061
> 我们对自己的观感、从生活中得到的快乐，归根结底直接取决于心灵如何过滤与阐释日常体验。我们快乐与否，端视内心是否和谐，而与我们控制宇宙的能力毫无关系。

人何时最幸福？ // 063
人类不满的根源 // 072
文化编织的神话 // 075
善用自己的体验 // 080
释放内在的生命 // 085

第二章 | 控制意识，改善体验的品质 // 089

一个人可以不管外界发生什么事，只靠改变意识的内涵，使自己快乐或悲伤；意识的力量也可以把无助的境况，转变为反败为胜的挑战。

意识的内涵 // 091

意识的极限 // 097

注意力：无价的资源 // 099

关于自我 // 104

内在失序 // 107

意识井然有序 // 111

自我的成长 // 113

第三章 | 心流的构成要素 // 117

迈达斯国王点石成金，最后活活饿死的寓言，充分证明一味追求财富、地位、权力，未必能使人更快乐。唯有从每天的生活体验中创造乐趣，才能真正提升生活品质。

幸福的假象 // 119

享乐与乐趣 // 122

构成心流体验的要素 // 126

目标不假外求 // 149

第四章 | 如何在日常生活中寻找心流？ // 155

索尔仁尼琴自得其乐的性格，让身陷囹圄的不堪也能转变为心流体验。他说："有的犯人会设法冲破铁丝网逃脱！对我而言，铁丝网根本不存在，犯人总数并没有减少，但我已飞到远方去了。"

心流活动 // 158

心流与社会文化 // 165

自得其乐的性格 // 172

在困顿中体验快乐 // 180

第五章 | 感官之乐 // 185

一走进舞池,我就觉得像漂浮了起来;好像喝醉的感觉,当舞到尽兴,我浑身发热、欣喜若狂,仿佛借着身体语言与他人沟通。

人值多少钱? // 187

"动"的乐趣 // 189

爱到最高点 // 195

控制的最高境界 // 198

视觉之乐 // 202

聆听喜乐的乐音 // 205

美食之乐 // 211

第六章 | 思维之乐 // 215

牛顿把手表放进沸水里,手上却捏着鸡蛋计算时间,因为他已沉浸在抽象的思考当中。迈克尔逊是第一位赢得诺贝尔奖的美国科学家,有人问他何以花那么多时间测量光速,他答道:"因为太好玩了!"

身体与心灵相辅相成 // 217

记忆:科学之母 // 221

思维游戏 // 226

文字的游戏 // 231

挖掘历史宝藏 // 236

科学的兴味 // 238

哲学的乐趣 // 243

业余与专业 // 245

第七章 | 工作之乐 // 249

工作不是"亚当的诅咒"。卡莱尔说:"找到性情相契工作的人有福了,这是人生在世所能祈求的最大福佑。"

工作的乐趣 // 252

像玩游戏一样去工作 // 261

工作与休闲 // 268

如何有效使用闲暇时间? // 274

第八章 | 人际之乐 // 277

独乐、众乐各有情趣,不论在沉寂的阿拉斯加边陲,还是喧嚣的纽约市中心,若能享受独处时分,同时与朋友、家人、社群和乐融融,便已踏上快乐的康庄大道。

微妙的人际关系 // 280

寂寞之苦 // 284

驯服孤独 // 290

天伦之乐 // 293

朋友之乐 // 306

胸怀大我 // 312

第九章 | 挫折中如何自得其乐? // 315

人生的悲剧在所难免,但遭受打击未必与幸福绝缘。人在压力下的反应,决定他们能否转祸为福,或只是徒然受苦受难。

扭转悲剧 // 318

纾解压力 // 324

化腐朽为神奇 // 328

培养自得其乐的性格 // 338

第十章 | 追寻生命的意义 // 345

> 若能赋予人生意义,就能使生命丰富璀璨,人生至此,夫复何求?是否苗条、富裕、掌权,都已无关紧要了,此时澎湃的欲念止歇,连最单调的体验也变得兴味盎然。

何谓意义? // 349

培养方向感 // 352

下定决心 // 358

重获内心和谐 // 364

一贯的人生主题 // 368

序一

自造内心秩序之途

郑也夫

（北大社会学系教授）

幸福源自内心的秩序

下面介绍的这本书，出版于 1990 年。台湾 1993 年有了张定绮先生的译本，中信出版社 2009 年购买并出版了这个版本。我 2000 年时读到台湾的译本，当即惊为"奇书"，在我讲授"消费社会学"与"幸福导论"课程时推荐给了同学们。他们拿走我的复制本去复印，读后争着汇报他们的喜悦。

本书作者米哈里·契克森米哈赖，1934 年生于当时的南斯拉夫，今天的克罗地亚。我早已是他精神上的密友，故下文不见外地称他米哈里。米哈里 1965 年获得芝加哥大学博士学位，1969 年至 2000 年在芝大任教。小他 8 岁的塞利格曼，晚于本书一年，即 1991 年出版了《学习乐观》(*Learned Optimism*)。二人志趣相投，2000 年联手发表《积极心理学导论》一文。这标志着积极心理学的问世。

米哈里这本书中有三个核心词：一是幸福；二是最优体验，他称之为心流；三是精神熵。我们就从这三个核心词说起。

幸福是今天通吃世俗与学界的热门话题，而米哈里和塞利格曼无疑是当代幸福研究的先驱。

米哈里从探讨幸福为什么难以得到开端。他说："幸福如此难能可贵，主要是因为宇宙初创之时，就没有以人类的安逸舒适为念。它广袤无边，充斥着威胁人类生存的空洞与寒漠，它更是一个充满危险的地方。"

对幸福的这种认识被后来的生物学家展开，指向动物与人类的身体机制。他们说：大马哈鱼溯江而上，产卵后便死去；自然选择筛选出的这种机制为了繁衍连母体的生命都要牺牲，快乐在其中怎么能算得上重要的追求呢？他们又说：人类性交为何这么短促？完成配种就够了，沉溺其中极可能成为天敌的点心。

米哈里认为，他所看重的学术风格兼有基础研究和实践应用的贡献。他认为能为幸福研究做出重大贡献的是三个学科：生物学、心理学、社会学，而非当下的一些显学。作为心理学家，生物学与社会学是他的第二只、第三只眼睛。

在论述人类幸福难以追求时，他独具慧眼地比较了人类与动物的差异。他说："动物的技巧总是能配合实际的需要，因为它们的心灵只容纳环境中确实存在的,并与它们切身相关、靠直觉判断的资讯。饥饿的狮子只注意能帮助它猎到羚羊的资讯,吃饱的狮子注意力则完全集中在温暖的阳光上……动物中除了人以外,都不会自作自受,它们的进化程度还不足以感受沮丧和绝望,只要没有外来的冲突干扰,它们就能保持和谐,体验到人类称为心流的那种圆满。"人类与动物的最大差别在于神经系统过于发达。感知和摄取更多的信息,无疑有利于人类生存。对外部情况不感知,当然更危险,但感知更多往往也更苦恼。常言说:无知无畏。反之,多知多畏,多知多忧。于是焦虑增长。刚巧一切平安的时候呢?神经系统过于发达的人类偏偏又会感到枯燥无聊。进化为什么导致人类这种极难伺候的身心配置?刚才说过了,自然选择出的生理机制只是服务于人类生存繁衍,没有增加幸福快乐的考虑。

人类成员中最不堪大量信息闯入的是精神分裂症患者。米哈里说:"精神分裂症患者会不由自主地注意到所有不相干的刺激,接收所有资讯。而很悲惨的是,他们并没有控制任何事物进出意识的能力。"有些病人把这种现象描述得很生动:"事情太快地涌进来,我失去控制,终于迷失了。"我认为,人类成员们看似不同的性格其实是连续谱,而不是割裂为正常人与病人两大类别。病态常常以其凸显的特征,帮助我们认识常态。多数人未因信息过多而致残,但未尝不是信息过多的困扰者。在如何面对外部的悲观信息上,米哈里与塞利格曼给出了两种解答。塞利格曼的看法是,不同的解释方式决定了不同的生命状态。我们继承了祖先悲观与审慎的解释方式,在远古残酷的生存竞争中需要如此,但现在的生活已经远离零和博弈,没有那么残酷,因此"解释"可以向乐观的方向调整。轻度悲观使我们在做事前三思而后行,但大部分时间乐观更好。米哈里的方法是,面对太多的,包括负面的信息,你必须找到一项能长久地凝聚自己注意力的活动。这样你面对众多信息时便有了轻重之别,乃至屏蔽若干信息。二位的共同性是强调个体的主观能动性。

金钱是否能让人幸福呢?米哈里做了断然的否定。今天越来越多的学者认同这个看法,但其中一部分人立即将幸福置换到昨天金钱占据的位置上,他们认为幸福才是人生理当直奔的主题。米哈里与笔者对此大不以为然。米哈里引用了笔者也曾引用过的弗兰克的话:"事实上,幸福感通常根本不是作为目标而浮现于人们的追求面前,而只不过表现为目标既达的某种附带现象。然而在神经官能症患者那里,这种原初的追求似乎都被扭曲为对幸福的一种直接性追求,扭曲为快乐意志……快乐成了注意力的唯一内容和对象。然而,神经官能症患者在多大程度上纠缠于快乐之中,他便在多大程度上让快乐的根据从眼皮底下跑掉,而快乐'效应'也不会再出现。"米哈里在本书中的全部研讨都是在证明幸福不是人生主题,而是附带现象。幸福是你全身心地投入一桩事物,达到忘我的程度,并由此获得内心秩序和安宁时的状态。

在人们认识幸福的误区中,比金钱更本质的是感官享乐。米哈里一言蔽之:"享乐的片刻转瞬即逝。""寻求快乐是基因为物种延续而设的一种即时反射,其目的非关个人利益。进食的快乐是为确保身体得到充足营养,性爱的快乐则是鼓励生殖的手段,它们实用的价值凌驾于一切之上……但实际上,他的性趣只不过是肉眼看不见的基因的一招布局,完全在操纵之中……如果无法抗拒食物或酒精的诱惑,或无时无刻不欲念缠身的人,就无法自由控制内在的心灵。""跟随基因的反应,享受自然的乐趣,并没有什么不好,但我们应该认清事实真相。"

人类有一个超大的意识系统。意识系统需要秩序,其无序时人们会焦虑、烦躁。生理欲望需要满足。但无论欲望满足上欠缺、适当还是过度,都与意识系统中的秩序较少关联。而"好的生存状态",英文直译为 well being,就是幸福的意思,"好的生存状态"要兼括生理满足与精神系统中的秩序。后者如何获得,是米哈里写作本书的目的所在。米哈里不是从寻常视角去讨论内心的秩序,而是从大自然的秩序之起点开讲,即熵与反熵。

负熵与精神熵

大自然中的大多数运动包含能量转换,所以热力学的两个定律是最基础的理论。第一定律是能量守恒,即发生的只是转移,总能量不增不减。若一个中间被隔开的容器中,一边装有热水,另一边装有凉水,发生的只能是热水的温度下降,凉水的温度上升,不可能相反。这就是热力学第二定律所关注的。其主要内容有三:第一,凉的物体不可能向热的物体传递热量;第二,能量转化中必有损耗;第三,在自发过程中,浓度趋于扩散,结构趋于消失,有序趋于无序。无序的量度被称作"熵"。一切自发的物理过程,都是熵增加的过程。

生命现象是个奇迹。它将太阳能转化成生物能，并从无序中发展出有序。薛定谔以物理学家的眼光看到了大自然中的这个反例，称之为"负熵"。负熵就是从无序走向有序的趋势。

米哈里借鉴上述思想提出了"精神熵"。他认为，资讯对人们意识中的目标和结构的威胁，将导致内心失去秩序，就是精神熵。米哈里说"精神熵是常态"，好可怕呀。在他看来精神熵的反面就是最优体验，他称之为"心流"。

我称这本书为奇书，因为它内容新奇，还因为它很难归类，既有科学的成分，似乎也有哲学乃至形而上学的味道，可能是因为作者讨论了一些本质的、科学还难于进入的问题。但是本书中的奇思妙论，不是基于玄想，而是调查。

作者和他的小组访问了职业、学历各异的男女老少。让每个对象佩戴一个电子呼叫器，为期一周。呼叫器每天不定时呼叫8次。呼叫器一响，受测者就要按照满意度的等级，记录当下自己的感觉，并记录当下从事的活动。这些分析记录超过十万份。故最优体验发生于何种活动中，是大规模调查的结果。甚至"心流"一词也非作者自创，而是多数被调查者描述他们的最优体验时所用的词汇："一股洪流带领着我"。

米哈里这样概括心流的成因和特征。第一，注意力。他说：体验过心流的人都知道，那份深沉的快乐是严格的自律、集中注意力换来的。第二，有一个他愿意为之付出的目标。那目标是什么不要紧，只要那目标将他的注意力集中于此。第三，有即时的回馈。第四，因全神贯注于此，日常恼人的琐事被忘却和屏蔽。第五，达到了忘我的状态。

他举出一些典型的角色及其行为，诸如攀岩选手、外科医生、诗人、剧作家，来说明心流。

一位攀岩选手这样描述自己的感受："越来越完美的自我控制，产生一种痛快的感觉。你不断逼身体发挥所有的极限，直到全身隐隐作痛；然后你会满怀敬畏地回顾自我，回顾你所做的一切，那种佩服的感觉简直无法形容。它带给你一种狂喜，一种自我满足。只要在这种战役中战胜过自己，人生其他战场的挑战，也就变得容易多了。"

外科医疗的性质决定了它是最能集中注意力的。很多外科医生表示给多少钱也不干医院其他科的工作。他们认为：内科治疗常常看不清目标。神经科的目标更模糊，常常十年才能治好一个病人。除了目标清晰，外科的诊断与手术中会不断得到回馈，以评估进展。明确已获得的进展，与全神贯注地继续工作密切关联。

米哈里说："近年来有很多人指出，诗人与剧作家往往是一群严重沮丧或情绪失调的人，或许他们投身写作这一行，就是因为他们的意识受精神熵干扰的程度远超一般人；写作是在情绪紊乱中塑造秩序的一种治疗法。作家体验心流的唯一方法，很可能就是创造一个可以全心投入的文字世界，把现实的烦恼从心灵中抹去。"喜欢科学的王小波一定知道熵，不知道他读过本书没有。但他说过，他的写作是"反熵"行为，这一点倒是与米哈里的看法如出一辙。

全神贯注某项活动，精神消耗一定更大，好在当事者心甘情愿——这似乎是常识。但米哈里告诉我们：不对。有实验证明全神贯注减轻了脑力负担。"最合理的解释似乎是：心流较强的那组人能关闭其他资讯的管道，只把注意力集中在接收闪光的刺激上。这使我们联想到，在各种情况下都能找到乐趣的人，有能力对外来刺激进行筛选，只注意与这一刻有关的事物。虽然一般认为，注意力集中时会增加处理资讯的负担，但对于懂得如何控制意识的人而言，集中注意力反而更轻松，因为他们可以把其他不相关的资讯都抛在一旁。他们的注意力同时极具弹性，与精神分裂症患者完全不由自主地注意到所有刺激恰成强烈对比。这种现象称为'自得其乐的性格'，或许能提供神经学上的解释。"

我当下能想到的三个案例，似乎可以旁证这个判断。

第一个案例是爱因斯坦，他说：进入科学殿堂的有几种人。第一种人智力超群，来这里为了出人头地。第二种人做科学研究是享受。但是科学的殿堂之所以存在不是因为他们，而是因为第三种人，后者走进科学是出于对世俗生活的厌倦。

第二个案例是陈景润，他暴得大名后，荣任全国政协委员，少不了出席两会。陈委员常常逃会，且避开室友，躲到厕所中思考他的数学。

我猜想二位的行径中，可能既有热爱科学的成分，也有避开烦恼的常人心理。他们沉浸于科学，也经历过世俗，知道专心科学更省心，回到世俗费神。

第三个案例是我本人。我的经验是，在写一篇较大作品的时候，通常是几个月，身体总是很好。相反，不做大活的时候，身体常有这样那样的不自在。

这个实验太关键了,即使进一步实验的结果不是一边倒。

专注是心流的关键。于是问题来了:中国的高中生在应试的压力下不是也很专注吗,他们体会到心流了吗?我的判断是否定的。爱因斯坦就抱怨他的一次应试经历,他说过后很长时间都不能复原。为什么如此?第一,那活动不是他心向往之,而是被迫的。第二,反复无数次的复习中,没有任何新的刺激,完全是乏味的重复。故高考结束之日,就是全体考生背叛这一活动之时。上述造成心流的活动,比如攀岩、写诗、思考哥德巴赫猜想,哪能如此。一句话,能造就心流的活动,大多还需要当事者自觉自愿,乐在其中。米哈里的著作中没有对"考生的专注"多花笔墨,可能是因为在他的国家中,这种灾病不成气候。

可以造就心流的活动中必有挑战,且挑战应该是动态的,即当挑战与你的技能匹配时,有了心流。当挑战的目标大大高过你的技能时,将产生焦虑,此时应降低挑战目标。当你的技能高过设定的目标,继续持续这种活动将产生厌倦,便要提升目标,以求挑战和心流的持续。正是在技巧提高、目标上调的过程中,当事者感受到了成长的乐趣。此为幸福之真谛。

自寻目标的时代

集中注意力是造就心流的关键。而凝聚注意力需要一个目标。

目标从何而来呢？

在传统社会中，为百姓们提供人生目标的是社会权威：国王、主教、政府。他们提供的目标有：宗教、道德、阶级习俗、爱国主义。最后到来的一个目标提供者是商人，他们宣扬的是消费。这些目标渐渐失效，不再吸引众生。

原因之一是，这些目标设置的动机或者是维护社会秩序，或者是鼓吹者自身的利益。社会秩序的考虑在古代是成立的，没了社会秩序大家都要遭殃。但现代社会秩序的基础已经改变，不是同仇敌忾，而是越来越大范围的分工合作，是以市场竞争为主要渠道的上下流动。商人们宣扬购买，但购物不包含复杂的身心投入，不造就内心的秩序，更不会带来成长的乐趣。购物从根本上说有利于商人，而非顾客。自上而下的其他几种目标，其实异曲同工，都是更有利于宣讲者或统治阶层。

原因之二是，人类成员们的兴趣、潜能大不相同。单一的目标，即使很好，也只能吸引一个群体中十分之一的人去追求。能吸引群体中大多数成员的，必是多个目标。提供目标的人，必有其主观偏好和私利，长官的意志当然是这样，即使是父母也很难豁免。因此目标要自己去寻找。

我们一不留神说到父母了。为对得起有适龄子女的父母，有必要多说几句。积极的、能为自己建立兴趣的性格，有先天的成分，不是所有人都能如此。但是也与早期成长关系密切。这就涉及孩子成长的家庭环境。米哈里认为：好的家庭环境就是不替孩子设立目标；家长当然不可以什么都不管，但家长设定的不可以做的界线要清晰，界线之内的空间是孩子的，即给他留下较大的自选空间；并且家长对孩子当下的兴趣、所做的事情和感受要留心和重视。用米哈里的话说：这样"孩子知道什么事可以做，什么事不可以做，不必老是为规制与控制权而争吵；父母对他们未来成就的期望也不会像一片阴影，永远笼罩在他们头上；同时不受混乱家庭分散注意力的因素所干扰，可以自由发展有助于扩充自我的兴趣与活动。在秩序不佳的家庭里，孩子的大部分能量都浪费在层出不穷的谈判与争执，以及不让脆弱的自我被别人的目标所吞噬的自我保护上"。

人生目标的获得不能抄袭，没有捷径。米哈里说：获得最优体验的手段，"不能浓缩成一个秘诀，也不能背诵下来重复使用……每个人必须自行从不断的尝试与错误中学习"。

米哈里问读者：什么是自得其乐？他自己的回答是："就是'拥有自足目标的自我'，大多数人的目标都受生理需要或社会传统的制约，亦即来自外界。自得其乐的人，主要目标都从意识评估过的体验中涌现，并以自我为依据。"

外界向你提供目标时，往往以某种奖励吸引你追随它。世上大多数奖励的动机是控制你。不做外部目标的奴隶，就要拒绝它们的奖励。拒绝外部奖励的最有效的方法是建立"内奖"，即选定你的目标，在追随目标的努力中，获得内心的秩序和成长的乐趣，这就是内奖，就是自我奖励。

在讨论心流与目标时，米哈里还提出了"自成目标"的概念，即目标是做你喜欢做的事情，而非做这件事情的报酬，尽管有时也存在报酬，有时也有社会效益。也就是为艺术而艺术，为科学而科学，为你喜欢的劳作而劳作。米哈里说："开始时靠目标证明努力的必要，到后来却变成靠努力证明目标的重要性。""登上山顶之所以重要，只因它证明了我们爬过山，爬山的过程才是真正的目标。"

以上说的是在设置人生目标上个人与社会的关系。接下来说生活中的群己关系。

灵长目动物中有选择以群体为生存单位的物种，也有选择以小家庭为生存单位的物种。同为群体生存的黑猩猩、大猩猩与人类曾经是一个物种，在200万年前分手。也就是说，人类群体生存的历史远远长于200万年。这经历结结实实地确定了我们的群体性。我们最大的痛苦常常不是来自大自然，而是来自伙伴，甚至亲人，所以哲学家说"他人是地狱"。如果每个普通人可以彻底离开他人，这句话就不会从哲人口中说出。并且，其实你的很多快乐，甚至最大的快乐，也是来自与他人的交往。乃至，如何和他人交往，成为你的内心秩序的组成部分。

现代社会与传统社会的一大差别是：社会成员们巨大的流动性。于是你的合作伙伴和亲密朋友，都不再是生来注定，不再限于乡亲，而是可以自己选择。择友是从少年时代开始就要学习的一门至关重要的技能。当然在这之前，首先要力争学会并长久保持亲属间的和睦。再说下去就是老生常谈了。就此打住，我们转向去讨论与群体生活对峙的"独处"。

米哈里在此处妙语连珠。他说："学习运用独处的时间在童年时期就很重要。十来岁的孩子若不能忍受孤单，成年后就没有资格担负需要郑重其事准备的工作……如果一个人不能在独处时控制注意力，就不可避免地要求助于比较简单的外在手段：诸如药物、娱乐、刺激等任何能麻痹心灵或转移注意力的东西……英国哲学家培根引用一句俗语说：'喜欢独居的人，不是野兽就是神。'倒不一定是神，但一个人若能从独处中找到乐趣，必须有一套自己的心灵程序，不需要靠文明生活的支持——亦即不需要借助他人、工作、电视、剧场规划他的注意力，就能达到心流状态。"

一方面，独处是建立自己的内心系统的必要经历。另一方面，有了自己内心的系统，更能够适应因偶然原因陷入的孤独的处境中。葛兰西、索尔仁尼琴、曼德拉等人的经历就是证明。米哈里说："一个能记住故事、诗词歌赋、球赛统计数字、化学方程式、数学运算、历史日期、《圣经》章节、名人格言的人，比不懂得培养这种能力的人占了更大的便宜。前者的意识不受环境产生的秩序限制，他总有办法自娱，从自己的心灵内涵中寻求意义。尽管别人都需要外来刺激——电视、阅读、谈话或药物——才能保持心灵不陷于混沌，但记忆中储存足够资讯的人却是独立自足的。"

适当的独处有利于形成"自我"。我一直有一个感觉，国人的"自我"弱于其他民族。表情反映性格。国人的典型表情是嬉皮笑脸，相比而言异族人要严肃得多。我特别喜欢非洲木雕中的一脸肃穆。何以有如此差异？我的分析是，中国人"社会性"太强，打压了"自我"，使我们每每逢迎他人。缺少独处就缺少自我，而无个性的人组成的社会是缺少美感的。

心流与庖丁解牛

时下中国学者从事的很多社会调查，其结果和调查前的判断如出一辙。此种调查属于无聊的勾当。好的调查一定是调查前对结果毫无把握，有时调查后还发现了令人惊讶的事实。

米哈里的调查就是好的调查。其一，该调查发现，心流的体验，工作时（54%）大大高于休闲时（18%）。其二，面对"我现在是否宁可做别的事情"这一问题时，回答"是"，即愿意停止现在正做的事情的回答者中，工作的人大大高于休闲的人，即使工作者正处于心流的状态。这真是个值得思考的悖论。米哈里的解释是：很多人屈从于主流文化，认为工作是强制的，不去理性地比较自己工作与休闲的状态。对此我不完全同意。

调查中更多的心流出现在工作中，而不是休闲中。这符合米哈里的一贯认识。他引用弗洛伊德的话："快乐的秘诀在于工作与爱"。

他在书中动情而生动地讲述了东西方两个劳动者工作中的心流体验。

"里柯·麦德林在一条装配线上工作。他每完成一个单元，规定的时间是 43 秒，每个工作日约需重复 600 次。大多数人很快就对这样的工作感到厌倦，但里柯做同样的工作已经 5 年多了，还是觉得很愉快，因为他对待工作的态度跟一名奥运选手差不多……训练自己创造装配线上的新纪录……经过 5 年的努力，他最好的成绩是 28 秒就装配完一个单元……最高速度工作时会产生一种快感，里柯说：'这比什么都好，比看电视有意思多了。'里柯知道，他很快就会达到不能在同样工作上求进步的极限，所以他每周固定抽两个晚上去进修电子学的课程。拿到文凭后，他打算找一份更复杂的工作。我相信他会用同样的热忱，努力做好任何一份工作。"

这个案例中工作的挑战能造就心流是足够生动的。我倒想做一点笔走偏锋的评论。我常对学生们说，你们要选择一份与你自己智商相匹配的工作。不要干了十年后发现你已经穷尽了这份工作中的全部奥秘，索然无味了。中年后能否找到和重新学做一份挑战性的工作是存疑的。借棋弈做比喻，智商高的不要选择跳棋，要选择围棋，它能长久地吸引你。

令中国读者惊异的是，米哈里的第二个案例是《庄子·庖丁解牛》。这很让我感动，因为我一向认为这是中国文字中最美的一篇。庖丁无疑在劳作中进入心流的状态，从庄子全过程的描写可以清楚地看到。米哈里却有更多的期待。庖丁回答文惠君："臣以神遇而不以目视，官知止而神欲行。"米哈里引用的英文翻译是："Perception and understanding have come to a stop and spirit moves where it wants"。笔者以为，"以神遇"的意思是"以直觉应对"，译为"spirit moves"不妥。这个翻译误导了米哈里。遇—moves—flow，中英文字转化后的对比，令米哈里痴迷东方的"遇"与西方的"流"可以"融会贯通"。瑕不掩瑜，庖丁解牛确乎符合心流。但《庖丁解牛》没有说出米哈里的理论。

为什么对工作的不满成为社会主流舆论的组成部分，且出现上述调查中的悖论？我试做这样的解释。

正如米哈里所说:"工作可以残酷而无聊,但也可能充满乐趣和刺激。"最好的体验和最坏的体验都在工作中,而非休闲中。工作中好的体验与个人性格密切关联,故常常存留和藏匿在私人的内心,当事人未必有广而告之的愿望。而工作中的紧张、单调、劳累过度和低收入,则因劳工的利益诉求和他们伟大代言人振聋发聩的言论而进入公共领域,传染众生。工作虽然有内在的挑战和造成心流的可能性,但工作对雇主与管理者之外的员工还有其他的重要维度,最大的两项是自由度和收入。感觉收入上不公正会抱怨。一个可以从工作中获得心流体验的工人,工作效率多半不低,而如果其收入没有相应提升,则其抱怨的可能性多半高于效率较低、无心流体验的工人。所以上述悖论的解释空间甚大。"现在我宁可做别的事情",未必是要从有心流体验的当下工作转移到无心流体验的休闲,有可能是从有心流体验但工资低的工作,换到有心流体验且工资较高的岗位上。缺乏自由度,正是青年马克思一针见血地指出的资本主义生产方式下劳动的"异化"。这批评雄辩且经久不衰。

米哈里从心流的角度触及这一问题,他的思路是改良的。他说:"通过工作提升生活品质,需要两项辅助策略。一方面要重新设计工作,使它尽可能接近心流活动——诸如打猎、家庭式纺织、外科手术等。另一方面,还得培养像莎拉菲娜、柯拉玛、庞丁那样自得其乐的性格,加强技巧,选择可行的目标。这两项策略若单独使用,都不可能使工作乐趣增加太多,但两者双管齐下,却能产生意想不到的最优体验。""但目前的状况却是,那些有能力改变特定工作性质的人,并不重视工作能否带来乐趣。管理者的首要考虑是生产力，工会领袖满脑子也都是安全、保险与工资。短期看来，这些前提跟产生心流的条件可能有冲突。这实在很可惜，因为如果工人真正喜爱他们的工作，不但自己受益，他们的效率也会提高，届时所有其他目标都能水到渠成。"

米哈里改革的建议不易实现。连工会领袖都不致力于此，说明劳资双方其实共享资本主义价值观：货币收益。

但是随着时代的进展，突破口有望呈现。那就是伴随机器人的大规模问世，人们的工作时间将越来越少，闲暇将越来越多。这样，缺乏自由、自主的问题将缓解。工人虽然未能在工作中获得更多的自由和自主，但其整体生存中自由和自主的时间大幅度增加。而米哈里的问题也将转化，获得更多心流的主战场，将从工作转向休闲。

凯恩斯在 1920 年就发出了伟大的预言：经济问题将在百年内终结。"人类自从出现以来，第一次遇到了他真正的、永恒的问题——当从紧迫的经济束缚中解放出来以后，应该怎样来利用他的自由？科学和复利的力量将为他赢得闲暇，而他又该如何来消磨这段光阴，生活得更明智而惬意呢？"

好在历史上的贵族阶层已经做出了尝试，积累了经验。贵族阶层脱离了生产，率先面临生命不能承受之轻的挑战。一部分贵族陷入物欲不能自拔，另一部分选择体育、音乐、诗词歌赋的艺术化生活方式。中西方在此高度一致。

一方面，米哈里认为工作而非休闲，可以造就更多的心流。但另一方面，他讨论心流的生动案例中，休闲中的活动不在少数，比如他不断说到的攀岩、舞蹈、下棋。这些狭义的游戏，正是我们下面讨论的内容。

机器人驱赶我们去游戏

　　工作可以产生心流，游戏也可以产生心流。游戏与心流的关系更好理解。这不仅因为游戏的特征——下棋、打球、唱歌显然是有趣的，还因为人类创造出游戏，目的就是调整心情，变低迷为亢奋，变涣散为专注。孔子云："饱食终日，无所用心，难矣哉！不有博弈者乎？为之犹贤乎已。"

　　我认为游戏王国中的第一重镇是体育。米哈里没这么说，但其在书中专门讨论游戏的第五章，是从体育开始的。体育具备造就心流的最佳条件：明确的目标，即时的回馈，易学难精带来的上不封顶的挑战性。体育的最大功能是帮助人控制自己：既学习控制自己的身体——这很好理解，体操、田径、游泳、球类，都要在控制身体上下大功夫，又要学习控制自己的精神，控制自己的注意力。爱看网球的人都知道纳达尔，他的身体条件其实并不突出，爆发力不好是其致命的弱项，而爆发力几乎是一切竞技体育项目不可缺乏的。那他靠什么制胜？靠专注。他可以在四五个小时内一直集中精力。俗话说老虎也有打盹儿的时候。对手领先纳达尔时会很自然地放松一小会儿，不想一下就被逆转了。在专注上你比不过他，你做不到专注每一个回合，结果满盘皆输。

瑜伽的精髓也在于控制自己，从身体到精神。"第五实修是进入正式瑜伽修行门户的预备动作，称作'制感'。它主要是学习从外界事物上撤回注意力，控制感觉的出入——能够只看、听和感知准许进入知觉的东西。在这个阶段，我们已经可以看出，瑜伽的目标与本书所描述的心流活动多么接近——控制内心所发生的一切。"

球类运动常常更吸引人，因为比分此起彼伏，那是即时的、高度刺激的回馈。相比之下，游泳似乎显得沉闷，如果每天一次能不枯燥吗？这其实和有些工作相似，必须在过程中为自己设定新的挑战及目标，在迎接挑战中获得成长的乐趣。我本人差不多一天游一次泳。我排遣枯燥、保持兴趣的方法是学习、完善和创造多种泳姿。我会十种游泳姿势：光是仰泳就会反自由泳式、反蛙泳式、反蝶泳式。我游海豚泳双手并拢只用两腿，那才真正像海豚。学习乐器也一样。不持续练习不会提高，持续下去主要不是靠耐心，而是靠不断发现技巧上的微妙差异，靠持续存在的关注点。

在中西方古代贵族那里，音乐和体育是并重的。孔子说：立于礼，成于乐。近代西方哲人席勒说：美育先于道德，没有美育的道德是强制性说教。这是对孔子"立于礼，成于乐"的最好注解。美育可以让一个人在其精神世界中愉快地领受一种秩序。有了这第一个秩序，才好顺利地接受第二个秩序，即道德伦理的秩序。非如此道德就是强制。而音乐是精神世界中最神秘和美妙的秩序。米哈里说："柏拉图就是因为警觉到这种关系的存在，所以才强调教育儿童首先就该教他们音乐；学习把精神专注于优美的节奏与和谐之中，意识的秩序才得以建立。我们的文化似乎越来越不重视儿童的音乐技能，学校预算每有删减，最先遭殃的就是音乐课程，还有美术和体育。这三种对于改善生活品质极为重要的技能，在当前的教育环境中竟被视为多余，着实令人扼腕。"他还说："虽然学习乐器从小开始最好，但永远不会嫌太晚。有些音乐老师的专长是教导已成年，甚或上了年纪的学生，很多成功的企业家甚至年逾五十才决定学钢琴。尝试与别人合作发挥自己的技巧，最愉快的经验莫过于参加合唱团或加入业余演奏团。"他还提倡学习作曲，他说电脑中先进的软件使作曲变得更简易，普通人也可以尝试。

游戏如此有趣，2 000多年前先哲就告诫人们无聊了去下棋。那么为什么当代人的休闲生活甚至不如工作时有更多的最优体验呢？

有两大原因。其一，大把大把的闲暇的来临，是当代的事情，此前是六天工作日，每天八小时以上的工时。这种强度之下，休闲主要用于放松和休息。其二，游戏是需要学习的。没有青少年时代五年以上的时光沉浸在篮球、乒乓球、提琴上面，就很难终身保持这习惯，在闲暇无聊时信手拈来。

相反，没有这些游戏的储备，当代人遇到闲暇无聊，便饥不择食地打开电视，奔向商厦或网上购物。这种应对无聊的策略一旦建立，就很难改变。如果处在狂飙的年龄，还可能选择毒品和暴力。因其不需要学习，是没有复杂游戏储备的无聊者们的便餐。

闲暇必须与游戏结合，复杂的游戏必须经过学习，所以学习游戏就是学习如何应对更多的闲暇。

一个人愿意投身哪一种游戏，是高度个性化的事情。当代人，特别是未来的人们的生活目标将落在游戏上面。这也再次说明，今天和未来人们的生活目标，不可能是权威或他人指派的，而是自己接触和尝试后的选择。

我和米哈里的一个共识是，我们都看到了与游戏、与当代人的刺激需求密切关联的"瘾"。

"精神熵暂时消失的感觉，是产生心流的活动会令人上瘾的一大原因……很多棋界天才，包括美国第一任棋王保罗·墨菲和最近一任棋王费舍在内，都因太习惯条理分明的棋局世界，毅然弃绝了现实世界的纷扰混乱……任何有乐趣的活动几乎都会上瘾，变成不再是发乎意识的选择，而是会干扰其他活动……当一个人沉溺于某种有乐趣的活动，不能再顾及其他事时，他就丧失了最终的控制权，亦即决定意识内涵的自由。这么一来，产生心流的活动就有可能导致负面的效果：虽然它还能创造心灵的秩序，提升生活的品质，但由于上瘾，自我便沦为某种特定秩序的俘虏，不愿再去适应生活中的暧昧和模糊……我们必须认清心流有使人上瘾的魔力；我们也应该承认'世上没有绝对的好'这个事实……如果人类因为火会把东西烧光就禁止用火，我们可能就跟猴子相差无几。"

我比米哈里更为乐观地看待"瘾"。在拙作《后物欲时代的来临》①中我说过这样的话："有了瘾就不会空虚了。没有上瘾，不仅仍然有可能陷落到空虚之中，甚至难于与一种行为模式系结到一起。现代人大规模地、义无反顾地陷入'瘾'当中，是有深刻的原因和功能的。我们实际上面临的很可能是三种选择：空虚无聊、寻

---

① 郑也夫. 后物欲时代的来临 [M]. 北京：中信出版社，2016. ——编者注

找肤浅的刺激因而不能真正摆脱空虚，对某种活动上瘾。或许瘾是帮助现代人解决这一尖端问题的归宿。如是，问题的关键就不是从一般的意义上将瘾看作病症，而是比较和区分各种可以上瘾的活动，择其善者而从之。"

书名回归原著

这本书原著名是 *Flow: The Psychology of Optimal Experience*，1990年出版。1993年台湾出版张定绮先生翻译的中译本，名为《幸福：从心开始》。我读后记住了契克森米哈赖。2012年前后在网上发现了他的四部著作的中译本，大喜过望，立即给该社总编打电话索要。能张这个口是因为我应邀为他们写过书评。很快收到两本书。我再拨电话，重申这四本书我都想要。总编说：其实是两本，《幸福的真意》《生命的心流》都是2009年出版，销售得不好，于是2011年《幸福的真意》更名为《当下的幸福》，《生命的心流》更名为《专注的快乐》，重新出版。我颇为震惊，斥责这做法。总编颇有雅量，悉心听取，诚恳接受。后来听刘苏里先生说，这是当今中国出版业中常见的伎俩。

我的批评意见分为三条。

其一，权利问题。试问书中正文在翻译时可否随意改动增减？估计没人敢说可以。书名是著作的组成部分，至少同样不可更改。且为作品起名常常花费作者格外的心智和时间，我自己有切身的体会：起个书名，候选常常十几个，反复总要几十次。译作中书名篡改最多，其实最不应该。

其二，同一个中译本，为了推销不断更名，将造成全方位的混乱：从图书馆的书名目录，到学者的引用注释，再到读者的搜索记忆。出版社敢这么做，堪称无知无畏。而出版管理者对此不闻不问，十足的尸位素餐。

其三，从出版社自身的利益看，更名的勾当也是愚不可及。须知，促进名声传播，再好的宣传炒作也不如朋友同学间的口耳相传。第一批读者中的五千粉丝将这本好书告知三万人，后者休想找到它了，因为它已经改头换面。

最后，我们讨论这本书的译名。英文名是 *Flow: The Psychology of Optimal Experience*，台湾版书名是《幸福：从心开始》，大陆第一版书名是《幸福的真意》，大陆第二版书名是《当下的幸福》。Flow、Optimal Experience、Psychology，原书名中的三元素在三个中译本中无一呈现。而中译本的三个书名中的几个核心词：心、幸福、真意、当下，均不见诸原书名。原书名既亮出自己的身份：心理学的学术著作，以区别世俗的心灵鸡汤，又颇有悬念和锐度，分别见诸这两个词汇：flow、最优体验。三个中译本的书名，统统背离原书名十万八千里，自甘插上鸡汤的标签。

严复云：一名之立，旬月踟蹰。贬过别人，该拿出自己的主张了。好在我思考其名已过月旬。

书名的后半截：The Psychology of Optimal Experience，老老实实译作：最优体验心理学，应无争议。措辞上或许存在的小差异，小到可以不论。

关键在于 Flow。直译成"流"或"涌流"不妥，因读者会每每不解，乃至"流"在正文中出现恐怕需要加上引号。

敝人以为，可以考虑的译法有二。其一，心流。其二，福流。

人类语言中造词的精髓是借喻。无借喻则势必要造出太多的词汇，乃至头脑无法驾驭。Current 和 stream 是英文中早就存在的词汇，有各自的最初含义，后被借用于 electrical current(电流) 和 stream of consciousness（意识流）的组合中。在此构造中，汉语的译名来得更简洁，不麻烦其他字，只一个"流"字：电流，意识流，寒流（寒冷的空气），潮流（社会风气）。故心流、福流有传承，是"流的系统"的延伸。道可道，非常道。这个流，非常流。

心流与福流，二者高下得失如何？两个译法敝人都能接受，但微微偏向"福流"。"心"更宽泛，"福"更具体。本书讨论的其实就是"最优体验之流"，最优体验就是幸福，故"最优体验之流"可以简称为"福流"。除了意思更贴近的优势，"福流"还是音译。音译与意译如此合一，实在难得。当然，"福"在汉语中有"运气"的意思，这是本书"最优体验"的概念所不包含的。但是"福流"不等同于"福"，在其特有的语境中它与"运气"极少关联。

敝人以为，心流的最大优势是，本书正文中频繁出现的 Flow 在中译本中统统译作"心流"。故因有逾万册的中译本做载体，在中文读者中流传了二十年，"心流"已经被很多中国人接受。语言的形塑中，"选票"（即众人的使用）的力量每每大于逻辑和规则的力量，何况"心流"的译法不离谱。敝人本想尝试以我认为刚好的

"福流"动摇"心流"的地位。这当口,本书的编辑就书名求教本书作者米哈里,此实为解决翻译难点的正途。米哈里的儿子研究东方哲学,懂中文。父子商议后认同"心流"的译法。于是,敝人打消了鼓吹"福流"的想法。

一般而言,我不赞成书名屡屡更改,但高度认可这次更名,因为定名《心流:最优体验心理学》是回归原著。

郑也夫

2017 年 7 月 30 日

序二

心流人生：一曲冰与火之歌

赵昱鲲

（清华大学社会科学学院积极心理学研究中心办公室主任）

第一次读《心流》这本书的时候，我印象并不好。那是我在宾夕法尼亚大学念积极心理学研究生的时候，作者米哈里·契克森米哈赖也是我们的授课老师，要求我们在上课前先把这本书的前三章读了。当时学业很重，时间很紧，我读得很快。由于我对人生意义这个问题特别感兴趣，于是顺便把最后一章也读了。后来在契克森米哈赖给我们上课的时候，把中间的部分也都跳着读了一些。

这样读下来，当然收获不大。更雪上加霜的是，一来此前在积极心理学的一些入门书，比如塞利格曼的《真实的幸福》(*Authentic Happiness*)里，已经读到了对心流的介绍，因此在读这本书本尊时，反而失去了惊艳的感觉。二来我是理科出身，一直反感"文科"借用量子力学、相对论等理科概念，来为他们的理论背书。《心流》里"精神熵"的这个比喻，让我觉得相当不伦不类。三来，我学习心理学以后，就比较警惕把在特定条件下做出的科研结果，无限扩大为普适规律。契克森米哈赖把心流应用到娱乐、人际关系乃至人生意义上去，在我看来就有"手里有把锤子，看见什么都是钉子"的嫌疑。

当然，对于心流的核心概念我是认同的，因为我自己在写作、读书、踢球、玩游戏时就经常经历心流体验，我完全认同契克森米哈赖对它的描述和研究，那确实是一种很美好的感觉。在我的现实生活中，我也采用契克森米哈赖的建议，用"明确目标"、"即时反馈"、"匹配难度"三个原则来改造一些任务，使我能在其中产生更多的心流体验。

更不用说，在上完契克森米哈赖的课后，我就成为他的忠实粉丝——这个不修边幅、带着浓重中欧口音的白胡子老爷爷，在讲堂上却活跃得像个二十岁的年轻人，思维深邃、学识渊博，开着各种冷幽默的玩笑，对人却极为和蔼可亲。我曾有幸在课间和他一起吃饭，他就主动提起他有个儿子是学东方哲学的，跟我聊起中国传统文化，一下子拉近了我和他的距离。在上完米哈里的课后还不喜欢他这个人的，我还没见到过。

但是，对于《心流》这本书，我的评价仍然不高，只是把它当成一本较为普通的普及读本，在给别人推荐积极心理学读物的时候，这本书基本上排得比较靠后，只是因为心流实在是积极心理学里太重要的概念，所以不得不推荐，但总要加一句："读前三章就行了。"

四年后，我回国了，需要给别人教积极心理学，心流自然是绕不过去的一课，我就把这本书重读了一遍。这次本来我只是想从书的前三章摘一部分出来教人，但是"输出是最好的输入"，为了教人，我逼着自己必须要真正理解契克森米哈赖在说什么，而不是像上一次一样，能交出作业来就行。

这一遍读得我大为惊艳！是的，惊艳不一定只发生在一见钟情，也可能是在蓦然回首。本来我只想读前三章，但是越读越投入，一口气就把全书都读完了。

我对这本书的观感彻底改变了。首先，我发现，"精神熵"其实是个绝妙的比喻。[①] 契克森米哈赖没有具体解释这个比喻，可能让部分对热力学不熟悉的读者有点困惑，我在这里斗胆越俎代庖，替他铺垫一下。

简单地讲，熵是指一个系统的混乱程度。越混乱，熵值越高。比如在冰里面，水分子相对固定在一个位置附近振动，系统比较稳定，熵值就比较低。变成液态水后，分子开始流动，熵值变大。成为水蒸气后，分子四处乱窜，熵值就更大了。反过来，一个系统内部越有规律，结构越清晰，熵值就越低。

人的大脑里的念头就跟分子一样，时刻万马奔腾。佛家打比方说，一个人从外表看是在静坐，但内心却如同瀑布一般，无数念头

[①] 但可能不能算特别好的翻译，我觉得叫"心熵"会更合适。

蜂拥而来。如果没有节制、训练，你的心就会经常处在这样的混乱状态，虽然你意识到的可能只有少数几个念头，但在潜意识里，却有多得多的念头在相互冲突，在争夺你的注意力，在抢夺你大脑的控制权，在试图引导、影响你往南辕北辙的方向走。这个时候，你的大脑就像热锅里的气体一样，各个念头之间没有什么束缚和联系，各自撒开脚丫欢快地狂奔，你的内心一片混乱，熵值非常高。

但是，如果你进入了心流状态，那就不一样了。你所有的注意力都集中在当前的任务上，你所有的心理能量都在往同一个地方使，那些跟任务无关的念头都被完全屏蔽，甚至包括你对世界的意识、对自我的感知，更不用说对别人评价的患得患失、对物质得失的精心计算，都消失得无影无踪。你并不是只有一个念头，你的大脑仍然在高速运转，但是所有这些念头都是非常有规律、有秩序的，就像一支高度有纪律的军队，井井有条地组织了起来，高效率地去完成一个任务。

这时候，你的感觉就跟"心流"这个词的英文 flow 原意一样，心里的念头就像一条钢铁洪流，浩浩荡荡但是又井然有序，势不可当但是又能从你心所欲，喷涌而出但是又不会四处洒落，而是汇聚成一条水龙，冲荡开一切泥石沙砾，创造、奋斗、整合，你不需要特意去控制这个过程，但一切又都在你的控制之中。正如契克森米哈赖所总结的，这就是最优体验。

这时，你的心熵非常低。契克森米哈赖是用液体的水流来比喻这个过程，但这时你的大脑更像熵值最低的晶体，结构井然，同时又充满能量。当你自审内心时，你发现你的心像冰一样晶莹剔透，一切都处在最佳、最合理的位置上，所有念头都相互支持、相互关联，齐心协力、步调一致地往同一个方向前进。这是一个混乱程度最低、秩序最高的心理状态。

对熵的另一个定义，是指一个系统内不能做功的能量的总数。换句话说，熵值越高，能做的功就越少。因为在做功的过程中，总有一部分能量耗散掉，这就导致了系统的秩序变少，也就是熵值升高。这就是热力学第二定律：任何孤立系统，都会自发地朝熵值最大的方向演化。也就是说，任何孤立系统，都会变得越来越混乱，直到我们所知的最大孤立系统——宇宙，到处都达到了熵值最大的状态，于是一切活动就都停止了，那也就是热力学第二定律预言的宇宙终点——热寂。

好在我们所生活的这个世界，除了宇宙之外，没有什么系统是真正孤立的。所以，熵减少的过程处处皆是，这也就是契克森米哈赖在书里（又是不加解释就）引用的"负熵"。最典型、最壮丽也最奇妙的负熵过程就是这个宇宙的最大奇迹——生命。

一颗种子，从土壤中汲取养分，从空气中获取养料，从阳光里得到动力，把本来七零八落的碳原子、氢原子、氧原子和其他元素组合起来，变成一棵大树或一株小草。你大概也惊叹过柳树的婆娑多姿、松树的庄严肃穆，或者花瓣的美轮美奂，甚至小草边缘那整齐的锯齿。如果你从树上切一片树皮，或者取一颗花粉，拿到显微镜下一看，你会看见它的分子结构排列整齐，几何图形美丽得几乎令人敬畏。这就是一个降熵过程，把原来混乱的原子重新组合成有规律的集体。当然，这并不违反热力学第二定律，因为植物并不是一个孤立系统，它与外界持续不断地交换物质和能量。它之所以能够形成秩序，很大程度是因为太阳慷慨地释放出惊人的能量，来支撑它的这个反熵过程，代价则是太阳内部的熵飞速增加得更多。

还有动物吃草、叶、花、果，形成更高级的动物蛋白，能够做更多的功，自由地奔跑、飞翔、厮杀和交配。文化也可以看成是更高形式的生命（基因—文化共同演化理论已被广为接受）。人类开山采矿，烧土为砖，伐木为林，造出高楼大厦、高速公路，乃至用风力、水力、火力发电，发明互联网、人工智能，都是用浪费大量能量的代价，形成了一个更精巧的结构，从而降低了自己系统的熵。

从这个角度来说，心流就是大脑的生命。当心熵比较高的时候，在一片混乱的情况下，大脑的做功能力很低，很多心理能量都浪费在内耗上了。但一旦进入心流状态，心理能量就围绕着同一个主题组织起来，向同一个方向高效率地输出。这也就是契克森米哈赖反复强调的，人在心流状态下的表现最好。而且，如果一个人经常经历心流，他的心理就会被训练得越来越有秩序，以后进入心流就越来越容易，即使平时不在心流状态下，也不像一般人那样心猿意马。

最典型的例子就是冥想。佛家经常用冥想来降伏内心那瀑布一样奔腾如雷的念头。在冥想中，你摒除杂念，心灵澄净，如一道清澈的心流。经过长期练习之后，哪怕不在冥想之中，你的心灵也会比常人更平静，遇到意外变故时能更快地集中注意力。换句话说，你的心熵整体降低了。

当然，心流这个负熵过程也需要外界的干涉。高僧冥想多年才能达到波澜不惊，你需要反复练习才能更容易地进入心流。但是，这一切都是值得的，当你心里的熵值降到最低，一切纷扰念头都销声匿迹，只剩下你和当前的事物时，那种心灵如同冰晶般通透、念头如同雪水般畅流的感觉，就是你心里能达到的最优体验，也是你大脑里的奇迹。

所以，在我第二遍读《心流》的时候，我完全接受了契克森米哈赖的这个比喻，由此向下，后面很多本来觉得牵强的地方也都迎刃而解，不亦快哉（是的，我在读这本书的时候也达到了心流）。

比如第八章的"人际之乐"。作为一名前理工男，我以前视人际关系为畏途，并且也不认为人际关系有多重要。积极心理学改变了我的看法，让我知道情感、身体、关系至少和理智、思想、个人同样重要。"人际之乐"这一章教给我更多方法，比如与别人构建同样的目标，给别人以有效即时的反馈，调整挑战与学习技能，这样就可以从人际交往中得到更多心流，并且也能更加自得人际交往之乐。

不过最有意思的还是最后一章。我到美国后，遇到过一些非常虔诚的基督徒。他们一方面积极生活，努力工作，勤俭持家，乐于助人，热心公益；另一方面，在遇到生活的苦难时，从车祸、失业到亲人去世，他们当然也会难过，但在祷告和与神父、亲友交流后，他们会坦然接受这个苦难，"上帝爱我，祂的安排一定自有深意"。

当我这次读到第十章"追寻生命的意义"的时候，一下子就想起了他们。是啊，他们的人生有一个明确的目标：皈依上帝、彰显神的荣耀,通过祷告和教会,能得到即时的反馈,并且能在一次次苦难中经历信念动摇—重固的挑战,最终形成更加坚定的信仰,从而可以更好地指导自己生活的每一方面。这不就是极高的人生秩序感、极低的心熵吗?这样的人生,能让人全神贯注而又平安喜乐,这不就是把整个人生过成了一场大心流(universal flow)吗?①

这样的大心流,要比仅仅在一场活动中能达到的心流高级得多。就像高僧一样,修炼多年以后,哪怕不打坐,心灵也和冥想时一样专注而又平静,吃饭是吃饭禅,睡觉是睡觉禅。这就是人生找到意义后的自得之乐,用契克森米哈赖的话说,"创造意义就是把自己的行动整合成一个心流体验,由此建立心灵的秩序"。他对此的描述是:

"痛下决心追求一个重要的目标,各式各样的活动都能汇集成统一的心流体验时,意识就呈现出一片祥和。知道自己要什么,并朝这个方向努力的人,感觉、思想、行动都能配合无间,内心的和谐自然涌现。生活在和谐之中的人,不论做什么、遭遇什么,都不会把精神能量浪费在怀疑、后悔、罪恶感及恐惧之上,精力永远用在有益的方面。对生命胸有成竹的人,内心的力量与宁静,就是内在一致的最高境界。方向、决心加上和谐,就能把生命转变成天衣无缝的心流体验,并赋予人生意义。达到这种境界的人再也不觉得匮乏。意识井然有序的人不需要害怕出乎意料的事,甚至也不惧怕死亡,活着的每一刻都饶富意义,大多数时候也都乐趣无穷。"

---

① 书里译为"宇宙心流",我感觉译为"全心流"或"大心流"会比较好。

当然，对于中国人来说，由宗教信仰找到人生意义的，毕竟还是少数。对于我们这些缺乏宗教情怀的人，怎样才能把自己一生的行动、思想都整合成一个心流体验呢？

契克森米哈赖的建议是，首先要找到一个终生的目标，其次不要害怕复杂性，这就是对你人生意义的挑战，而你可以应对的技能是"行动式生活"与"反省式生活"相结合。最终，你既有独特的个人特性，又与周围世界、人们所整合，"只要个人目标与宇宙心流汇合，意义的问题也就迎刃而解了"。

显然，我的这个总结乏善可陈，因为我那时还没有明白他的意思。好在回国以后，我就开始经历人生的一个新历程：被骗、被算计，处理复杂的人事关系和利益纠纷。此前我的人生，要么是在校园的象牙塔内，要么是在玻璃天花板之下的美国中产阶级的安逸生活——在美国的中国人，大多从事专业工作，由于文化背景差异和沟通障碍，很难升到高级管理层，但也因此避开了人事斗争和利益瓜分的汹涌风暴——因此很不适应，也有了不少焦虑和愤懑。同时，我也在智识上从古典自由主义转为达尔文—马尔萨斯主义，对世界的看法不再像以前那么乐观了，因此心情降落到了一个低潮。

这时我又想起了《心流》这本书。我感觉我的人生的混乱度显著上升，心流明显减少。我想："是时候去向米哈里老爷爷寻求智慧了。"

我把"追寻生命的意义"这一章又重读了一遍。契克森米哈赖对人生意义的复杂性的论述让我茅塞顿开。他讲的是意义的内容升级：从简单的舒适，到社会价值，到个人的自主发展，到个人与社会的重新整合。我想到的是我的心灵成长。

我非常幸运地生在一个秉承中国传统价值观的家庭，有一个非常幸福的童年。[①] 这让我从本能上认为"人性本善"，以最大的善意去对待这个世界和他人，哪怕遇到挫折，我也会认为"这只是暂时的，未来会更好"。哪怕遇到伤害，我也会想："他可能也有不得已的苦衷，原谅他吧。"

这样的天真乐观主义当然经不起生活的检验，更不用说随着智识长进，我也知道世界并不是这样的运行法则。但是，变得厚黑，又和我从小的情感训练相悖，让我做起事来觉得很不舒服。这样两种冲突同时在我身上，让我内心的熵值不断升高。

契克森米哈赖的论述让我恍然大悟：我并不需要在这两者之中做取舍，而应该把它们整合，整合成一个更复杂的人生意义。简单的人生意义更有优势，但是复杂的人生意义更加光荣。

同样是降熵过程，把一个碳原子和两个氧原子合成为一个二氧化碳分子，比不上把12个水分子和6个二氧化碳分子合成为一个葡萄糖分子，前者只要一把山火就能做到，后者却需要植物来进行。水蒸气凝结成水，这个降熵过程，云彩就能做到；金刚石一定要在地下一百多公里处的高温高压下才能形成。崔健说："石头虽然坚硬，可蛋才是生命。"石头地貌变化就能形成，可只有生命才能下出蛋来。

---

① "幸运"是指"秉承"，就是一家人都言传身教同样的坚定价值观，而不是说"中国传统"。当然，还有"幸福的童年"，详情可见我的新书《自主教养：焦虑时代的父母之道》。

复杂度降低得越多的过程,越有意思。为什么人们推崇围棋超过五子棋?不都是在棋盘上一颗黑子一颗白子地下吗?因为围棋更复杂,能够掌握如此复杂的技艺、产生稳定输出的棋手,让我们更佩服。为什么油画比素描更美?因为它动用了更复杂的色彩和技艺,最终把这些无比复杂的元素都统一在一幅画里,让我们的大脑不由自主地就会觉得更美。

心流也是如此。一个小孩子兴趣盎然地算数学题,一个大科学家沉浸地思考物理问题,他们俩的心流体验可能是相似的,但是从旁观者看来,无疑是科学家的心流更宏大、更壮丽,因为它要复杂得多。我当然不是贬低孩子的心流,但是正如契克森米哈赖所说:"伟大的音乐、建筑、艺术、诗歌、戏剧、舞蹈、哲学、宗教,都是以和谐克服混沌的好榜样"。降熵过程有高下,美有高下,技艺有高下,心流也有高下。原本的混沌越多,整合进去的元素越复杂,这个心流就越伟大。

那么,自然,人生意义也有高下。那些能够整合无比复杂的人生、找到人生意义,整合无比复杂的世界、形成自己的世界观,整合无比复杂经常是相对矛盾的价值观、形成自己的价值观的人,有最大的"大心流"。

所以,我可以退回到玻璃天花板之下的温室,或者在屡经挫折后仍然痴心不改(或者彻底转为厚黑),但那样的人生观太简单——太没有美感,因为它整合的复杂事物太少,降的熵太低。那样的人生意义,就像一块冰。它也晶莹剔透,也结构稳定,但它经不起考验。在火热的浪潮来临时,它的熵值会飙升,变成水,甚至变成水蒸气，随风飘荡，分崩离析。

我希望我的人生意义能像金刚石一样，在烈火的反复淬炼中脱胎换骨，变成这个世界所知道的最硬的结构。火对于熵来说是个坏消息，因为它会使熵值升高。但是，它也带来能量。你是任由外界那纷杂的人、事扰乱你的内心，使你的心越来越烦躁，还是吸取火的能量，改变自身的结构，升级为一颗金刚冰？

这就是我第三遍读《心流》时，得到的最大启示。读这本书时，你无疑会被契克森米哈赖说服，推崇心流，喜欢心流，寻找心流。但是，现实世界如此坚硬，心流的条件如此难求（以至于很多人只能从网游中获得心流体验），契克森米哈赖似乎是给我们描述了一个美好的状态，从而让我们对现状更加失望？

所以我希望你能把这本书读两遍。第一遍是学习心流的概念、技巧，第二遍则是用心与契克森米哈赖对话，体验他的这一曲冰与火之歌：外界纷扰并不可怕，反而是我们铸成更大的心流的能量来源。

最后，我要感谢中信出版社。这本书终于不再叫什么《当下的幸福》或者《快乐的真意》了。它的内容和立意远远地高过了幸福和快乐。它所推崇的人生最优体验，不是幸福、快乐这点肤浅的感受，而是奋斗、挣扎、咬牙坚持，最终，是整合之后的巅峰体验。这才是心流的真意。

赵昱鲲

2017 年 8 月

序三

胜利者一无所获

阳志平

（安人心智集团董事长）

激情后是空虚，大战后催生反思。1933 年，海明威出版震撼文坛的作品《胜利者一无所获》(*Winner Take Nothing*)。在这本短篇小说集中，光明是山峦、海洋、森林、阳光；黑暗是战争、冰山、饥荒、寒冷。海明威站在半明半暗的门口，带着读者张望人性干净明亮之处。同时代的人以为，《胜利者一无所获》见证了海明威创造力下滑，因为此书与他上一本刚刚大卖的《战地春梦》(*A Farewell to Arms*) 类似，都是质疑人类战争赢家通吃的逻辑。海明威认为战争胜利者丢失了人类最美好的那些事物：爱、善良、洁净、次序等，胜利者一无所获。

在书中，海明威大写特写空虚："有些人生活着，但是什么感觉也没有，他知道一切都是空虚、空虚、空虚。我们的空虚就在空虚之中，空虚是你的名字，空虚是你的国度；你是空虚中的空虚，就像空虚本来就出在空虚中一样。"海明威嘲讽地望着空虚的人类。这一年，海明威三十四岁。之后他并没有如同人们期望的那样，创造力下降，而是用一部又一部佳作证明了自己。十九年过后，在他五十三岁时，写出了巅峰之作《老人与海》，并在两年后荣获诺贝尔文学奖。令人惋惜的是，海明威在荣获诺奖七年后，自杀了结一生。

不在空虚中胜利，就在空虚中败退。海明威留给读者一个难解的时代谜题。在1975年国际笔会上，心理学家维克多·弗兰克尔指出：时代流行空虚感——一种对生命存在无从把握的感觉。如果说人们已经不再相信弗洛伊德——人是由无意识支配的动物，如果说人们不再相信阿德勒——活着就是不断摆脱自卑感追求优越的过程，为什么当人们意识到人不是由无意识支配的动物，人不是自卑的动物之后，反而会陷入深深的空虚感之中呢？幸福的真相是什么？人生的意义是什么？

依然是1975年，心理学家契克森米哈赖给出了一个创新的答案。他是1934年生人，曾任芝加哥大学心理系主任，积极心理学的发起人。远在积极心理学诞生之前，他对一个问题颇有兴趣：为什么人们会专心致志，浑然忘我？那时，他还是位年轻的心理学博士，通过对艺术家、运动员、音乐家、棋坛高手以及外科医生等角色的研究，他提出了一个创新的概念：心流（Flow）。之后，他在

"心流"概念基础上，创建了人类的最优体验（Optimal Experience）理论。当积极心理学诞生之后，心流自然地成为积极心理学的基石。如果说积极心理学致力于从科学的角度揭示人类幸福的秘密，那么心流漂亮地回答了：你当下的快乐是什么样的？

什么是心流？按照技能、挑战两个维度，我们可以将人们的常见行为模式总结为下图中所示的八种。心流处在技能适中、挑战适中的理想区域。当你心中有个目标，这个目标对你来说有一定难度，而你的技能可以初步胜任这个目标的时候，你开始投入心力，你的注意力被立即的反馈攫住，而环境也逼迫着你做出回应。就像乒乓球高手相互对打，小球成为两人之间意识流动的媒介。你会体验到人类最美妙的感觉——心流。反之，在低挑战、低技能那样的区域是焦虑、冷漠、厌倦……

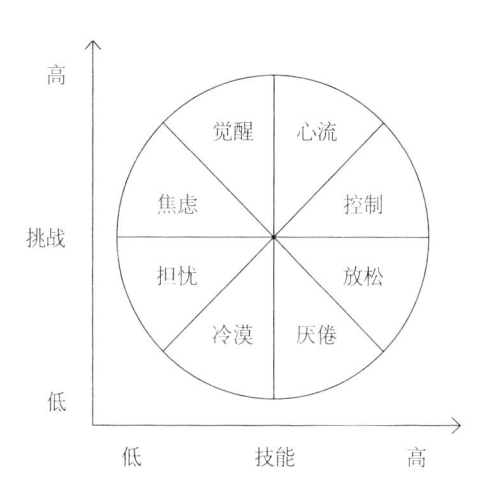

如果用心流理论来看海明威，也许我们更容易理解他。就像契克森米哈赖教授在本书中所说的一样：

"近年来有很多人指出,诗人与剧作家往往是一群严重沮丧或情绪失调的人,或许他们投身写作这一行,就是因为他们的意识受精神熵干扰的程度远超一般人;写作是在情绪紊乱中塑造秩序的一种治疗法。作家体验心流的唯一方法,很可能就是创造一个可以全心投入的文字世界,把现实的烦恼从心灵中抹去。写作跟其他心流活动一样,可能会上瘾,也可能构成危险:它强迫作者投入一个有限的体验范畴,抹杀了采用其他方式处理事件的可能性。不过,如果把写作运用于控制体验,不让它控制心灵,仍是一件妙用无穷的法宝。"

一位骄傲的作家用字与词创造一个令人沉浸的世界。在这个过程中,他不断挑战自我。就像海明威一样,三十岁的时候,人们以为《战地春梦》就是他的最高水准了;然而,他又用了二十多年锤炼手艺,直到巅峰之作《老人与海》问世。海明威的大半生,一直用写作催生心流涓涓不断。在这个硬汉世界中,他是唯一的君王。直到有一天,世界失控,沙堆崩溃。

用心流打败空虚,海明威成功了吗?看似没有,为什么呢?心理学家德西的自我决定论也许会带来些许启发。如果说动机是人类行为的食物,驱动着你去做事,那么,这些食物有的是惩罚、顺从、诺贝尔文学奖等外在奖赏,有的是兴趣、享受与内在满足。在德西们看来,前者是外在动机,后者是内在动机。

从史料可窥一斑,名誉的确给海明威造成了重压,在他离世前那几年,他完全停止写作。海明威在诺奖演讲时如是说道:"如果是一位出色的作家,他就必须面对永恒,否则每天都会走下坡路。

对于一个真正的作家来说，每写完一本书只是标志着他要写出更高水平的书的开始。"当有一天，海明威不得不面对创造力下降的事实，这一年，他已经不再是那位三十四岁、风华正茂的青年，他会如何选择？海明威还能成为海明威吗？我们不得而知。

只是，多年后，我们依然会看到一位伟大作家的传承生生不息。日本出版人见城彻将"胜利者一无所获"作为自己的座右铭。受海明威影响，见城彻提倡硬派工作，强调以压倒性努力正面突破困境。当你全力争取胜利时，其他就不那么重要了；甚至，连胜利本身都不重要。

胜利者的奖赏就是自己的兴趣、享受与内在满足。如果没有奖励，这个时候，会发生什么？你沉浸于事物本身，这就是心流。就像契克森米哈赖在书中所言：

"攀岩的神秘就在于攀登本身；你爬到岩顶时，虽然很高兴已大功告成，而实际上却盼望能继续往上攀登，永不停歇。攀岩的最终目的就是攀登，正如同写诗的目的就是为写作一样；你唯一征服的是自己的内心……写作就是诗存在的理由。攀登也一样，只为了确认自己是一股心流。心流的目的就是持续不断地流动，不是为了到达山顶或乌托邦。它不是向上的动作，而是奔流不已；向上爬只是为了让流动继续。爬山除了爬山之外，没有别的理由，它完全是一种自我的沟通。"

只是在人生攀岩的过程中，海明威真的快乐吗？

认知心理学家埃里克森认为，成为顶级专家，你需要刻意练习。刻意练习与普通练习的不同之处在于：（1）一个定义清晰的目标；（2）全神贯注及不懈努力；（3）即时的、有益的反馈；（4）持续反思和完善。埃里克森对刻意练习能否像心流体验那么愉悦表示怀疑。在他看来，在工作时，"熟练的人在表现中有时能体验到高度的愉悦状态（即契克森米哈赖所描述的'心流'），然而，这种状态是与刻意练习相矛盾的……"

同样，契克森米哈赖质疑刻意练习："对天赋发展轨迹进行的研究认为，一个人学习任何复杂的技能都需要大约10 000小时的练习……而且这种练习可以是很无趣和不愉快的。尽管这样的练习状态时常出现，但结果仍是不确定的。"

回到动机上，我们能更好地调和心流与刻意练习的矛盾。《坚毅》[1]作者安杰拉·达克沃思认为，心流是体验，刻意练习是行为；刻意练习发生在技能准备阶段，而心流体验发生在技能表现阶段。人们进行刻意练习的动机是提高技能；而心流的动机完全不同，心流的本质是令人沉醉与上瘾的，在心流体验中，你会忘掉时间，并且不在意是否提升了技能。

对于海明威来说，写作是快乐的。1958年，《巴黎评论》采访海明威的第一个问题是："真动笔写的时候是非常快乐的吗？"海明威回答坚定："非常"。对于海明威来说，写作同样是痛苦的："对想当作家的人来说，你认为最好的智力训练是什么？"在同一个采访中，海明威回答道："我说，他应该出去上吊，因为他发现要写好真是无法想象的困难。此后他应该毫不留情地删节，在他的

---

[1] 安杰拉·达克沃思. 坚毅：释放激情与坚持的力量[M]. 安妮，译. 北京：中信出版社，2017. ——编者注

余生里逼着自己尽可能地写好。至少他可以从上吊的故事开始。"

快乐不快乐，你我只是说着。作为"迷失一代"的代言人，海明威告诉我们：人生也是空虚。但在那虚无的人生中，会有一间干净明亮温暖的小酒馆。它来自感官之乐、思维之乐、人际之乐、工作之乐。我歌月徘徊，我舞影零乱；举杯邀明月，对影成三人。在那里，你，邀请你的影子，外加月亮，且打来二两心流，酌言尝之。

阳志平

2017 年 8 月

序四

契克森米哈赖的幸福课

万维钢

（科学作家，得到《精英日课》专栏作者）

你是否曾经埋头钻研一个问题，忽略了时间的流逝？你是否曾经全情投入到一件事情之中，忘记了自己？你是否凭借勤学苦练获得的技能，毫不费力甚至挥洒自如地完成过一项高难度的工作？

如果你没经历过这些，就算你财务自由、各种享受都体验过，你也根本不知道什么是真正的幸福。

这些高级经历的体验，叫作"心流"。"心流"，是过去三十年最引人入胜的心理学概念之一，它的提出者是米哈里·契克森米哈赖，摆在你面前的这本书，就是他多年以前关于心流理论的名著。

大多数心理学家研究普通人和心理上有点不正常的人，而契克森米哈赖喜欢研究那些优秀的人。经常经历"心流",就是优秀的人的一个共同特征。

伟大的理论总是日久弥新。在读这本书之前,我已经读过很多有关心流的书和研究论文,都是很新的内容。我早就知道心流是怎么回事,心流有什么最新的解释,就好像你就算没读过《国富论》也知道亚当·斯密的思想一样——但是真正读契克森米哈赖这本书,我还是学到了好东西。

契克森米哈赖对"心流"的立意,比后来的学者高得多。

契克森米哈赖那时候的主要研究方法是问卷调查。他和研究团队走访了很多科学家、医生、艺术家和普通人,了解这些人的心流体验。他们使用"心理体验抽样法",通过每天随机选择八个时间点用电子呼叫器指挥受试者填写问卷的方法,获得了超过十万份的日常体验问卷。他们最初是想知道"到底做什么事最幸福",结果获得了"心流"这个洞见。

所谓"心流",就是当你特别专注地做一件目标明确而又有挑战的事情,而你的能力恰好能接住这个挑战时,你可能会进入的一种状态。它的特征是你做这件事的时候会忘记自己,忘记时间的流逝,你能体察到所有相关的信息,不管工作多复杂你都毫不费力,而且有强烈的愉悦感。

凭借那些调查问卷,契克森米哈赖总结了心流的特征和产生心流的条件。这个心流的概念和理论框架,历经众多心理学家三十年的研究检验,一直存活到现在,而且越来越热门。

现在心理学家已经使用了脑科学的手段,用功能性核磁共振直接扫描大脑，更直接地研究心流。我们现在的确知道的比契克森米哈赖这本书中描述的多一些。

我们已经知道，心流的前提是我们要主动关闭大脑的前额叶皮层的一部分功能，心流的过程是大脑分泌"去甲肾上腺素"和"多巴胺"等六种激素，不断深入，心流的愉悦感也来自这些激素。心流不再仅仅是人脑这个黑盒子的外部表现，而是有了实实在在的大脑硬件工作原理的解释。

现在特别流行的一个心理学概念叫"刻意练习"，是美国心理学家安德斯·埃里克森 2000 年以后发展出来的一套学说——可是如果你对比一下"刻意练习"和"心流"，会发现虽然二者说的是两件事，但是有很多相通之处。心流，可以说是刻意练习的一个结果。

我们还知道，契克森米哈赖在书中可能过分强调了集中注意力的好处。新的研究表明"注意力不集中"，也是一种对健康至关重要的状态。在注意力不集中的情况下，我们的大脑大部分时间处于所谓"默认模式网络"，这种状态是发散思维和创新的必要条件。

比如，契克森米哈赖在这本书中提到一位"E 女士"，特别强调注意力，一点时间都不愿意浪费。E 女士到某个城市出差，自己开会的时候还要让司机去逛逛博物馆，以便能在路上听司机讲讲有什么新收获。契克森米哈赖非常赞赏 E 女士，因为她每一分钟都过得满足而充实。而后来加拿大学者森舸澜在 2014 年出版的《无为：自发性的艺术和科学》(*Trying Not to Try*) 这本书中同样讲到心流，也提到了 E 女士的例子，但是对她这种一天到晚紧赶慢赶的生活方式非常不以为然。

但是所有这些后来的研究进步,都不能撼动契克森米哈赖关于心流的最主要论断。

而契克森米哈赖这本书之所以仍然特别值得读,是因为他把心流提升到了更高的位置。

一般学者谈心流,是把心流当成一个最优工作方式。你想在工作中取得好成绩吗?追求心流。而在契克森米哈赖看来,心流其实是一种生活方式,而且是最高级的生活方式。你想幸福吗?追求心流。

心流只是一个方法,它背后更大的逻辑是,你要通过锻炼控制自己的意识,去获得真正的幸福。

在我看来,这个态度是真正的以人为本!我们做事的时候并不在乎结果能不能给自己带来多大的利益,而是专注于做这件事本身,从中获得乐趣。这句话听着特别像"心灵鸡汤",但它恰恰是一个站得住脚的理论!

从心流出发,契克森米哈赖重新定义了什么叫"乐趣",什么叫"复杂",什么叫"休闲",并且最终推出什么是真正的幸福。真正的幸福,是当你全心全意投入一件事,把自己置之度外的时候,获得的副产品。你直接追求的并不是幸福,而是把自己变得更复杂——在这个变复杂的过程中,你会找到乐趣,这个状态就是幸福的。

人生要的不是最后终点的结果,而是每时每刻点点滴滴成长的过程。成长不仅仅是在校学生的事儿。成长也不是为了达到什么目的的手段。成长本身，就是我们的目的。

除了希望允许我经常不集中注意力之外，我对契克森米哈赖这个理论都能接受。在书中，契克森米哈赖还把这个理论用于工作、休闲娱乐、社交等一系列事情，他旁征博引，把心流和前人的智慧连接在一起，给我们描绘了一个漂亮的幸福蓝图。

你幸福吗？我在读这本书的时候，（不经意地）收获了很多幸福。

万维钢

2017 年 9 月

序五

听见喜悦的声音

余德慧
（台湾大学心理学系副教授）

喜悦可以与笑闹同行，可以与成功相伴，也可以贯穿整体的人生观照。记得民初的高僧虚云禅师，三步一跪艰辛地朝拜圣山，造成咯血断肠。有一天夜里，他自忖必死无疑，就躺在旅舍的床上，任死神带走。突然，有一位茶房不小心把碗摔落在地，锵然一声，对虚云禅师来说，宛若听到宇宙之音，全身百骸一起舒放。我们可以听几百遍打破碗声而毫无感觉，因为我们生活在表层的世界：浅浅的喜悦、浅浅的心情、浅浅地工作着……浅浅地活着。

当本书作者契克森米哈赖教授在写博士论文时，他观察那些社会活动家、艺术家那种锲而不舍的工作态度，发现了一个重要现象：

当人们在某种有即时反馈的情况下，常会有欲罢不能的趋势——就像中国人常说的："既然洗了头，能不理发吗？"一个步步攀岩的人，能停在半山腰吗？运动员做了开始的动作，能停下来吗？

虽然契克森米哈赖教授生活在严肃的实证行为主义盛行的20世纪70年代，但依然大胆提出当时学院派学者不敢也不愿追溯的心灵现象——人类的最优体验（the optimal experience）。他的"最优体验"理论比另一位更早的心理学家马斯洛的"高峰体验"（the peak experience）更胜一筹。马斯洛是从人类超越性存在的观点出发，获得自我实现的高峰体验的；这种体验虽然与契克森米哈赖教授的"最优体验"有共同之处，即"忘我"的境界，但起点完全不同——马斯洛是从哲学的超越性出发，含有浓厚的意念论倾向；而契克森米哈赖教授从现象出发，提出一个最基本的问题："人为什么会专心致志、浑然忘我？"

当人心中有个目标，又有足够的"巧力"时，他与目标之间的距离会在自己可见的范围内，他的心中就会形成一种叫作"挑战"（或更确切地说，应是"见猎心喜"）的力量，使个人的行动与环境的反馈之间形成"立即明晰"的互动，个人意识的注意力被即时反馈攫住，而环境也逼迫着个人意识做出回应，就像乒乓球高手相互对打，小球成为两人之间意识流动的媒介。这时的意识状态，契克森米哈赖教授称之为"心流"（flow）。

心流发生在人与人之间很窄的互动范围内。以运动员为例，单独运动的田径选手是以目标意志与自己的身体为心流，身体游走于目标意志，或目标意志游走于身体，都会偏离心流，其结果是挫败、焦虑或无味无趣。对峙的运动员则以双方的技能相均衡达到心流。

心流出现时，我们会感受到行动与意识之间融合无间，整个意识的注意力集中在有限的领域，而准确的行动与即时回馈有不断互流的现象。

契克森米哈赖教授指出，几乎人类的所有行动都有心流的最优状态：节庆、阅读、静坐、瑜伽、写作、思考、观景、休闲等。因此，他认为心流是人类普遍生活本质的存在，但是不能把心流视为心灵恒常的现象，更不是"境界"，而是人在生活中苦苦挣扎的瞬间展现的灵光。人若不是苦苦挣扎，最优体验就找不到立足之地。按照契克森米哈赖教授的说法，最优体验是人穿梭于具体的世界与遥远的心智国度间的过程；具体的生活犹如在泥沼中行走，心智的世界则是人类理解生活的灵光。人透过苦涩的生活，尤愿召唤更复杂的心智来理解生活，两者交织成一个整体。这种整体性是由简单的认知到"自我"的复杂化，使我们的心灵不再乞求于简单容易的思考，而是进入自我的彻底私密的体验，先完成主体的思考，再回来俯视自己，使自身在生活与意识之间来回地整合。就在这个过程中，我们产生了"喜悦"。

这本书提供了各种生活脉络中的"最优体验"——从心流到喜悦，从简单的心灵到复杂的自我，呈现身体与意识之间的最佳心态。如果文化的演化是优胜劣汰，这样的最佳心态是不是人类未来生活的重要风貌呢？本书译者文笔甚佳，流畅易读，亦读者之幸。

余德慧

序六

快乐需要用心学习

朱宗庆

（台湾打击乐团总监）

　　快乐是人的本能，但人们往往需要经过学习才能得到快乐。既然经过学习能得到快乐，我们为何不努力去追求呢？倘若在追求的过程中，也能体验快乐，享受幸福人生，不是一件更完美的事吗？

　　就如快乐是人的本能一样，自然、放松也是人的本能。但一位音乐表演工作者，往往需要用三五年，甚至十年、二十年的时间，学习剔除外在的因素，克服紧张，使自己的表演能够放松、自然、快乐。可见学习快乐，并不是一件容易的事。

　　这几年来，打击乐团的演出非常频繁。常常有朋友和听众告诉我们，每次观赏我们的演出，看到团员沉浸在音符、乐器中自得其乐的样子，也不禁感受到这份喜悦。团员在舞台上的默契与交融，甚至感染了台下的所有听众，使大家有融为一体的感觉。所以，看我们的表演是一种享受。这样的结果，其实正是我们想要的。

我自从事演奏工作及创办打击乐团开始，就不断要求自己及所有团员注意"演奏"二字。所谓"演奏"，"演"是摆在"奏"之前的。当然，对音乐、音符、乐器等技巧的准确、精致，是本来就必须做到的。随着基本技巧的提高及演奏基础的巩固，演的方面更要注意，也就是如何从内心抒发出对音乐的感受，直接表现在乐器及音符上，使音乐"活起来"，使人的真情实感流露出来。这样不但能享受音乐，自得其乐，还可以加强演出者之间的交流、互动，听众也才能真正享受到聆听的喜悦。这是我不断努力追求的，也是我亲身体验学习快乐的一个例子。

另一个例子是除了演奏、巡回推广打击乐之外，从事儿童音乐教育的心得。我一直认为，从事教育是所有推广活动中最重要、最扎实的一项工作，基础教育更是重要的一环。在台湾，家长让孩子学习音乐的风气很盛行，然而据我所知，80%的小孩儿在学习一段时间后就中断了。这是因为以往家长太重视技巧及速成，认为学音乐是学一技之长，使小孩儿的学习成为负担，自然无法从中得到快乐。所幸的是，这几年，家长揠苗助长的心态已有逐渐改变的趋势。我一再强调，学音乐不等于学乐器。不论家长让小孩儿学音乐是希望他们将来能够成为音乐家，还是要使音乐成为孩子生活习惯的一部分，他们的起步都是相同的。最为重要的是，在音乐教育中，儿童学习把精神集中在优美的节奏与和谐之中，感受音乐、享受音乐，也是学习快乐的一个渠道。如果太强调技巧而不重视感受，家长的期待就会成为压力，快乐也就无处可寻了。

通过最近几年的演出，我深深体会到，在繁忙、拥挤的社会中，人们精神生活的匮乏及渴求。站在一个音乐工作者的立场而言，以美丽的音符充实人们的心灵、提升社会的文化气息，是我们一直努力的方向。当然，除了音乐，书籍也是一股净化社会的不可忽视的力量。

这本书从心理学的角度出发，深入探讨了人何时最快乐；如何经由掌控自己的内在意识与体验，品尝生活的快乐以及如何将日常生活中的事件转换为乐趣的源泉。书中还提到，快乐并非瞬间发生，也不受外在世界的操纵，而是取决于我们对外在事物的阐释。同时快乐须靠个人修持，事先准备，刻意培养。只有学会控制心灵的人，才能决定自己的生活品质，而如果具备了这种能力，也就相当于接近幸福的境界了。

这本书强调，快乐与否取决于内心是否和谐；而追求内心和谐，唯有从掌握意识着手。学习从生活中创造乐趣，需要再三练习。书中分析了八种乐趣产生的元素以及心流产生的基本步骤，对此我感觉特别有趣，而我深信这对读者也大有帮助。根据这些原则，发掘各种方法，把例行的细节转变成具有个人意义的"游戏"，化无聊为有趣，也就是所谓的兴味盎然。方法既简单又不失深度，十分值得读者细细品味。

现代社会不快乐的人太多,快乐的人太少。希望这本书能对忙碌的现代人有所启发。

朱宗庆

第一章

心流，快乐的源泉

我们对自己的观感、从生活中得到的快乐，归根结底直接取决于心灵如何过滤与阐释日常体验。我们快乐与否，端视内心是否和谐，而与我们控制宇宙的能力毫无关系。

2300年前，亚里士多德曾说，世人不分男女，都以追求幸福为人生最高目标。我们不仅为拥有幸福而追求幸福，我们追求其他目标——健康、美貌、金钱、权力，无非也是因为我们以为拥有这些就能得到幸福。自亚里士多德以来，许多事物都发生了变化。人类对宇宙星球及原子的认知与知识，已超乎前人想象；往昔无所不能的希腊众神，与现代人相比较，不过是一群无助的幼童。尽管如此，人们对幸福的渴求却是亘古不变。现代人对幸福的理解并不见得比亚里士多德更透彻，而对于如何得到幸福，更可说是毫无建树。

人何时最幸福？

虽然我们比古人活得更长久、更健康，普通人也能享受到数十年前连做梦都想不到的奢侈品（路易十四的宫廷里没有一间符合现代标准的浴室，中世纪最富裕的人家也难看见椅子，古罗马皇帝无聊时也不能看电视打发时间），又有这么多科学发明任我们灵活运用，但仍然有许多人觉得生命是种浪费，漫长的人生岁月不仅幸福难求，还时时处于焦虑和倦怠之中。

难道人类注定永远得不到满足，永远怀着非分之想吗？或许人性的通病就是缘木求鱼，四处去寻找幸福的青鸟，把一生最美好的时光糟蹋殆尽？本书希望通过现代心理学的方法，探讨一个古老的问题：人何时最幸福？若能找到解答，或许我们就可以调整生活秩序，享受更幸福的人生。

在着手写作本书之前，我发现了一件事，但我足足花了25年时间才认清这是一个发现。说是"发现"或许有点儿误导，因为自古以来，人类对此就不陌生；但换个角度来看，这个字眼也颇为贴切，因为尽管每个人都知道它的存在，却不曾有人用相关的学术理论加以说明和阐释。因此，我毫不迟疑，投入25年的时间，研究这个久未有人触及的心灵现象。

我发现，幸福并非瞬间发生；它与运气或概率无关，用钱买不到，也不能仗恃权势巧取豪夺；它不受外在事物的操纵，而是取决于我们对外界事物的阐释。实际上，幸福要靠个人的修持，事先充分准备、刻意培养与维护。只有学会掌控心灵的人，才能决定自己的生活品质；具备了这种能力，也就相当于接近幸福的境界了。

幸福并不是存心去找就能找到的。哲学家密尔说："自问是否幸福，幸福的感觉就荡然无存了。"只有在不计较好坏、全身心投入生活的每一个细节时，才会觉得幸福，直接去找反而不会奏效。奥地利心理学家维克多·弗兰克在《活出意义来》一书的序言里说得好："不要以成功为目标——你越是对它念念不忘，就越有可能错过它。因为成功如同幸福，不是追求就能得到；它必须因缘际会……是一个人全心全意投入并把自己置之度外时，意外获得的副产品。"

那么，如何才能实现这个既无法直接追求又令人捉摸不定的目标呢？过去25年的研究使我确信，方法是有的，这条曲折蜿蜒的路径就从控制意识开始。

最优体验

我们对生命的看法，乃是由许多塑造体验的力量汇集而成的，每股力量都会留下愉快或不愉快的感受。对于大多数的力量我们难以控制，例如我们对自己的长相、气质、体格，能做的改变相当有限。截至目前，我们还无法决定自己要长多高或多聪明，也不能自行挑选父母或生辰八字，更不能操纵战争或经济不景气。我们体内的基因组合、地心引力、空气中的花粉以及生逢何时——诸如此类不计其数的因素决定了我们一生的际遇：看见什么，产生何种感想，做出何种反应。由此看来，人类会相信命由天定，实在不足为奇。但也有些时候，我们会觉得有能力控制自己的行动，主宰自己的命运，而不被莫名其妙的力量牵着鼻子走。在这种难得的时刻，我们会感到无比欣喜——一种渴望已久的宝贵体验，在追寻理想人生的旅途中树立了一座里程碑。

这就是所谓的"最优体验"。它像是一名水手，握紧鼓满风帆的缆索，任凭海风吹拂发际，感觉船只破浪前行的愉悦——此时帆、船、风、海四者，在水手的血管中产生了一种和谐的共鸣。这又像是一个画家，目睹画布上的色彩构成互相吸引的张力，在惊讶不已的原创者眼前形成崭新生命时的感觉。它还像是一个父亲第一次见到孩子对他报以微笑时的喜悦。

这种最优体验不仅在顺境时会发生，甚至在集中营的幸存者或刚从千钧一发的危机中逃生的人，也有可能在最艰难的一刻突然大彻大悟。林中小鸟的歌唱，艰巨任务终于完成，或跟朋友分食干硬的面包，都有可能成为顿悟的触机。

一般人认为，生命中最美好的时光莫过于心无牵挂、感受最敏锐、完全放松的时刻，其实不然。虽然这些时候我们也有可能体会到快乐，但最愉悦的时刻通常在一个人为了某项艰巨的任务而辛苦付出，把体能与智力都发挥到极致的时候。最优体验乃是由我们自己所缔造的。对一个孩子而言，也许就是用发抖的小手，将最后一块积木安放到他从未堆过的那么高的塔尖上；对一位游泳健将而言，也许就是刷新自己创下的纪录；对一位小提琴家而言，也许就是把一段复杂的乐曲演奏得出神入化。每个人毕生都面临着不计其数的挑战，而每次挑战都是一个获得幸福的良机。

这样的体验在当时并不见得愉悦。游泳健将在最刻骨铭心的比赛中，可能会觉得肌肉酸疼，肺腑几乎要迸裂，说不定还疲倦得差点儿晕倒——但这可能是他一生中最美妙的一刻。掌控生命殊非易事，有时根本就是一种痛苦，但日积月累的最优体验会汇集成一种掌控感——说得更贴切些，是一种能自行决定生命内涵的参与感——这就是我们所能想象的最接近所谓"幸福"的状态。

幸福的代名词

我在研究中试图尽可能精确地分析幸福的感觉以及这些感觉形成的原因。我的早期研究对象包括数百位艺术家、运动员、音乐家、棋坛高手以及外科医生，他们都以自己喜爱的活动为业。根据他们的陈述，我在"心流"概念的基础上，建立了最优体验的理论。心流即一个人完全沉浸在某种活动当中，无视其他事物存在的状态。这种体验本身带来莫大的喜悦，使人愿意付出巨大的代价。

我在芝加哥大学的研究小组及后来遍布世界各地的同人，借助这套理论模式，访问了几千个来自各行各业的人。研究结果显示，不论男女老幼，不分文化差异，所有人对最优体验的描述大致都相同。心流的体验并非富裕的精英分子所独享，韩国的老妪、泰国与印度的壮年人、东京的青少年、印第安纳瓦霍族的牧人、阿尔卑斯山区的农夫以及芝加哥装配线上的工人，谈起这些体验，使用的词汇都基本相同。

我们最早的数据以访谈记录和问卷为主，为了力求精确，我们逐渐发展出一套评估主观体验的新方法——"心理体验抽样法"（简称 ESM）。该方法是为每位受测者佩戴一个电子呼叫器，为期一周，每当呼叫器一响，受测者就要写下当时的感觉或心情。呼叫器由一台无线电发射机控制，每天不定时地共发出 8 次讯号。一周期满后，受测者交回一份流水账式的记录，代表他一生的一段剪影。到目前为止，我们收集到这种人生体验的剖面分析记录超过 10 万份，本书的结论也将以这些数据为依据。

我在芝加哥发起的心流研究，如今已散播全球，加拿大、德国、意大利、日本、澳大利亚等地都有专家在进行这方面的研究。除芝加哥大学外，目前收集数据最广的当首推米兰大学医学院的心理学研究所。那些钻研幸福、生活满足及内在动机等课题的心理学学者，认为心流足以挽救道德败坏与疏离的社会学学者，以及对集体亢奋现象和仪式深感兴趣的人类学学者，都发现心流的概念对他们裨益良多。有些人甚至还把它扩大应用到探究人类进化或阐释宗教经验方面。

然而，心流不仅是一个学术命题，这方面的理论披露才不过几年工夫，就被应用于许多实际的案例。凡是以改善生活品质为目标者，心流理论总能为其指出一条明路。对于实验学校课程的规划，主管的训练以及休闲商品与服务的设计，它都能给予启发。除此之外，临床心理治疗、不良少年的感化教育、养老院的活动安排、博物馆展出设计以及残障人士职业训练等，也都因运用了心流概念而产生了新的观念与措施。这一切都是在第一篇有关心流的论文在学术期刊上发表后，短短十余年间发生的事。各种迹象表明，这套理论在未来的影响力将更大。

领航幸福之旅

以往讨论心流的论文与书籍大多是学术性的，而以一般读者为对象、介绍有关最优体验的研究以及如何将其巧妙应用于个人生活的著作，本书算是首开先河。不过，请不要把这本书当成一本传授速成方法的指南。时下书店里有上千本书教人如何致富、夺权、求爱或减肥，它们像食谱一样，教你一步步走向某个狭隘的目标，但很少有人能真正贯彻到底。即使这些方法真的管用，能够让你变得身材苗条、人见人爱、有钱有势那又如何呢？通常你会发现自己又回到了起点，有一连串新的欲望，跟过去一样不知满足。真正能带来满足感的不是苗条或财富，而是肯定自己的人生。

任何书不论立意多么善良，都无从传授幸福的秘方。最优体验有赖于时时刻刻用意识控制周遭事物，而要达到这种境界，唯有靠个人的努力与创意。本书所能做的，只是呈现幸福人生的范例和一套理论架构，供读者自我省思和领悟。

本书并不硬性规定何事该做、何事不妥，但希望根据理论绘制出航海图，领航一段心灵之旅。跟所有值得走一遭的旅程一样，过程绝非一帆风顺，若不全力以赴，对自己的经验细细反刍，收获就会很有限。

本书将探讨通过控制心灵活动得到幸福的过程。一开始，我们先研究意识的运作方式以及如何控制意识，因为唯有先了解主观如何形成，才能加以控制。我们所有的经历，不论愉快或痛苦、有趣或无聊，都以资讯的形式在心中呈现。若能控制这些资讯，就能掌控自己的人生面貌。

心灵体验到达最优状态时，心中澄莹如练。只有当精神能量（即注意力）专注于实际目标，行动与机缘又搭配得天衣无缝时，才会出现这种现象。树立追求的目标，能使感官变得井然有序，因为这时，人必须全心投入手边的工作，将其他一切抛诸脑后。这种为克服挑战而奋斗的阶段，就是一般人认为的一生中最愉快的时光。任何人只要能够控制精神能量，并将它专注于既定目标，就一定能有所成长、精益求精。借此不断练习自己的技巧，迎接更艰巨的挑战，使自己更加出类拔萃。

为什么做某些事会比做别的事更愉快？本书接着探讨心流体验形成的条件。心流是意识和谐有序的一种状态，当事人心甘情愿、纯粹无私地去做一件事，不掺杂任何其他企求。经由研究某些会产生心流的活动，诸如运动、游戏、艺术、嗜好等，就比较容易了解人们感觉幸福的原因了。

但改善生活品质不能光靠游戏与艺术，我们可以运用许多寻求快乐的途径控制心灵，像锻炼体魄、聆听音乐或练瑜伽等，或是开发在诗歌、哲学、数学等方面的潜能。

大多数人一生的时间几乎都花在工作和社交上，因此学习把工作转化为产生心流的活动，并设法与父母、配偶、儿女、朋友相处得更愉快，也变得格外重要。

如何不为苦难所阻，继续享受人生？人生的悲剧在所难免，即使是幸运儿也难免遭逢压力。但遭受这些打击未必就是与幸福绝缘，人在压力下的反应，往往决定他们是否能转祸为福，或只是徒然受苦受难。

如果做到了这一点，就能对人生掌控自如，使生命丰富璀璨。人生至此，夫复何求？是否苗条、富裕、掌权都已无关紧要了。此时澎湃的欲念止歇，得不到满足的需求如船过水无痕，连最单调的体验也变得兴味盎然。

本书所要探究的便是实现这些目标的关键：如何控制意识？如何使意识清明，以便从体验中汲取快乐？如何触类旁通？如何创造生命的意义？要实现这些目标，理论上很简单，实践起来却很困难。规则很清楚，每个人都做得到，但自身与环境之间的阻力却会从中作梗。这倒有点儿像减肥：每个人都知道该怎么做，也都想减肥，但还是有很多人做不到。本书所讨论的不只是减轻几磅，而是攸关拥有宝贵人生体验的机会。

在说明如何达到最优的心流体验之前，必须先简单谈谈人类处境中潜伏的障碍。古老的故事告诉我们，英雄在"从此过上幸福快乐的生活"之前，必须与喷火毒龙搏斗，与居心险恶的魔法师抗争。同样的譬喻也适用于心灵的冒险。我认为幸福之所以难求，最主要是因为人类自以为是地认定宇宙是为满足我们的需求而存在的，然而现实却大相径庭——生命中其实深埋着沮丧的种子。只要某种欲望一时得到满足，我们就立刻渴望得到更多。这种长期的贪得无厌，是追求知足常乐途中的另一重障碍。

每种文化为了克服这些阻挠，拯救子民免于陷入混乱，逐渐发展出一些保护机制——宗教、哲学、艺术以及其他能使生活舒适愉快的东西。这些机制使我们相信：万事仍在我们的掌控之中，并且给予我们对现状满足的借口。但它们的作用并不持久，几百年或仅仅几十年后，一种宗教或信念就被磨灭殆尽，不能再扮演精神支柱的角色。

如果一个人不靠信仰支持，试图仅凭自己的力量去追求幸福，很可能会从极致的生理快乐，或社会公认的最具吸引力的事物着手。因此，财富、权势与性就成为他们奋斗的主要目标。然而这些并不能改善生活品质——唯有直接控制体验感受，从我们所做的每一件事、每一个此时此刻中汲取快乐，才能克服障碍，得到满足。

人类不满的根源

幸福如此难能可贵，主要是因为宇宙初创之时，就没有以人类的安逸舒适为念。它广袤无边，充斥着威胁人类生存的空洞与寒漠，它更是一个充满危险的地方——一颗星球意外爆炸，就可能使方圆数十亿英里，悉数化为灰烬。偶尔碰到一颗重力场适中，不至于把我们的骨骼压碎的行星，表面可能布满致命的毒气。甚至在风光旖旎的地球上，生活也不尽如人意。数百万年以来，为了存活，人类与冰河、烈火、洪水、猛兽，以及肉眼看不见却随时会置我们于死地的微生物搏斗。

似乎每当我们逃脱一场迫在眉睫的危机，更为严重的新威胁就会接踵而来；我们一发明某种新成分，它的副产品就开始污染环境。纵观整个历史，用以防御的武器常会摇身一变，对它的制造者构成毁灭性的威胁；防治某种疾病的药品才研制成功，新疾病已经开始猖獗；死亡率刚刚下降，人口过剩又令我们忧心忡忡。《圣经·启示录》中代表毁灭的四骑士[①]，一直在我们身后不远处追赶。

---

① 这里所言的"四骑士"即为《圣经·启示录》中所称的人类四大祸害：战争、瘟疫、饥饿、死亡。——编者注

地球或许是我们唯一的家园，却处处充满陷阱，我们随时有掉进去的危险。

宇宙的混沌

从纯数学的角度来看，宇宙并非不可捉摸。星球的运行、能量的转换，都可以预测并加以解释。但大自然并没有把人类的欲望列入考虑的范围内，对我们的需求也不闻不问，因此跟人类企图建立的秩序格格不入。一颗要撞入纽约市的陨星，尽管完全遵循宇宙定律，但仍然令人恐惧。侵入莫扎特体内的病毒，一举一动都服膺自然，却对人类文明造成莫大的伤害。霍姆斯说："宇宙既不敌视我们，也不友善。它只是全然漠不关心。"

"混沌"是神话与宗教中最古老的观念，但对物理学和生物学而言却是陌生的。根据科学的法则，宇宙中万事万物都遵循理性而行，例如科学的混沌理论试图说明，乍看混乱的事物中潜存着规律性。但混沌在心理学与其他人文学科中的意义却截然不同，因为只要是以人类的目标与欲望为出发点，宇宙就显得极度混乱。

个人的力量摇撼不了宇宙的运作方式。人生在世，对于攸关生活质量的外来力量，影响力可谓微乎其微。固然我们应该尽力防范核战争，扳倒社会不公，消除饥饿与疾病，但最好不要期望任何改善外界环境的努力能立即提升生活品质。正如密尔所说："除非人类思考模式的根本结构发生重大改变，否则不可能有重大进步。"

我们对自己的观感、从生活中得到的快乐，归根结底直接取决于心灵如何过滤与阐释日常体验。我们快乐与否,端视内心是否和谐,而与我们控制宇宙的能力毫无关系。当然,我们还得为求生而学习掌控外在环境,但这一点也不能提升个人的快乐,或减少世界给我们的混沌感。追求内心和谐,唯有从掌控意识着手。

无止境的欲望

每个人对于自己这辈子希望完成的事,大致总有个模糊的概念,目标达到的程度就是衡量生活品质的指标。如果它始终遥不可及,我们就会变得怨天尤人、愤世嫉俗;但只要能完成一小部分,我们就会觉得幸福满足。

世上大多数人的人生目标都很简单:平安地活着,养育一儿半女;如果可能的话,再加上那么一点儿舒适与尊严。对于住在南美洲贫民窟、非洲干旱地区,以及数百万面对饥饿问题的亚洲人民而言,人生除了温饱,实在别无所求。但只要基本的生存问题解决了,充足的食物和舒适的居所就立刻显得微不足道,新需求、新欲望会立即出现。财富与权力使期望迅速升高,随着生活水准的提升,我们对幸福的定义也越来越模糊。古波斯的居鲁士大帝有一万名厨子替他调理珍馐,而国内老百姓却濒临饥饿边缘。现在发达国家人人都可以取得最罕见的食谱,仿制古代帝王的御膳,但大家因此就满足了吗?

生活越改善而越不满足的矛盾表明,提高生活品质是一件永远没有尽头的苦役。其实只要我们在奋斗的过程中觉得愉快,设立新目标也没什么不好；但问题就在于一般人总把所有心力放在新目标上，不能享受现在，也因此与知足的快乐绝缘。

虽然各种证据表明，大多数人会陷入期望值不断升高的恶性循环中无力自拔，但还是有不少人能逃脱出来。这些人尽管物质条件不够优越，但仍然能改善生活品质，不但知足常乐，也常能使周遭的人生活得更快乐。

这种人充满活力，愿意接纳各式各样的经历，活到老学到老，而且对别人及周遭的环境有强烈的责任感。不论多么烦琐艰难的工作，他们都能甘之如饴；他们从不厌倦，能轻易克服任何难题。他们最大的长处就是，对自己的生活掌控自如。以后我们会讨论臻于这种境界的方法，但首先要谈的是，自古以来人类抵御混沌威胁的方式，以及这些外在防御系统为何经常失灵。

文化编织的神话

在人类进化的过程中，人们逐渐发现自己在宇宙中的孤立以及生存机会的渺茫，于是建立起一套神话和信仰体系，把宇宙中无秩序的破坏力转化成可控制或至少是可理解的模式。任何文化的主要功能就是保护其子民不受混沌之扰，同时灌输给他们一个信念：自我很重要，并且个人终究能成功。不论是爱斯基摩人、亚马孙盆地的猎人、中国人、印第安人，还是澳洲土著、纽约市民，都自以为身居宇宙的中心，拥有美好的未来。倘若少了这份自信，真不知道他们如何面对生存中的重重难关。

以上只是理想的状况。然而有时一个人过分相信宇宙的友善与安全，也是一种危机。盲目信赖文化编织的神话，失败时会产生同样极端的幻灭感。但只有极少数特别幸运的文明才会有自信过度膨胀的问题，在长期征服自然界以后，他们开始以上帝的"选民"自居，不再为可能降临的挫败预做心理准备。统治地中海数世纪之久的罗马人就属此类。

这种自以为能指挥宇宙的文化傲慢，通常会招来麻烦，而不切实际的安全感早晚会化为泡影。当人们相信进步是必然的，生活理应轻松愉快时，就很容易丧失面对困顿的勇气与决心。一旦他们发现从前相信的一切不尽可靠，往往会一股脑把所有信念抛弃。没有文化价值观的支持，人们就陷入了焦虑与冷漠的泥淖。

现在我们周遭不乏这些幻灭的例子。最明显的是，到处弥漫着无精打采的氛围，真正快乐的人十分罕见。在你认识的人当中，有多少人热爱自己的工作，满意自己的运气，不追悔过去，对前途满怀信心呢？2 300年前，古希腊哲人狄奥根尼打着灯笼也找不到一个诚实的人，今天要找到一个幸福的人，恐怕更加困难。

这种普遍的"病态"并非直接由外界因素引起。我们不能像现在许多国家那样，把问题归咎于环境恶劣、贫穷或外国侵略者的压迫。不满的根源存乎一心，自己的问题唯有依靠自己解决。文化后盾曾经发生过作用，宗教、爱国主义、民族传统及社会阶级塑造的习俗也曾提供过秩序，但当越来越多的人陷入残酷的混沌时，一切都失效了。

反思生命真义

内在秩序的缺失,表现在某些人所谓的存在焦虑或存在恐惧等主观状况上。基本上,它是一种对生存的恐惧,一种生命没有意义、不值得继续的感觉。几十年以来,核战争的阴影对人类的希望构成了前所未有的威胁,人类的努力也不再有意义。我们只是漂浮在太虚中的被遗忘的点点尘埃,宇宙的混沌在大众心目中一年比一年扩大。

人渐渐长大,从满怀希望的无知少年,长成冷静沉稳的大人,他们早晚会面临一个疑问:"这就是一切吗?"童年或许令人痛苦,青春期或许令人困惑,但对大多数人而言,痛苦与困惑的背后,至少还有个长大后一切会好转的希望,而这种希望使目标变得有意义。然而不可避免的是,浴室的镜子照出了第一根白发,多出的那几磅赘肉再也减不掉了,视力开始衰退,全身上下也冒出莫名其妙的疼痛。各种老化的迹象明白地告诉你:"你的时间快到了,准备动身吧!"但难得有人这时候就已准备妥当。他们会反诘:"等一下!不可能是我吧?我还没有开始生活呢!我该赚的那些钱在哪儿呢?我该享受的那些好时光呢?"

可想而知,这番觉悟会造成一种上当受骗的感觉。从小我们就被灌输:慈悲的命运会为我们安排好一切。至少我们出生在一个富裕的法治国家,享受到有史以来最先进的科技所提供的一切便利,这不能不说是一种莫大的幸运。由此推论,我们的生活也该比过去的人更丰富、更有意义。如果我们的祖父辈生活在那么原始的条件下都能满足,那么现在的我们该觉得多么幸福啊!科学家这么告诉我们,教堂宣讲的道理如此,不计其数的称颂美好生活的电视广告重复的也是同样一番话。尽管如此,我们早晚会有所觉悟,发现这个富裕、科学昌明的复杂世界,根本不可能把幸福拱手奉上。

因应之道

觉悟来临时,每个人都以不同的方式面对。有些人试着忘记它的存在,继续努力争取更多一般人认为能使生活更美好的东西——更名贵的汽车,更舒适的洋房,工作岗位上更大的权力,更多姿多彩的生活方式。他们奋斗不辍,不得到尚未到手的誓不罢休。有时这种方法也会奏效,因为一个人沉溺于竞争中,就没有时间去研究离目标究竟有没有更近一些。只要他抽出时间来反省,幻灭感就会油然而生:每次的成功只是证明,金钱、权力、地位、财富,都不见得能提升生活品质。

有些人则选择直接对症下药。如果身材变形是第一个警讯,他们会开始节食,加入健身俱乐部,跳有氧舞蹈,买一套健身器材或做整形手术;如果问题在于得不到别人的注意,他们就会买如何扩张权力或结交朋友的书来看,或参加强化自信的课程或权贵人士的午餐聚会等。但不久他们就会看出,这些零星的解决方案发挥不了作用。不论下多少功夫,老化的定律不会因此而改写;提升了自信,无形中却疏远了朋友;花太多时间结交新朋友,很可能就忽略了配偶与家人。你会发现,堤坝有太多缺口濒临溃决,根本来不及

——抢救。

在无法同时满足太多要求的挫折之下，有些人干脆投降认输，躲进自己的小天地。他们可能会培养一种高雅的嗜好，如搜集抽象画或陶瓷人像，甚至也会沉溺于酒精或麻醉品构筑的迷幻堡垒里。异国情调的娱乐和所费不赀的消遣活动纵然能使人暂时忘记根本的疑问："这就是一切吗？"却不能提供答案。

在传统意义上，宗教最能直接触及存在的问题，也有越来越多心灵空虚无助的人纷纷求助于宗教，然而宗教只能暂时化解生命的荒诞，却不是永恒的解答。历史上某些时期，宗教确实令人信服地说明了人类生存的问题，并提出了答案。如公元4~8世纪，基督教横扫欧洲，伊斯兰教在中东兴起，佛教则征服了亚洲。数百年来，这些宗教为人类树立了值得毕生追求的目标，但今天却很难再把它们奉为圭臬。宗教呈现它们所谓真理的方式——神话、启示、经典——在讲求科学理性的今天，尽管真理的本质未改，说服力却大不如前。或许在不久的将来会出现一种充满活力的新宗教，但目前向既有宗教寻求慰藉的人，往往不得不把有关这个世界的许多知识抛在脑后，以换取心灵的宁静。

上述这些解决方案都不再管用，证据确凿、不容反驳。我们生存的社会，物质享受虽已至巅峰，却受种种疑难杂症所苦。毒品泛滥养肥了谋杀犯和恐怖分子，依目前贩毒集团势力不断扩张、守法公民的权益日渐萎缩的态势来看，毒贩头子有朝一日会统治整个社会也不无可能。在性观念方面，人们逐渐摆脱"伪善"的道德约束，以致致命的病毒肆虐。

为什么在缔造了许多过去连做梦也想不到的进步"奇迹"后，却会面临这种窘境呢？我们在面对人生时，似乎表现得比生活简约的老祖宗都不如。很明显，尽管人类的物质力量增强了几千倍，但在改善体验的内涵上却不见得有何长进。

善用自己的体验

除非个人自觉担负起责任，否则不可能摆脱这种困境。当旧的价值观与制度架构不足以提供支持时，每个人都必须运用现有的工具，为自己塑造有意义的快乐人生。心理学便是其中最有用的工具。蓬勃发展的心理学一直被应用于研究过去的事件对现在的行为有何影响。它告诉我们，成年人的非理性行为植根于童年时所受的挫折。但心理学还有其他用途，它有助于解答以下问题：如果我们就是现在这个样子，有种种烦恼和压抑，我们该如何规划自己的未来呢？

做自己的主人

要克服现代生活的焦虑与沮丧，必须先从社会环境中独立出来，不再孜孜以求，只以社会赋予的赏罚为念。要具备这样的自制力，个人首先得学会做自己的主人，必须能不受外界影响，自己找到快乐和目标。这项挑战说易不易，说难不难。说容易是因为这种能力就在每个人的掌控之中，说困难是因为它需要的毅力相当难能可贵，在现代更是少见。更重要的是，在控制体验之前，对决定事情先后顺序的态度必须先做大幅调整。

我们从小就以为，人生最重要的是未来。父母教孩子养成好习惯，为的是长大后对他们有益；老师向学生保证，无聊的课程日后有助于他们谋职；公司主管告诉新员工，要有耐心，努力工作，因为有朝一日会晋升为主管——然而在漫长的晋升之路尽头，退休的时刻也会同时到来。爱默生曾说："我们对生活有种种期许，却从未真正生活过。"一个穷困的小女孩也从童话故事中学到：果酱和面包永远是明天的事，今天就是吃不到。

当然，强调"享受在未来"有时是不可避免的。弗洛伊德及其他心理学家指出，文明就是建立在压抑个人欲望基础上的。社会成员不论乐意与否，都被迫接受既定的习惯与技能，否则就不可能维持社会秩序和复杂的分工制度。个人社会化是必然的；社会化的真谛在于使个人依赖社会的控制，并对赏罚有既定的反应；社会化的最高境界就是使每个人都完全认同社会秩序，根本不想触犯任何规则。

社会为了使我们实现它的目标，有若干手段：生理需求和基因制约。比方说，所有社会控制都建立在对求生本能的威胁上。受迫害国家的人民会被迫服从征服者，纯粹是因为他们想继续生存下去。甚至到最近，即使是文明国家（例如英国）的法律，仍有鞭笞、残肢、处死等刑罚，以加强其权威。

除了痛苦，社会控制也以快乐作为使人就范的诱饵。工作一辈子并遵守法律的报酬就是美好生活，这一招其实就是利用人性的弱点。人的每个欲望——从性欲到侵略，从寻求安全感到接受改变——几乎都成为政客、教会、企业及广告界控制社会的手段。16世纪，奥斯曼帝国的君主为招徕壮丁参军，承诺士兵可以在征服的土地上奸淫掳掠，而现在的征兵广告则邀请年轻人去"看看世界"。

我们应该了解，寻求快乐是基因为物种延续而设的一种即时反射，其目的非关个人利益。进食的快乐是为确保身体得到充足营养，性爱的快乐则是鼓励生殖的手段，它们实用的价值凌驾于一切之上。当一个男人在生理上受一个女人吸引时，他会想象（假设他会思考这种事）自己的欲念是发乎个人意愿的。但实际上，他的性趣只不过是肉眼看不见的基因的一招布局，完全在操纵之中。当这种吸引力只是基于生理的反射作用时，个人意识的影响力微不足道。跟随基因的反应，享受自然的乐趣，并没有什么不好，但我们应该认清事实真相，在必要的时候，按照自己的优先顺序，做自己的主人。

放任的争议

问题是最近盛行把内心的感觉当作发乎真性情的行为准绳。许多人只信任直觉，如果某件事感觉不错，自然而不做作，就必定是好的。如果我们不加诘问就服从基因和社会的控制，不啻就放弃了对意识的控制，成为非人性力量的玩物。如果无法抗拒食物或酒精的诱惑，或无时无刻不欲念缠身的人，就无法自由控制内在的心灵。

人性解放论认为，所有的直觉与冲动都可以接受，都应该支持，但常会产生严重的反作用。现在所谓的"写实主义"，事实上只是宿命论的老调新弹：把一切行动的责任全都归咎于自然。然而，人生而无知，难道我们就不该学习吗？有些人男性荷尔蒙特别旺盛，攻击性较强，难道他们因此就有权使用暴力吗？尽管不能否定自然，但我们更应该改进自然，追求至善。

向基因屈服有时相当危险，因为这会导致我们彷徨无助。不能在必要时反抗基因指示的人往往很脆弱，他们非但不能根据个人的目标决定行动方向，反而被肉体的欲望牵着鼻子走。摆脱社会制约的首要之务便是控制本能的冲动，因为只要我们凡事跟着感觉走，一举一动就不难预测，别人就很容易利用我们的好意，达到他们自私的目的。

彻底社会化的人，只追求周遭他认定应该期望的东西——往往也是与天性密切结合的欲望。他可能会经历许多难能可贵的事，但因这些事与他的欲望不符，他就会完全忽略它们。他在意的并非现在拥有的，而是满足别人的要求后能获得什么。这种沦为社会控制奴隶的人，只知道周而复始地追逐一到手就化为泡影的奖赏。

在复杂的社会中，有很多强势团体执行着社会化的工作，有时它们的目标乍看似乎相互矛盾。一方面，学校、教堂、银行等官方机构致力于把我们塑造成拼命工作与储蓄的负责任公民；另一方面，商人、厂商、广告商却不断哄骗我们将辛苦赚来的钱悉数购买令他们获利的产品。此外，还有赌徒、皮条客、毒贩组成的地下组织，提供禁忌的快乐，它们完全与官方那一套相呼应：只要付钱，就提供放荡的快乐。尽管透露出的信息截然不同，但结果基本上是一样的：剥削我们的精力以逞其私欲，使我们沦为社会制度的附庸。

不以社会赏罚为念

求生，尤其是在一个复杂的社会中求生，绝对有必要为实现外在目标暂时牺牲一时的满足，但不必因此而成为傀儡。最好的方法是不以社会的奖赏为念，试着以自己所能控制的奖赏取而代之。但这并不表示我们必须完全放弃社会认可的每一项目标；相反，我们要在别人用以利诱我们的目标之外，另行建立一套自己的目标。

从社会制约下解放自我，最重要的步骤就是时时刻刻发掘每一事件中的回馈。如果我们学会在不断向前推进的体验中找到快乐与意义，社会制约的重担就会从肩上自动滑落。当奖赏不再受外在力量管制时，权力就回到了个人手中。再也不必为追赶不到的目标而孜孜以求，或是在每个无聊的一天告终时，盼望明天会更好；再也不必为遥不可及的奖励受尽折磨，而可以真正开始充实人生。但光是放纵本能的欲望，并不等于摆脱社会制约，我们还得超脱肉体的欲望，学习控制心灵。

痛苦与快乐都属于可意识的范围，而且只在意识中存在。服从社会根据生物倾向而设计的"刺激－反应"模式，就是受外界所控制。无论是迷人的广告使我们对产品垂涎不已，还是老板皱一下眉头就使我们整天提心吊胆，都代表我们没有决定体验内涵的自由。因为体验就是现实，所以我们可借由改变意识来改变现实，如此一来，也就摆脱了外界的威胁利诱。古希腊哲学家埃皮克提图曾说："人害怕的其实是自己对事物的看法，而非事物本身。"罗马哲学家皇帝马可·奥勒留也曾写道："外界事物令你痛苦并不是因为它们打扰你，而是肇因于你对它们的判断，而你有能力立刻消弭那种判断。"

释放内在的生命

生活的品质取决于控制意识的能力，这是人类早已知道的简单事实。古希腊德尔斐神谕警醒世人："要有自知之明。"亚里士多德所提出的"灵魂的道德活动"，曾经由古典禁欲主义哲学家发扬光大，从各方面来看，都可作为本书的纲领。基督教僧侣的苦修使沟通"思想"与"欲望"的方法臻于完美，圣依纳爵·罗耀拉教士在他的灵修中更进一步将之合理化。近年出现的心理分析，目的也是从本能冲动与社会制约下解放意识。弗洛伊德曾指出，"本我"与"超我"是争夺心灵控制权的两大暴君，前者是基因的奴隶，后者则与社会沆瀣一气，两者都算是"外界"。与它们相对的是"自我"，代表一个人在现实环境中真正的需要。

东方的智慧

东方有很多控制意识的技巧，能使人达到高层次的满足感。印度瑜伽、中国道教及佛教禅宗，虽然不尽相同，但都以从生物或社会的命定论下解脱意识为宗旨。例如，瑜伽徒训练心灵，对一般人感觉到的痛苦浑然不觉，同样他也可以忽视饥饿或别人无法抗拒的性诱惑。不同的方式却可以得到相同的效果，瑜伽徒的严格心理自律，禅宗信徒培养源源不断的自发性，目的都在于摆脱混沌的威胁和生理冲动的严重制约，从而释放内在的生命。

如果人类真的几千年来一直懂得得到自由、控制自己生活的方法，为什么会在这方面毫无进展呢？为什么我们面临危及幸福的混沌时，比老祖宗更无助呢？至少有两个原因可以解释这种挫败。首先，解放意识的知识或智慧不能累积，不能浓缩成一个秘诀，也不能背诵下来重复使用。就像成熟的政治判断力或高度的审美观，它属于一种复杂的专业形式，每个人必须自行从不断的尝试与错误中学习。它跟知识一样，必须投入感情与意志才能得到。只是知道该怎么做还不够，还得实际去做才行，就像运动员或音乐家，必须再三巩固已知的理论，才能精益求精。人类把物理学或基因学的知识应用于物质世界，进步相当神速；但是当知识应用于修正我们的习惯与欲望时，就慢如牛步，令人痛苦不堪了。

其次，控制意识的知识在文化背景改变时，也必须进行相应调整。神秘主义、苏非教派（Sufi）、瑜伽行者或禅宗大师的智慧，在他们所处的时代或许是精妙绝伦的，但是若将那些体系移植到现代，就丧失了大部分原有的力量。各派哲学都有专属于所创生环境的成分，这些额外的成分若不能从基本要素中剔除，通往自由的路上就不免要长出许多莠草。形式一旦逾越内容，追寻者就只得重回起点。

培养独立意识

对意识的控制不能予以制度化，一旦成为社会规则与标准的一部分，它就失去了原有的作用。不幸的是，例行公式化的过程进行得非常快。弗洛伊德还在世时，他解放自我的努力已质变为毫无生气的意识形态和一门管制严格的行业。正如陀思妥耶夫斯基等人指出：如果基督在中世纪重回人间，宣扬他那套自由的论调，他一定会被那帮打着他的旗号而在俗世掌权的教会领袖再度送上十字架。

每个新纪元——或者每一时代，在时代更迭频繁时，甚至每隔几年，培养独立意识所需的条件就会改变，必须重新加以考虑与组合。早期的基督教解除了僵化的专制政权以及财势至上的意识形态；宗教改革对抗的是罗马天主教会在政治与意识形态上的剥削和压迫；法国大革命的哲学家与美国宪法起草人反对的则是君王、教皇与贵族的统治。在19世纪的欧洲，工厂的非人待遇是劳工阶级掌握个人体验的最大障碍，因此马克思主义生逢其时，正好符合那个时代的需要。维也纳中产阶级面临较微妙，但同样急需解决的社会困境时，弗洛伊德的精神分析理论指明了一条宣泄的出路。《圣经·福音书》、马丁·路德、美国开国先驱们、马克思及弗洛伊德，只代表西方在追求幸福、扩充自由方面所做努力的"冰山一角",他们的高瞻远瞩尽管在付诸实践时偶尔会有所偏差,但其价值并不会因此而动摇。不过,话又说回来,他们的贡献还是不能解决所有问题,也不是唯一的解决之道。

既然掌握人生是永远存在的中心议题,现代知识对此有什么看法呢?一个人应该如何消除焦虑与恐惧,摆脱对社会奖赏的患得患失之心呢?正如前面所提过的,控制意识才能控制体验的品质,任何在这方面最起码的进步都足以提升生活的品质,使生活更快乐、更有意义。在设法改善体验品质之前,有必要对意识的运作方式以及体验的真正意义做个回顾。

第二章
控制意识，改善体验的品质

一个人可以不管外界发生什么事，只靠改变意识的内涵，使自己快乐或悲伤；意识的力量也可以把无助的境况，转变为反败为胜的挑战。

历史上某些文化认为，一个人除非学会控制思想与感觉，否则不能算是一个完整的人。儒家思想主导下的中国、古斯巴达、共和时期的罗马、新英格兰早期的清教徒屯垦区、维多利亚时代英国的上流社会，都要求每个人严格控制自己的情绪。沉溺于自怜或行事不加反省、只凭直觉的人，社会有权不接受他。但也有一些时代不那么重视自我控制，我们现在这个时代就是如此，大家认为追求自制有点儿可笑，太杞人忧天或跟不上时代。但不论潮流怎么变化，肯下功夫掌控意识的人，似乎的确活得比较快乐。

意识的内涵

要控制意识，必须先了解它的运作方式，这也是本章的目的。首先要强调的是，意识并无神秘之处，它跟人类其他行为一样都属于生理作用，凭借着构造复杂的神经系统运作，而神经系统乃是由染色体中的蛋白质分子指挥主导的。同时，我们也应该知道，意识的运作并不完全受制于生物规律，下面将会谈到，它在很多时候能够自主。换言之，意识已超越了基因控制，发展出独立行动的能力。

意识的功能是搜集组织内外的一切资讯，加以评估后，由身体做出适当的反应。它可谓各种知觉、感觉、观念转换的中枢，并且就各种资讯排定先后次序。少了意识，我们还是可以"知道"周遭的事，但只能做直觉的反应。凭借意识，我们才能衡量事件的轻重缓急，并据此做出适当反应；甚至我们还能创造出从未有过的资讯，如做白日梦、说谎、谱写美丽的辞章或导出科学理论。

历经无数个黑暗世纪的进化，人类的神经系统已发展得极其复杂，甚至能改变自己的状态：在某种程度上，它甚至可以不受基因或客观环境的影响。因此一个人可以不管外界发生什么事，只靠改变意识的内涵，使自己快乐或悲伤。我们都知道，意识的力量可以把无助的境况转变为有机会反败为胜的挑战。奋斗不辍、克服万难的毅力，最令人佩服，它不但是成功的要素，也是享受人生的不二法门。

培养毅力应该从建立意识的秩序、控制感觉与思想着手，而且最好不要企图走捷径。有些人把意识看得很神秘，以为它能创造匪夷所思的奇迹。他们一相情愿地相信，在精神领域中任何事都有可能发生。还有人扬言能知晓过去与未来，与鬼神相通，并具有超能力。这样的故事纵非捏造，往往也是出于幻觉。

印度教行者及其他心灵修炼者的神奇事迹，经常被引用为心灵力量无限广大的例证，但经过查证发现，很多类似事迹并无实据；至于可资证实的事例，只需对普通人施以特殊训练，就能做得到。归根结底，伟大的小提琴家或著名运动员的杰出表现，虽然是一般人所不能及，但他们的能力并不包含神秘的成分。瑜伽行者也是控制意识的高手，但跟任何高手一样，他们下了多年功夫苦练，一刻也不敢懈怠。唯有投注所有时间与心力，提升操纵内在体验的技巧，方能成为专家。瑜伽行者放弃了被一般人视为理所当然的世俗技能，这是他付出的代价，他的能力令人叹服，但出色的管道工或修车技师也不差啊！

或许有一天，心灵真有力量做到在今日看来不可思议的奇能异事，所以不必急着排除以脑波折弯钢勺的可能；但就目前而言，太多世俗的当务之急横在眼前，意识的本能尚未充分发挥之际，盲目追逐那些遥不可及的能力，似乎是舍本逐末。尽管现在心灵还不具备如某些人所愿的超能力，但如何开发它庞大的资源，已成为迫不及待的课题。

反映人生的镜子

没有一门学科直接探讨意识的问题，它的运作方式也没有一种所有人都接受的解释。很多门学科都是点到为止，对意识的理解也只是皮毛而已。神经科学、神经解剖学、认知科学、人工智能、心理分析、现象学等，算是与意识关系最密切的领域了，但综合它们的发现，各家自有一套说法，却又互不相干。当然我们还是可以从这些学科中学习与意识相关的知识，但当务之急则是建立一个既符合事实，又简单易学的模式。

根据我的经验，能清楚检视心灵各个层面，并且在日常生活中发挥效用的方法，有个听起来非常艰涩的学院术语——"建构于资讯理论之上的现象学模式"。用现象学来探讨意识，因为它直接论及所经历的事件——也就是现象，并加以阐释，而不把重点放在人体解剖构造、神经化学程序，或促成事件发生的潜意识等因素上。当然，心灵的一切变化都可归因于经过数百万年生物进化成功的中枢神经系统内部电子化学反应的结果。

现象学假设，心灵事件唯有直接从经验本身观察最清楚，无须通过专业学术观点。不过我们所采用的模式仍然跟刻意摒除其他理论与科学的纯粹现象学有所差异。在此，我们以资讯理论作为辅助，以便了解意识中发生的变化，这包括感官资料的处理、储存及使用，亦即注意力与记忆的互动情形。

基于这样的架构，意识究竟是怎么回事呢？简单地说，它是某些我们能感觉到，而且有能力引导其方向的事件，诸如情绪、感觉、思想、企图等。做梦的时候虽然也有类似的事件发生，但由于我们无法控制，所以不算是意识。举个例子，我可能梦见一个亲戚发生了意外，使我感到非常烦恼，我或许会想："但愿我能帮忙。"尽管我在梦中有感觉、有观察力、能思考和企图做某事，但我毫无控制力（甚至无从查证消息的可靠性），因为意识并未介入。我们在梦中完全陷入一种全然无法靠意志力做任何改变的处境。构成意识的事件——我们看见、感觉、想到、渴求的事物——就是我们所能操纵利用的资讯，因此，我们也可以把意识视为经过刻意排列组合的资讯。

这个硬邦邦的定义虽说相当精确，却没有完全展现它的重要性，因为外界事物只能通过我们的感知存在，所以意识与主观体验的现实有密切关系。我们触、嗅、听或记忆所及的每件事，都有进入意识的潜力，但被遗漏的可能性大，成为意识的机会小。意识虽然像一面镜子，反映外界与神经系统之间的变化，但它是选择性的反映，会主动塑造事件，并把主观的真实加诸事件之上。意识反映的就是我们心目中的人生：我们从出生到死亡，听见、看见、觉得、希望的东西及遭受的痛苦的一切的总和。尽管我们相信意识之外还有"东西"，却拿不出直接的证据。

资讯的转换站

不同事件经感官处理后，意识就是将它们呈现和比较的转换站，它可以同时接收来自非洲的饥荒、玫瑰的芬芳、道琼斯指数或到店里买面包的念头，但它的内涵绝非散漫无序。

我们通常将意识化资讯为秩序的那股力量称为"意图"。当一个人自觉想要某件东西，或想要完成某件事时，意图就会浮现出来。意图也是资讯的一种，由生理需求或内化的社会目标塑造而成。它如磁场一般，把注意力从其他事物导向目标，使精神集中于特定的刺激上。我们经常用别的字眼来称呼外显的意图，诸如直觉、需要、冲动、欲望等，但这些都是解释性的名称，只是说明人为何会有某种表现。而意图则是中性的陈述，并未指出一个人"为什么"要做某件事，只说他"做"某件事。

举个例子，血糖低到某种程度时，我们会开始感到不安，并觉得烦躁、多汗、胃痛。由于基因程序要求使血糖恢复到一定的浓度，我们自然就会想吃东西。于是，我们开始觅食，直到吃下东西，不再觉得饿为止。在此，饥饿的本能动员意识的内涵，迫使我们把注意力集中到食物上。这已经对事实做了阐释——就化学而言，完全正确；但就现象学而言，它无关事实。饥饿的人对血液里有多少血糖一无所知，他只知道意识给了他一个饥饿的信息。

当一个人意识到饥饿之后，通常会产生摄取食物的意图。如果这时选择服从觅食的指令，他的行为模式就与纯粹服从本能需要并无差别，但他也可以决定完全不顾饥饿的痛苦。他可能有其他更强烈的意图，例如减肥、省钱或因宗教缘故禁食等。就像是以绝食表达抗议政治理念的人士，表达政治的意图便压倒基因的要求，甚至志愿选择死亡。

先天遗传或后天得来的意图，会按目标的高低排定重要性。对政治抗议者而言，特定的政治改革比任何事情都重要，甚至胜于生命，这个目标的重要性胜过所有其他目标。大多数人会根据身体的需要，确立合理的目标，诸如健康、长寿、吃得好、享受美食、过得舒适，或服膺社会体系灌输的愿望——奉公守法、辛勤工作、痛快花钱、迎合别人的期望等。但每个文化都有例外，足以证明目标有很大的弹性。离经叛道的个人——英雄、圣人、艺术家、诗人、疯子以及罪犯，一生都在追求与众不同的东西。这些人的存在，证明意识可以遵循不同的目标与意图发展，每个人都拥有控制主观现实的自由。

意识的极限

如果意识的范围能无限地扩张,人类最大的梦想就能实现了,我们会变得像神仙一样,长生不老,无所不能。我们可以全方位思考、感觉、实践,扫描无限资讯,并在瞬间获得无比丰富的经验。用一生的光阴,体验百万种人生甚或无限多种人生,又有何不可?

然而不幸的是,神经系统在特定的时间内能处理的资讯极为有限。意识每次只能认知和回应一定数量的事件,而新涌进来的会把旧的挤掉。虽然有些政治家自称没有边走边嚼口香糖的本事,但做到这件事并不难,而问题就在于像这样可以同时进行的事情并不多。思绪必须井然有序,否则就会混乱。思索问题时,我们无法同时体会到幸福和悲伤;我们也不能一边跑步、唱歌、一边记账,因为这些活动都会耗费大量的注意力。

意识处理资讯的能力相当惊人

现阶段的科学知识已可以估计出中枢神经系统处理资讯的速限。大致而言,我们顶多能同时应付七组资讯,诸如分辨声音、影像、情绪或思想中可辨识的弦外之音等。由一组转换到另一组,至少需要 1/18 秒。从这些数字可以算出,大脑 1 秒钟顶多能处理 126 比特的资讯,1 分钟是 7 560 比特,1 小时则大约 50 万比特。一生若以 70 年计,每天有 16 小时的清醒时刻,一生中可处理的资讯便是1 850亿比特。这就是生活的全部——所有的思想、记忆、感觉与行动。这个数字听起来似乎很庞大，其实则不然。

我们光是听懂他人说的话，就需要每秒钟处理40比特的资讯，意识的有限由此可见一斑。假设大脑的极限是每秒钟126比特，那么同时理解三个人的话，在理论上是可能的，但这样一来，我们就得把其他思想和感觉摒除在意识之外。比方说，我们就无法注意到说话者的表情，也不能考虑他们说话的动机，或注意他们的穿着打扮。

意识使用率决定生活品质

以现阶段对心灵运作的了解，以上数字也不过是臆测，可能高估，也可能低估大脑处理资讯的能力。乐观者宣称，在进化过程中，神经系统变得可以吸收大量资讯，导致处理资讯的能量不断膨胀，如开车之类的简单工作都可以变成反射动作，让心灵有余裕处理更多的数据。我们也学会用象征的方法——语言、数学、抽象观念、特殊的叙述风格等——压缩和整理资讯，例如，《圣经》中的每一则寓言都希望把许多人历经苦难赢得的经验镌刻在听者的心灵上。乐观者指出，意识是一个开放的系统，可以无限扩充，没有必要考虑什么限制，但是压缩的效果并不如预期的大。生活的需求仍然迫使我们花大约8%的清醒时间吃东西；还有大约相同的时间照顾身体的基本需要，如清洗、穿衣、剃胡须、如厕等。这两类活动就占去意识15%的空间，而且在这些时段里我们没法从事需要较多注意力的活动。

然而即使没什么心理压力，很多人也没有充分发挥处理资讯的能力。大多数人在每天约占 1/3 的闲暇时间里，都尽可能避免用脑子，这段空当一半以上是消磨在电视机前。受欢迎的节目情节与角色一再重复，以至于看电视虽然需要处理视觉意象，但记忆、思考、意志力等都发挥不了什么作用。无怪乎很多人说，看电视时注意力、技能的运用、思路的清晰程度与精力都陷入最低潮。一般人经常在家从事的其他休闲活动，也比看电视好不了多少。看报、看杂志、跟别人交谈、看着窗外发呆，都不需处理太多资讯，也无须集中注意力。

因此，估计每个人一生中可以处理 1 850 亿比特的资讯，可能是高估，也可能是低估。如果考虑到大脑理论上可以处理的资讯量，这一数字或许偏低；但如果我们观察一般人实际用脑的情形，恐怕又太高了。无论如何，每个人能经历的事情就这么多，所以准许哪些资讯进入意识就显得格外重要。实际上，这就决定了生活的内涵与品质。

注意力：无价的资源

资讯进入意识是因为我们企图注意它，或是生理或社会指示我们该注意。例如，在公路上开车，我们与上百辆汽车擦身而过，都没有特别注意，它们的颜色与形状一闪而逝，随即被遗忘。但偶尔我们会注意到一辆特殊的车，或许因为它在公路上蛇行，或开得特别慢，或者它有与众不同的外观。只有这辆不寻常的汽车的意象进入意识的焦点，我们才察觉到它的存在。这辆汽车的视觉资讯（像它在蛇行）在脑子里跟其他储存在记忆中的有关汽车的资讯连接起来，决定了目前的情况属于何种性质。驾驶人是经验丰富、艺高胆大、喝醉酒，还只是一时分心？当此事件与既定的资讯相契合，就有了定位。现在要加以评估的是：是否值得担心？如果答案是肯定的，我们就必须决定采取某种行动：加速、减速、变换车道，或是停车通知交通警察。

这套繁复的心理运作，必须在几秒钟，甚至几分之一秒内完成，用"电光石火"形容这种决断的速度一点儿也不夸张。它并非自动发生，而是经过一套明确的程序，我们称之为"注意力"。注意力负责从数以百万计位的资讯中挑出相关的资讯，以及从记忆中抽取相关的参考数据，然后评估事件，采取正确的对策。

注意力再怎么强大，也无法超越前面谈到的限制。它在一定时间内只能处理一定数量的资讯。从记忆库中取出资讯，理解、比较、评估，然后做决定——无一不用到心灵有限的资讯处理能力。以看见蛇行驾车的司机为例，他若想避免意外，可能就必须暂时中止边开车边打电话。

有些人学会了有效运用注意力这笔无价的资源，也有人弃置不用。控制意识最明显的指标就是能随心所欲地集中注意力，不因任何事情而分心。若能做到这一点，就能在日常生活中找到乐趣。

不同的成功人生

我要用两个极端不同的个案，来说明应用注意力规划意识、实现目标的方法。

第一个是 E 女士的案例。E 是一名欧洲妇女，也是当地最知名、最有势力的一位女性。她不但是扬名国际的学者，还建立了一个大企业，雇用数百名员工，十多年来一直执业界牛耳。E 女士经常到各地参加政治、商业及专业性会议，在好几个国家都有寓所。如果所到之处有音乐会，她多半会去聆听；一有闲暇，她就去博物馆参观或上图书馆。开会期间，她不要司机在旁枯候，反而鼓励他去当地的画廊或博物馆看看，因为她希望在回家途中，有人可以陪她聊聊观画的感想。

E 女士一生中没有浪费过一分钟，她无时无刻不在写作、解决问题、阅读报纸、翻阅当日行程，或只是提出问题，仔细观察周遭事物，并计划下一步的工作。她只花很少的时间在日常例行公事上；她与人交谈彬彬有礼，社交仪态优雅，但尽可能避免这些活动。她每天都会抽出时间为心灵充电，方法非常简单：如在湖畔伫立 15 分钟，闭上眼睛，让阳光洒在脸上；或者牵着猎犬到镇外的小山坡上散步。E 女士能充分控制注意力，可以随时把意识关闭，打个盹儿，然后恢复精神。

E 女士的人生并不顺利。第一次世界大战后，她的家族变得一贫如洗；在第二次世界大战期间她失去了一切，还曾身陷囹圄。数十年前，她罹患慢性病，医生判定会有致命的危险。但她凭借着约束注意力,不把精力浪费在不具建设性的思想或活动上,渡过了一切难关。现在她全身焕发着精力,并活跃于许多活动中,无视艰苦的过去与紧张忙碌的现在,她的每一分钟都过得满足而充实。

第二个案例在很多方面都跟 E 女士截然相反,他们唯一的共同点就是具有犀利的注意力。

R 是个瘦小的男人,乍一看很不起眼,非常害羞、谦虚,跟他只有一面之缘的人很容易把他忘掉。熟悉他的人并不多,但对他的评价都很高。他在一门冷僻的学问上卓然有成,还有许多美妙的诗歌作品被译成多种语言。跟他谈话,令人联想到一泓深不可测的活力之泉。他说话时,目光深邃;听人说话时,往往从多方面分析对方的话语。一般人视为理所当然的事常令他感到困惑;在用原创但十分贴切的方式详加分析前,他绝不让任何事轻易溜走。

R 先生尽管不断地磨砺知性,外表却给人一种沉着、宁静的感觉。他似乎永远能察觉到周遭最微小的变动。他注意一件事,目的不在于改善或批判它,只要能够观察和了解事实,并表达自己的看法,他就心满意足了。R 先生不像 E 女士那样对社会造成立刻的冲击,但他的意识同样复杂而有条理;他把注意力尽可能延伸,跟周遭的世界密切结合起来。他跟 E 女士同样都能充分享受人生。

注意力的探照灯

一般人都不能像 E 女士或 R 先生那样,把有限的注意力像探照灯一般集中成一道光束，而是任它毫无章法地散开。应用注意力的方式足以决定人生的外观与内涵，塑造可能全然相反的现实。我们用以描述人格特征的字眼——诸如外向、成就不凡、偏执狂，其实指的都是一个人建构注意力的模式。在同一个宴会上，外向的人热衷于与别人交际；成就不凡的人寻求有用的商界人脉；偏执狂则随时警惕，怕碰到危险。注意力有无数种运用方法，可以使生活变得更丰富，但也可能更悲惨。

比较不同文化或行业的注意力结构，就可以更明显地看出它的可塑性。爱斯基摩猎人受过训练，可分辨数十种不同的雪景，而且永远对风向、风速极其敏感。美拉尼西亚群岛的水手即使蒙着眼睛，被带至离老家所在的海岛数百英里外的海上，在水中漂浮几分钟后，就能凭着对洋流的感觉，辨识出自己身在何处。音乐家专注于一般人无法辨别的声音意涵，股票经纪人懂得把握常受忽略的市场小震荡，优秀的医生对症状别具慧眼，这都是因为他们训练自己的注意力，学习处理易受忽略的讯号之故。

由于注意力除了决定某些事物能否进入意识外，还要带动其他心灵活动——回忆、思考、感觉、做决定，所以应该把注意力视为一种"精神能量"。它是完成工作不可或缺的能量，在工作中会耗损。我们通过这种能量的应用，创造自我；也通过应用的方式，塑造记忆、思想和感觉。注意力是一种受我们控制、随我们使用的能量变化而改变，也是改善体验品质的最重要的工具。

关于自我

上文中那些第一人称代名词指的是谁呢？那些应该把注意力控制在手中的"我"或"我们"在哪儿呢？谁来决定神经系统产生的精神能量该如何运用？灵魂的主宰或舵手究竟在何方？

只要对这个问题略做思考，我们就会发现，从现在开始，所谓的"我"或"自我"，也是意识内涵的一部分，它很少逸出注意力的焦点。当然，我的"自我"只存在于我的意识之中；认识我的人，意识中也会有关于我的某种版本，但大多数版本可能都跟"原始版本"——我眼中的自己——毫无相似之处。

自我可不是普通的资讯。实际上，它包含了通过意识的一切：记忆、行动、欲望、乐趣、痛苦等。更为重要的是，这个"自我"代表我们点滴建立起来的目标的先后次序。政坛活跃人士的自我可能跟他的意识形态打成一片，银行家的自我可能涵盖在他的投资策略里。不过，我们通常不会从这种角度来看待自我。任何时候——比如意识到自己的外表给别人的印象，或考虑到如果能够就要做什么事的时候——我们都只察觉到自我的一小部分。我们最常把自我跟身体联想在一起，但也有时候会加以延伸，去认同一辆车、一幢房子、一家人。不论我们对自我意识到多少，它都是意识最重要的成分，象征着意识的全部内涵及其间互动的模式。

耐心的读者读到这里，可能会有绕圈子的感觉。如果注意力或精神能量由自我主导，而自我乃是意识内涵的总和，意识及其目标的内涵又是注意力以不同方式投射所造成的结果，那么这套理论岂不是周而复始，转来转去，没有明确的因果关系吗？我们一会儿说自我引导注意力，一会儿又说注意力决定自我。事实上，这两种说法都没有错，因为意识并非直线，而是呈一种圆形循环。注意力塑造自我，也被自我塑造。

注意力与自我的相互塑造

在我们的长期研究对象中，萨姆·布朗宁可作为说明这一类型因果关系的典型例子。萨姆15岁那年，跟随父亲到百慕大去过圣诞节。当时，他对自己这辈子要做什么完全没有概念，他的自我还没有成形，也没有独立的认知。萨姆没有明确的目标，他想要外界认为所有同龄男孩都会要的东西，也认同基因程序或社会环境的指令——换言之，他迷迷糊糊地计划升大学、找一份待遇不错的工作、结婚、住在郊区。有一次，父亲带他去百慕大的珊瑚礁旅行并潜水。萨姆简直不敢相信自己的眼睛，他发现神秘、美丽而又危机四伏的海底世界竟如此令人着迷，就下定决心做进一步探索。于是，他在高中选修了许多门生物课程，目前正向海洋科学家的目标迈进。

在萨姆的案例中，有个意外事件闯进了他的意识：海底世界惊心动魄的美。他并未规划这个事件，这也不是他的自我或目标投射注意力造成的结果。一旦认知那个海底世界，他就喜欢上了它，而且这次经历跟他一向喜欢做的事、对大自然与美一贯的喜爱，还有他一直重视的一切，产生了共鸣。他觉得这是一次美好的经历，值得继续追寻，于是他把这次意外建构成一系列的目标——学习更多有关海洋的知识、选修相关课程、进大学、读研究所、做一名海洋生物学家，而这些都成为他自我的主要成分。从那一刻开始，萨姆的目标引导他把注意力集中于海洋与海洋生物，形成一套循环的因果关系。最初，他是无意间发现海底世界之美的，注意力帮助他重塑自我；后来，他刻意去追求海洋生物学的知识，自我就开始塑造注意力。萨姆的例子并不特殊，很多人的注意力架构都是遵循同样的途径发展的。

到此为止，几乎所有为了控制意识而应该了解的事都已论及。我们已了解到，体验取决于我们运用精神能量的方式，而这又牵涉到目标和意图。所有过程乃是靠自我（即整个目标系统的心理活动）衔接的。我们若想在任何方面有所进步，都逃脱不出这些步骤。外在因素当然也有助于改善人生，诸如赢得百万美元的彩券、找到理想的终身伴侣、为改善不公正的社会制度出一份力等——但即使是这些美好的事情，也必须先在意识中取得一席之地，以积极的方式与自我建立联系，才能对生活品质产生影响。

意识的架构已开始浮现，但目前这幅画面还是静态的，虽然各种元素均已齐备，但还没有发生互动。接下来我们要谈的是，每当注意力唤起对某个新资讯的觉醒时，会发生什么情况。这么一来，我们才能充分了解控制体验的方法，迈向更美好的未来。

内在失序

内在失序——也就是资讯跟既定的意图发生冲突，或使我们分心，无法为实现意图而努力——是对意识极为不利的影响力。我们曾经为这种状况取了各式各样的名称，如痛苦、恐惧、愤怒、焦虑、妒忌等。所有失序的现象都强迫注意力转移到错误的方向，不再发挥预期的功能，精神能量也窒息了。

胡里欧的破轮胎

意识失序有很多种形式。参加我们抽样研究的胡里欧·马丁内兹是一家生产视听设备工厂的技工，他在焊接电影放映机的生产线上工作。他工作时突然变得情绪低落，产品在面前经过时，由于心神不宁，他跟不上全组同事的节奏。平时他本来可以很快把自己那份工作完成，还有空闲跟旁边的人说笑，但今天他的动作缓慢，有时还会延宕全组的工作流程。邻组的一位同事取笑他时，胡里欧非常不悦地立刻顶了回去。从一大早到下班，他的紧张情绪不断升级，跟同事的关系也恶化起来。

胡里欧的问题很简单，其实只是件小事，却给他造成了很大的压力。前几天傍晚他下班回家时，发现一个车胎快没气了；第二天早晨，轮胎的钢圈几乎要触及地面了。但胡里欧要到下周末才能领到薪水，他知道在这之前凑不出足够的钱来补轮胎，更不用说换新胎了，而他又不懂得如何向人借贷。工厂位于郊区，距他家约20英里路，他必须每天早晨 8 点之前到岗。胡里欧想出的唯一办法就是：一大早小心翼翼地把车开到加油站，把轮胎的气打满，并尽快开到工厂；下班时气漏光了，他再到工厂附近的加油站，打满气后再开车回家。

我们访问他时，胡里欧已经如法炮制三天了，他希望这一招能支撑到下一个发薪日。今天他驾车到工厂时，那个破轮胎几乎已扁平，连方向盘都很难控制了。一整天他都在担心："我今晚回得了家吗？我明天能准时到岗吗？"他的心思全被这个烦恼占据了，这使他无法专心工作，情绪也开始变得不安起来。

从胡里欧的例子可以看出，自我的内在秩序受到打扰时，会有什么后果。基本模式是固定的：与个人目标相冲突的资讯侵入意识后，视目标的重要性与威胁的大小而定，某些程度的注意力必须腾出手来消除危机，用于处理其他事务的注意力就相对减少了。对胡里欧而言，保住工作是非常重要的目标，一旦失业，所有其他目标都要跟着泡汤，因此，工作是他维系自我内在秩序的最重要的一环。漏气的破轮胎已危及他的工作，因而消耗了他大部分的精神能量。

要命的精神熵

每当资讯对意识的目标构成威胁，就会发生内在失序的现象，也可称之为"精神熵"（psychic entropy），它会导致自我解体，使效率大打折扣。这种状况若持续过久，对自我将造成严重的损害，使自我再也不能集中注意力实现任何目标。

胡里欧的问题不大，也不会持续太久，但吉姆·哈里斯则是一个长期精神熵的案例。吉姆是个相当优秀的高二学生，也参加了我们的研究。一天，他一个人在家。站在父母卧室的镜子前，他一边听着收音机里正播放的他已听了整整一个星期的《感恩死者》，一边试穿着父亲最喜欢的绿色厚绒布衬衫——每次父亲带他去露营时都穿这件衣服。吉姆抚摸着温暖的衣料，回忆起在烟雾弥漫的帐篷中，依偎在父亲身旁的那种安适的感觉，帐篷外还不时传来湖对岸水鸟的长鸣。吉姆右手握着一把很大的剪刀，衬衫袖子对他而言太长了，他不知道自己敢不敢把它剪短，父亲知道后一定会大发雷霆的——但父亲可能也不会注意这些了。数小时后，吉姆躺在自己的床上，床头柜上摆着一个阿司匹林空瓶，70片药片一下子全光了。

吉姆的父母一年前分居，现在正在闹离婚。平常吉姆都跟妈妈住，星期五晚上他就打好包，搬到父亲位于郊区的新公寓。这种安排造成的问题是，他永远没有时间跟自己的朋友相处：平时他们太忙，周末他却得到一个陌生的地方去。他一有空就打电话，尽可能跟朋友们保持联络，要不就听那些他觉得能反映内心寂寥的歌曲。但最糟糕的是，父母都在不断争取他，他们在背后互相诋毁对方，这让吉姆在父亲或母亲面前表示对另一方的关心或爱时，内心会产生罪恶感。在自杀的前几天，他在日记里写道："救命！我不要恨妈妈，也不要恨爸爸。我希望他们不要再这样逼我！"

幸好那天晚上，吉姆的妹妹发现了那个阿司匹林空瓶，立刻打电话通知母亲。吉姆被送进医院洗胃，过了几天就康复出院了。然而，有数以千计的孩子并不像他那么幸运。

撞球理论

无论是使胡里欧暂时陷于恐慌的破轮胎,还是差点儿害得吉姆丧命的父母离婚,都在无形中间接造成肉体的伤害——它就像打撞球的时候,一枚球撞上另一枚球,使它反弹至另一个预期的方向。外在事件进入意识时纯属资讯,不一定具有正面或负面的作用,必须由自我根据本身的利害关系,对这些素材加以阐释,才能决定它是否有害。

胡里欧若是有钱或借贷有门,他的难题就可望迎刃而解。倘若他投注一些精神能量,跟同事建立良好的友谊,破轮胎也不至于造成那么大的困境,因为他可以请同事允许他搭几天便车。又倘若他自信心较强,暂时的挫折也不会有这么大的影响。同样,如果吉姆个性较为独立,父母离婚就不会使他沮丧至此。但是以他的年龄而言,他的人生目标跟父母的关系可能还太密切,因此父母一分手,就造成他的自我分裂。如果他有较亲密的朋友,或在目标的追求上一帆风顺,他的自我就会有足够的韧性保持完整。幸运的是,自他出事以后,父母也觉悟到问题的严重性,于是为自己和儿子觅求专业治疗,重建亲子间稳定的关系,使吉姆能建立起一个坚强的自我。

我们接收的每一条资讯,都要经过自我的评判。它对我们的目标是威胁、支持,还是完全中立?股市下跌的消息往往令银行家担忧,但对政治异议分子却可能是振奋人心的好消息。一条新资讯可能会使我们付出所有心力应付威胁,造成意识的失序;但它也可能强化我们的目标，激发出更多的精神能量。

意识井然有序

　　精神熵的反面就是最优体验。当发觉收到的资讯与目标亲和，精神能量就会源源不断，没有担心的必要，也无须猜疑自己的能力。我们不再怀疑自己，只因为我们得到了明确的鼓励："你做得很好！"积极的反馈强化了自我，使我们能投入更多的注意力，照顾内心与外在环境的平衡。

　　里柯·麦德林在工作时常有这样美好的感觉。他跟胡里欧是同事，在另一条装配线上工作。他每完成一个单元，规定的时间是43秒，每个工作日约需重复600次。大多数人很快就对这样的工作感到厌倦，但里柯做同样的工作已经5年多了，还是觉得很愉快，因为他对待工作的态度跟一名奥运选手差不多，常常思索如何打破纪录；就像一个苦练多年、只为了刷新纪录的赛跑选手，里柯也训练自己创造装配线上的新纪录。他像外科医生一般，一丝不苟地设计工具的安放顺序和每一步动作。经过5年的努力，他最好的成绩是28秒就装配完一个单元。

　　他力求表现得更好，一方面固然是为了争取奖金和领班的赏识，但他往往并不张扬已遥遥领先的事实；另一方面知道自己行已经够了，更何况，以最高速度工作时会产生一种快感，这时要他放慢速度简直是"强人所难"。里柯说："这比什么都好，比看电视有意思多了。"里柯知道，他很快就会达到不能在同样工作上求进步的极限，所以他每周固定抽两个晚上去进修电子学的课程。拿到文凭后，他打算找一份更复杂的工作。我相信他会用同样的热忱，努力做好任何一份工作。

在工作中达到这种水到渠成的境界，对帕姆·戴维斯而言更为简单。她是一家小律师事务所的律师，很幸运有机会参与复杂而极具挑战性的案件。她花了许多时间上图书馆，查阅相关资料，并为资深律师规划辩护的策略。她经常全神贯注得忘了吃午餐，等她觉得饿时，天已经黑了。当她沉浸在工作中时，信手拈来的每一条资讯都是有用的，即使偶尔遭受挫折，她也知道症结所在，而且有把握克服。

流动的最优体验

这些例子意在说明最优体验的意义。最优体验出现时，一个人可以投入全部的注意力，以求实现目标；没有失序现象需要整顿，自我也没有受到任何威胁，因此不需要分心防卫。我们把它称为"心流体验"，因为接受我们访谈的人，大多采用这类字眼描述他们处于最优状态时的感觉："好像漂浮起来"，"一股洪流带领着我"。它正好是精神熵的反面——实际上，有时我们称它为"精神负熵"。拥有它的人就能培养一个更坚强、更自信的自我，能够用更多的精神能量，专注于自己选择的目标。

一个人若能充分掌控意识，尽可能创造心流体验，生活品质势必会提高；如同里柯与帕姆，即使平凡无奇地例行公事，经过他们的自我转换，也变得有方向、有乐趣。在心流中，我们是精神能量的主宰，无论做什么事都能使意识更有秩序。受访者中有一位知名的攀岩专家，对于这种使他深刻体会心流的业余爱好，他做了相当简单扼要的说明：

> 越来越完美的自我控制，产生一种痛快的感觉。你不断逼身体发挥所有的极限，直到全身隐隐作痛；然后你会满怀敬畏地回顾自我，回顾你所做的一切，那种佩服的感觉简直无法形容。它带给你一种狂喜，一种自我满足。只要在这种战役中战胜过自己，人生其他战场的挑战，也就变得容易多了。

其实战斗中对抗的不是自己，而是使意识失序的精神熵。我们是为保卫自我而战，这同时也是一场控制注意力的斗争，虽然它不一定像攀岩那样牵涉到体能的挑战。体验过心流的人都知道，那份深沉的快乐是严格的自律、集中注意力换来的。

自我的成长

心流体验会使自我变得比过去更复杂，而这可以说是一种成长。复杂性是由两种广泛的心理过程造成的——"独特化"与"整合"。其中，独特化是把自己与他人区分开来，朝独一无二的方向发展；整合则恰好相反，是借着超越自我的观念和实体，与他人联结。而复杂的自我便能够成功地融合这两种乍看矛盾的过程。

独特性与复杂性的完美整合

克服挑战必然会使一个人觉得更有能力和技巧，心流就是经由这样的过程，加深自我的独特化的。正如那位攀岩专家所说，"你回顾自我和所做的一切，那种自豪的感觉简直无法形容"。每经历一次心流，个人就变得更独特、更难预测，并拥有更非凡的技能。

复杂性有时会被视为困难或困惑，带有负面的意味，而这也不算错误。不过，只有当独特化单独出现时，才会有这种现象。可是复杂性还有另一度空间——各独立部分的整合。好比一具复杂的引擎，不但有许多零部件掌管不同的功能，也因为各个零部件跟其他零部件衔接而具有高感应性。独特化而不经整合，体系就会出现一片混乱。

在心流状态下，意识全神贯注、秩序井然，有助于自我的整合。思想、企图、感觉和所有感官都集中于同一个目标上，自我体验也臻于和谐。当心流结束时，一个人会觉得，内心和人际关系都比以前更"完整"。前面提到的那位攀岩专家还说："爬山是激发一个人全部能力的最佳活动。没有人会逼迫你，能否爬上巅峰对身心都不构成压力……你有很多志同道合的同伴在旁边，大家都齐心协力。还有谁比这些人更值得信赖呢？他们跟你同样追求自律，全心全意投入……跟别人建立这样的关系，本身就是最大的喜悦。"

只有独特化（未经整合）的自我，虽然也能获得极高的成就，但有陷入自我中心的危险；同样，一个人的自我若是完全建立在整合上，固然也能有良好的人际关系和安全感，却缺乏独立的个性。只有一个人把精神能量平均投注在这两个方面，既不过分自私，也不盲从，才算达到了自我所追求的复杂性。

全情投入的乐趣

自我在体验心流后会变得复杂。有趣的是，我们只有在不掺杂其他动机，只为行动而行动时，才能学会做一个比原来的自己更复杂的人。选定一个目标，投入全部的注意力，不论做什么事都会觉得乐趣无穷。一旦尝到这种快乐，我们就会加倍努力，重温它的滋味——自我就这样开始成长了。

装配线上乍看很无聊的工作之于里柯，诗的创作之于 R 先生，都是如此。E 女士也以同样的方式战胜了病魔，成为望重士林的学者和极具影响力的企业高管。心流之所以重要，不仅是因为它能使现在更愉快，也是因为它会强化我们的自信心，使我们能培养更高的技能，为全人类做出更大的贡献。

接下来，本书要进一步介绍最优体验：它会带来什么样的感觉？在什么情况下会发生？心流虽没有捷径可达，但只要我们了解它的运作方式，就有可能使生活改观。

第三章

心流的构成要素

迈达斯国王点石成金,最后活活饿死的寓言,充分证明一味追求财富、地位、权力,未必能使人更快乐。唯有从每天的生活体验中创造乐趣,才能真正提升生活品质。

改善生活品质的主要策略有两种：一是使外在条件符合我们的目标；二是改变我们体验外在条件的方式，使它与我们的目标相契合。

比方说，安全感是幸福的一大要素，买一把枪、装一组坚固的锁、搬到治安较好的地区、对市政府施压要求加强警力或鼓吹社区重视犯罪问题等，都不失为增进安全感的方法。这些不同的反应，目的都是要使环境与我们的目标更契合。另一个给自己更多安全感的方法，则是调整对安全感的定义。如果我们并不期望拥有绝对的安全感，承认危险不可避免，在一个不可预测的世界里，就照样能活得很愉快，不安全感对幸福构成的威胁也会小得多。然而，这两种策略都不能单独采用。改变外在条件一开始可能很奏效，但一个人若控制不住自己的意识，过去的恐惧与欲望很快就又会浮现，并唤醒旧有的焦虑，即使到加勒比海买一座小岛，满布武装保镖和警犬，也不能创造内心的安全感。

幸福的假象

迈达斯国王点石成金的寓言，充分证明了控制外在条件未必能使人生活得更好。迈达斯跟大多数人一样，以为拥有举世无双的财富就是幸福的保障。他向众神祈求，经过一番讨价还价，神应允他，凡是他所触及的东西都会变成黄金。迈达斯以为自己占了大便宜，必然会成为世上最富有、最幸福的人。故事的结局大家都知道：迈达斯很快就后悔了，因为连口中的食物和酒，在吞咽前都变成了黄金，于是他就在一大堆金杯金碗中活活饿死了。

古老的寓言千百年来不断重演。精神科医生的候诊室里坐满了功成名就的病人，他们在四五十岁时才忽然觉醒，原来郊区的豪华住宅、名贵轿车，甚至常春藤名校的学位，都不能给他们带来内心的平静。然而，大家还是希望借着改变外在条件找到出路，只要能赚更多钱、使身体健康、找到更体贴的另一半，问题就都迎刃而解了。纵然明知物质的丰裕并不能带来幸福，我们还是习惯外求，不停地追逐外在的目标，希望借此改善生活。

财富、地位、权力是现代文明最重视的幸福象征。我们总以为，有钱、有名、俊俏美丽的人一定过得很充实，尽管各方面证据可能显示，他们生活得并不惬意。但我们依然坚信，只要能拥有跟他们同样的象征特质，就会更幸福。

如果当真得到了更多的财富与权力，至少一时之间，我们会产生人生就此改头换面的信心。但象征是会骗人的——它往往会歪曲人们以为它应该代表的现实。其实别人对我们的看法或我们所拥有的一切，跟生活品质并没有直接关系——真正重要的是我们对自我和所遭遇的事情做何种阐释。改善生活，唯有从改善体验的品质着手。

有钱一定快乐吗？

我并不是说金钱、健康、名望与幸福无关，但这些东西只有在使我们对自我感到更满意时才能发挥作用，否则充其量只是无关痛痒，甚至还有可能构成快乐人生的障碍。针对幸福和生活满足感所做的研究显示，财富与快乐确实稍有关联：经济富裕国家的人们自认快乐的程度，的确位于贫穷国家的人们之上。伊利诺伊大学的研究学者埃德·迪纳发现，非常富裕的人平均77%的时间觉得很快乐；生活小康的人则平均62%的时间自认为快乐。这种差异就统计而言，似乎不算小，但实际上并不重要，因为所谓"非常富裕"的人只是名列美国400名大富豪排行榜的少数人而已。

另外值得注意的是，在迪纳的研究对象中，没有一个人认为单靠金钱就能保障幸福。大多数人都同意："钱能增加也能减少幸福程度，关键看你怎么运用。"稍早，诺曼·布拉德伯恩所做的另一项研究显示，收入最高的群体觉得快乐的时间，较收入最低的群体多25%。这再次说明，差异确实存在，但并不那么大。10多年前出版的《美国生活品质全面调查报告》指出，财务状况是影响人生满意度最微不足道的因素之一。

由此可见，与其为如何赚100万或结交有权有势的朋友而烦恼，不如把心思放在使日常生活更和谐充实上，这才是一条比追求象征物更直接的道路。

享乐与乐趣

谈到能改善生活的体验,大多数人第一个联想到的就是"享乐":山珍海味、和谐的性生活,以及金钱能买得到的一切享受。我们也常会梦想到异国旅游、与风趣的人为伍或购买昂贵的商品。如果我们没有能力负担五花八门的广告怂恿我们去追逐的东西,至少也应该端一杯酒,在电视机前静静消磨一个夜晚。

享乐是意识中的资讯告诉我们已经达到生物程序或社会制约的要求时,所产生的一种满足感。饥饿时,食物的味道令我们愉快,因为它缓和了生理上的不平衡。晚间一边被动地从媒体吸收资讯,一边用酒精或药物麻醉因工作而变得过于亢奋的心灵,有助于放松自己。到世界各地旅游之所以令人愉快,不仅是因为新鲜的刺激感消除了一再重复的例行公事造成的疲惫,也是因为我们知道这是"时髦人士"的生活方式。

享乐是高水准生活的重要一环,但享乐本身并不能带来幸福。睡眠、休息、食物与性,都属于恢复"均衡"的体验,在肉体需求引起精神熵以后,重整意识的秩序。它们并不能带动心灵的成长,也不能增加自我的复杂性。换言之,享乐虽有助于维持意识的秩序,却无法在意识中创造新秩序。

享乐转瞬即逝,乐趣回味无穷

一般人想进一步充实自己的生活时,不但会想到享乐,还会想到虽然与享乐重叠,但必须用不同字眼表达的另一种感受——乐趣。所谓乐趣,是指一个人不仅需求和欲望得到满足,更超越既有制约,完成了一些意料之外的事。

乐趣具有向前发展的特性,并蕴涵新鲜感和成就感。在网球赛中险胜,通过考验证明自己的能力;阅读一本书,发掘新观点;在谈话中发表过去甚至不自知的观点——这都是乐趣横生的事。谈成一笔竞争激烈的生意,或做好任何一份工作,乐趣自在其中。这些事在进行的过程中,谈不上什么享乐,但事后回想起来,我们会情不自禁地说:"真有意思!"而且,盼望一切能重演。经历过有乐趣的事,我们就感觉自己有了改变,自我有了成长;在某些方面,这次体验已使我们变得更复杂、更丰富。

享乐的体验也能带来乐趣,但这两种感受截然不同。举个例子,吃喝对每个人来说都是一种享受,但要想从中得到乐趣却比较困难。唯有在吃喝时投入足够多的注意力,分辨各种不同口味、作料之间细微差别的人,才会跟美食家一样,觉得这件事乐趣无穷。从这个例子可以看出,享乐无须耗费精神能量,但乐趣必须运用高度的注意力。换言之,享乐可以不花力气,只要大脑特定中枢受到电击或药物的刺激,就能产生享受的快感;但是打网球、看书、谈话,若不全神贯注,就会觉得索然无味,毫无乐趣可言。

也正因为如此,享乐的片刻转瞬即逝,不能带动自我成长。复杂性却要求把精神能量投入到具有挑战性的新目标。从孩子身上很容易发现这个过程。每个小孩儿一开始都是小小的"学习机器",每天尝试不同的新动作、新词汇。当孩子学会一种新技能,脸上那种专注的喜悦充分说明了乐趣的真谛，而每个充满乐趣的学习经验，都使孩子不断发展的自我日趋复杂。

不幸的是，成长与乐趣之间自然的关联会渐渐消失。或许因为入学以后，学习变成了一种额外的负担，掌握新技能的兴奋就不见了。一般人很容易自囿于青春期发展成形的狭隘的自我中；太过于自满的人往往要求附带的报酬，才肯在新目标上投注精神能量，以至于无法再从人生中汲取任何乐趣，唯一的积极体验只剩下享乐了。

在体验中享受乐趣

然而，许多人会继续努力从所做的事情中寻求乐趣。我在那不勒斯衰败的郊区认识了一位老人欧西尼，他经营一间家传的古董店，生意清淡，只能勉强维生而已。一天早晨，一位看起来很高贵的美国妇人走进店里，浏览了一会儿，便询问一对巴洛克式木制小天使的价格（这种圆胖的小天使是几百年前那不勒斯工匠最偏好的创作题材，如今还有不少艺术创作者相当偏爱）。欧西尼随口报出一个高得吓人的价钱，那名妇人不假思索便掏出皮夹，准备买下这对艺术品。我屏住呼吸，心中暗自替我这位朋友的好运额手称庆，但我对欧西尼的了解显然还不够。他的脸顿时涨成紫红，慌乱不安地把客人请出门外："不行，不行，夫人，真对不起，我不能把这对天使卖给你。"他一遍又一遍地对那位目瞪口呆的妇人说："我不能跟你做生意，你明白吗？"

那个顾客走了以后，他心平气和地解释自己方才的行为："如果我在挨饿，我一定会收下她的钱。但我没挨饿，何苦做一笔一点儿意思也没有的生意呢？我喜欢讨价还价时的机智往来，两个人都互相想占对方便宜，各藏心机，唇枪舌剑。而她连考虑都不考虑，什么都不懂，甚至连假设我会占她便宜的起码尊严都不给我。如果我把这对东西用那么荒唐的价格卖给她，我就洗不掉骗子的骂名了。"无论在南意大利还是世界任何地方，都很少有人会持这种态度做买卖了，我相信，能像欧西尼那么热爱自己工作的人并不多见。

没有享乐，人生还堪忍受，有时甚至也还算得上愉快。但这种愉快不会持久，要靠运气和外在环境帮忙。如果要控制体验品质，就必须学习从每天的生活中创造乐趣。

接下来，本章将综合介绍使自我体验乐趣盎然的因素。我们的根据是一连串的访谈、问卷以及数十年来陆续收集到的其他资料。最初，我们只访问那些耗费大量时间和精力从事困难活动，却无法得到诸如金钱、名望等明显收获的人，包括攀岩者、作曲家、棋手、业余运动员等，但后来的研究也普及到过着寻常生活的普通人。我们请这些人说明，他们觉得生命最充实或做最有乐趣的事时有什么感觉。这些人当中，有住在美国城市的外科医生、教授、职员、装配线上的工人、年轻的母亲、退休人员、青少年，也有来自韩国、日本、泰国、澳大利亚、欧洲各大城市的人及纳瓦霍保留区的印第安人。基于这些访谈结果，我们才得以描述使人产生无穷乐趣的因素，并且提供实例，以期能帮助每个人改善生活的品质。

构成心流体验的要素

我们在研究中第一个惊奇的发现是，无论多么不同的活动，在进行得极其顺利时，作为当事人的感觉都极为类似。一位游泳健将横渡英吉利海峡，下棋爱好者跟高手过招，或攀岩者在岩石上向上挣扎，心境几乎完全一样。而忙于创作四重奏的音乐家，或一群出身贫民窟、正在争夺篮球锦标赛冠军的青少年也会有同样的感受。

第二个惊奇的发现是，不分文化、现代化程度、社会阶级、年龄与性别，受访者所描绘的乐趣大致相同。他们体验乐趣时所做的事可能有天壤之别——有位韩国老人喜欢沉思，一名日本青少年喜欢跟飞车党同伴呼啸出游——但他们对乐趣的感觉却如出一辙。甚至活动能带来乐趣的原因，也是大同小异。总而言之，最优体验以及导致这种体验的心理状态，似乎放诸四海而皆准。

我们在研究中也指出，乐趣的出现主要有八项元素。一般人回想最积极的体验时，至少都会提及这些元素中的一项，或是全部。首先，这种体验出现在我们面临一份可完成的工作时。其次，我们必须能够全神贯注于这件事情。第三和第四，这项任务有明确的目标和即时的反馈。第五，我们能深入而毫不牵强地投入到行动之中，日常生活的忧虑和沮丧都因此一扫而空。第六，充满乐趣的体验使人觉得能自由控制自己的行动。第七，进入"忘我"状态，但心流体验告一段落后，自我感觉又会变得强烈。第八，时间感会改变——几小时犹如几分钟，几分钟也可能变得像几小时那么漫长。这些元素结合成一种深刻的愉悦感，带来无比的报偿，并扩展成极大的能量,仅是感觉它的存在就已值回"票价"了。

接着我们要详细讨论每一项元素,以便进一步了解为何有乐趣的活动能带来那么大的满足感。这方面的知识将使我们能够控制意识,把日常生活中最乏味的时刻转变成有助于自我成长的契机。

具挑战性的活动

有人说,他曾经历过一种高度的愉悦,一种没有明显原因的狂喜——一小段迷人的音乐、一幕美景,都有可能触发这种感觉。但绝大部分最优体验都出现在一连串有目标、遵循某些规则的活动之中——这些活动需要投入精神能量,并且必须具备适当的技巧才能完成。至于为什么需要这些条件,我们留待以后再谈。

首先要强调,"活动"不一定是指体能方面,而所谓"技巧"也不一定与体能无关。例如,静态的阅读就是全世界公认的能带来乐趣的活动。它被视为一种活动,因为它需要集中注意力,而且阅读者必须了解文字的规则。阅读的技巧不仅包括识字,还包括把文字转化为意象、对虚构的角色产生共鸣、辨识历史与文化背景、预期情节的转变、批评与衡量作者的风格等。广义而言,操纵象征性资讯的能力,诸如数学家在脑海中构思数量之间的关系,或音乐家组合音符,都可被视为技巧。

另一种被普遍认为有乐趣的活动是与他人相处。乍看之下,对于"享受活动需要技巧"的论调,社交似乎是个例外,因为跟别人闲聊家常或谈笑好像用不着什么特殊的技巧。实际上却不然。很多人都知道,自我意识强的人通常排斥非正式的接触,也避免与人群为伍。

任何活动都包含许多采取行动的机会,或需要适当技巧才能完成的挑战。对于不具备技巧的人,这种活动非但不能算是挑战,而且根本毫无意义。爱下棋的人,看见棋盘就血脉贲张,而不会玩的人却无动于衷;加利福尼亚州约塞米蒂谷的埃尔卡皮坦岩壁对一般人而言,只是一大块丑陋的岩石,而攀岩者却把它当作心灵与体能挑战的交响曲。

敌人也是好帮手

寻求挑战的简单方法是投入一个竞争性的环境。因此,所有需要人与人或队与队对抗的体育竞赛,都极具吸引力。在很多方面,竞争是发展复杂性的捷径。政治学家埃德蒙·伯克曾写道:"跟我们角力的人能培养我们的胆识,磨砺我们的技巧。敌人就是我们的好帮手。"竞争性的挑战充满刺激和乐趣,但当击败敌手成为心中唯一的挂念时,乐趣往往随之消失。换言之,竞争只有在它以使个人技巧臻于完美为目标时,才有乐趣;当它本身成为目的时,就不再有趣了。

挑战绝不限于竞争或体能活动,即使当事人并不期望乐趣,但挑战仍是乐趣泉涌的契机。在此我们以研究中的一位艺术家为例。对大多数人而言,观画的乐趣是一种透过直觉的即时过程,但这位艺术家却说:"很多画都非常直接……你从中找不到什么值得兴奋之处,但有一些画会构成某种程度的挑战……这些画会留在你的心中，也就是最有趣的作品。"即使像观画或欣赏雕刻艺术这么被动的乐趣，也与作品所蕴涵的挑战息息相关。

能带来乐趣的活动经常是为挑战而设计的。数百年来发展出的游戏、运动、艺术或文学模式，都无非是为了给生活添加乐趣。但如果就此以为只有艺术与休闲才能产生最优体验，那就错了。在健全的文化中，生产性的工作与日常生活必需的例行公事同样能令人满足。实际上，本书的一大目标就是发掘各种方法，以便把例行的细节转变成具有个人意义的游戏，导向最优体验。诸如修剪草坪或在牙医诊所候诊，只要能赋予它新的目标、规则及其他乐趣元素，它们也可以变得乐趣盎然。

化无聊为乐趣

知名的德国实验物理学家海因茨·莱布尼茨把无聊转变为乐趣的手法，相当值得参考。海因茨·莱布尼茨教授和所有从事学术工作的人都面临一个困境：有永远开不完、经常很无聊的会议。为了减轻这方面的负荷，他发明了一种小游戏，既可以帮助他在乏味的演说期间消磨时间，又可以保留一部分注意力在讲台上，不至于错过精彩的内容。

他是这么做的：演讲开始令人厌烦时，他就用手指轻敲桌沿。先用右手大拇指，接着是右手中指，再接着是食指、无名指，再重复中指、小指。然后他改用左手，先敲小指，接着是中指、无名指、食指，再回到中指，最后是左手大拇指。而后回到右手，但敲手指的顺序整个颠倒过来，之后左手再依方才颠倒的顺序重敲一遍。就这样，再加入休止一拍或半拍的变化，便可以产生888种不同的组合，使拍击形成如音乐般的节奏感，也可以用乐谱来表示。

海因茨·莱布尼茨教授发明这套游戏后，又为它找到一种有趣的用途：用来记录思绪的长度。把888种组合重复三遍，共2 664次，所需的时间几乎是12分钟。在敲击中途，随时把注意力转回到手指上，就能立刻知道自己敲到什么地方。比如他在一场无聊的演说中，思考一个物理实验上的问题，他立刻注意到自己正敲到第二循环的第300拍；这只是电光石火的一瞬，他的思路马上回到实验上。到某个阶段，他的思考告一段落，问题也已解决，他花了多少时间？再回过头看看手指，他发现第二循环即将结束——也就是大约2.25分钟。

挑战与技巧的黄金比例

很少有人会为了改善体验品质而下这么大功夫，去发明如此错综复杂的调剂方法，但我们都有类似的替代品。每个人都有一套填补生活中的无聊空隙，或在焦虑来袭时保持平衡的特定方法。有些人习惯信笔涂鸦，有些人咀嚼东西或抽烟、梳头发、哼曲子，目的无非是通过有规律的行动，把意识规范得更有秩序。这些活动是一种"小型心流"，可以帮助我们度过日常生活的低潮。活动能带来多大的乐趣，主要还是取决于它的复杂性。自发的小游戏虽能纾解日常生活的无聊，却没有增益体验的作用。为了达到改善体验品质的目的，必须迎接更大的挑战，应用更高层次的技巧。

所有受访者都指出，乐趣会在活动中某个特定点出现——行动的时机跟当事人的能力恰好相当的时刻。以打网球为例，如果双方实力悬殊，就毫无乐趣可言。技术差的一方会觉得焦虑，技术好的一方则觉得无聊。所有其他活动也是一样：演奏技艺娴熟的人，太简单的曲子嫌乏味，过分复杂的曲子却造成挫折感。乐趣仿佛是无聊与焦虑中间的藩篱，在此，挑战与行动能力恰好平衡。

挑战与技巧的黄金比例不仅仅适用于人类。我带猎犬"骑兵"到空旷的地方散步时，它最爱玩的一种游戏就是小孩都爱玩的抓人游戏。它会用极快的速度绕着我兜圈子跑，舌头伸出口外，眼睛机警地盯着我，向我挑战，要我去抓它。有时我会突然扑过去，运气好的话就能碰到它。有趣的是，如果我觉得疲倦、无精打采，"骑兵"就会缩小圈子，让我比较容易得手；如果我心情、体能状况都好，它也会扩大圈子，这么一来，游戏的难度可谓是保持稳定。"骑兵"对挑战与技巧之间的平衡有种不可思议的判断力，使这种游戏永远能给双方带来最大的乐趣。

知行合一

当情况要求一个人运用相关技巧来应付挑战时，这个人的注意力就会完全投入，不剩一丝精神能量处理任何与挑战无关的资讯，而完全集中于相关的刺激上。

最优体验最普遍、最清晰的特质就会在此时显现：当事人全神贯注，一切动作都不假思索，几乎完全自动自发；他们的知觉甚至泯灭，人与行动完全合一。

一位舞者在描述自己精彩的演出时表示："当时注意力完全集中，心中没有任何杂念，什么也不想；只是专心做一件事，全部活力畅流无阻，你会觉得轻松、自在而精力旺盛。"

一位攀岩者叙述他登山途中的感觉："你正专注在目前的活动上，自我跟眼前的事完全密合……你觉得自己跟所做的事仿佛是一体的。"

一位乐于陪小女儿玩的母亲说："她很喜欢读书，所以我们经常一块儿阅读，她读给我听，我念给她听。在这期间，我觉得脱离了世界，完全沉浸在彼此紧密的互动中。"

一位棋手谈到决赛情形时说："集中注意力就像呼吸——你连想都不想。即使屋顶塌下来，只要没被击中，你就不会察觉。"

正因为如此，我们才把"最优体验"命名为"心流"。这个简单的字眼充分描述了那种不费吹灰之力的感觉。下面这段攀岩专家兼诗人说的话，对于我们多年来收集的每一篇访谈记录都适用：

> 攀岩的神秘就在于攀登本身；你爬到岩顶时，虽然很高兴已大功告成，而实际上却盼望能继续往上攀登，永不停歇。攀岩的最终目的就是攀登，正如同写诗的目的就是为写作一样；你唯一征服的是自己的内心……写作就是诗存在的理由。攀登也一样，只为了确认自己是一股心流。心流的目的就是持续不断地流动，不是为了到达山顶或乌托邦。它不是向上的动作，而是奔流不已；向上爬只是为了让流动继续。爬山除了爬山之外，没有别的理由，它完全是一种自我的沟通。

心流体验虽然表面上看来不费吹灰之力，实际上却远非如此。它往往需要消耗大量体能，或经过严格的心灵训练；需要高超的技巧，而且只要注意力一放松，就可能消失得无影无踪。在心流之中，意识运作顺畅，每个动作都衔接得天衣无缝。在日常生活中，我们经常被怀疑或疑问打断："我为什么这么做？我是否该做这件事？"我们一再追问行动的必要性，并批判它们背后的理由。然而在心流中没有反省的空间，所有行动宛如一股魔力，带着我们勇往直前。

明确目标与即时回馈

心流体验之所以能达到完全的投入，是因为目标明确，而且能得到即时的回馈。一名网球选手永远清楚下一步该怎么做：把球打回到对手的球场上。每次击中球，他都知道自己做得好不好。棋手的目标同样也很明确：在对方得手前先将他的军。每走一步棋，他都可以算出自己是否距目标又近了一些。沿着垂直的岩壁向上攀爬的人，心里的目标非常简单：爬到山顶，不要中途掉下去。一小时又一小时过去了，他每一秒钟都接到信息，确认自己没有偏离基本目标。

当然，如果选择的目标微不足道，成功的乐趣也同样几近于零。倘若我的目标只是活着坐在客厅的沙发上，我每天都发现自己成功了，但这并不会使我特别快乐。相形之下，历尽千辛万苦登上崖顶的攀岩者，却会为自己的成功而欣喜若狂。

某些活动需要相当长的时间才能完成，但目标与回馈仍然非常重要。一位住在意属阿尔卑斯山区的 62 岁的老妇人提供了一个范例。她说最有乐趣的体验是照顾母牛和果园："莳花弄草给我一种特别的满足感。我喜欢看它们一天天长大，真美妙！"

另一个例子是独自航海。一个人驾驶一艘小船，很可能航行好几周仍看不见陆地。研究航海者心流的麦贝斯指出，水手常有好多天只与一片空荡荡的海面为伴，当地平线浮升起隐约的目标时，他立即就能辨识出那是心中向往已久的小岛。他描述发现陆地时心中的兴奋之情："我觉得既满足，又惊奇；在摇晃的甲板上观测天边的太阳，再借助几份简单的地图……竟能横渡大洋，发现一座小岛……每一次，我都有种混合惊奇、爱与骄傲的情绪，仿佛有一座新的岛屿诞生，它不但是为我而创造，而且是由我亲手创造的。"

目标主导回馈

寻常活动的目标并不像打网球那么明确，回馈也不像攀岩者"没掉下去"的信息那么清楚。以作曲家为例，他可能想谱一首曲子，除此之外，他的目标可说是相当模糊，而他怎么知道自己写下的音符是"对"还是"错"呢？画家也面临相同的处境，所有创造性或开放性的活动都是如此。这些例外只证明规则的正确性：除非一个人学着去确立目标，辨认与评估回馈，否则无法从任何活动中发掘乐趣。

某些创造性活动，事前并没有清楚的目标，所以当事人对自己要做什么事先必须有强烈的认知。画家或许还不知道完成后的画会是什么样子，但当绘画进展到某个阶段，他应该就能知道这是否与自己所要的吻合。一位能从绘画中找到乐趣的画家，一定有一套内在的标准，画笔一挥，他就能感觉到"是的，这样就对了"或"不对，这不是我想要的"。缺少了这套标准，就不可能体验到心流。

有时候，主导一种活动的目标与规则是临场发挥或互动出来的。例如，青少年喜欢的"看谁最恶心"的比赛、吹牛、对老师做恶作剧，都是即兴式的互动。这类活动的目标在尝试与犯错之后才会显现，而且参与者往往不自知。但显而易见，这些活动有自己的一套规则，参与者也很清楚，哪一步做得对、谁的表现好。爵士乐队或即兴表演团经常都是如此；学者与辩论家在他们的辩辞前后呼应、一气呵成并达到预期效果时，也有类似的满足感。

回馈因人而异

不同活动常有不同的回馈方式。某些人刻意追求的东西，在别人眼中可能一文不值。有些外科医生喜欢开刀，甚至有人扬言，即使加10倍薪水要他转内科，他也不干，因为内科医生永远没法清楚地知道自己在做什么。动手术时，病人的状况总是很清楚的。只要切口不流血，第一步手术就算成功；罹病的器官切除，外科医生的任务就大功告成；缝合伤口则是全部活动的结束。外科医生对精神医学的轻蔑更甚于内科，照他们的说法，精神科医生可能10年才能治疗一个病人，但还不能确定疗法是否有效。

无疑，热爱自己工作的精神科医生也能不断接收回馈：病人的姿势、脸部表情、声音中的迟疑、治疗时所提供的资料，这些都是医生用以评估治疗进展状况的重要线索。外科医生和精神科医生最大的区别在于：前者认为只有切口和流血这样明显的回馈才值得注意，后者却把各种反映病人心理状态的信号视若瑰宝。外科医生认为精神科医生追求无法达到的目标，太过平庸；精神科医生却觉得，外科医生只会动手术刀，未免粗鲁肤浅。

我们所寻求的回馈本身往往不重要：把网球击到对方场地中又如何？在棋盘上将了对手的军又如何？一小时的治疗谈话将要结束，从病人脸上捕捉到一抹了解的眼神，又能造成什么不同？这些资讯的价值主要在于它们的象征意义：成功实现目标。这样的认知能在意识中创造秩序，强化自我结构。

回馈只要跟我们投入精神能量追求的目标有合理的关联，就能产生乐趣。如果我练习用鼻子顶住一根手杖，看着手杖在脸上摇摇晃晃，一时之间也会乐在其中。但每个人基本上都会对某些合乎自己性情的资讯特别感兴趣，因而也特别重视这方面的回馈。

举个例子，有些人天生对声音敏感，能分辨不同的音调，牢记声音的组合。这种人往往对声音的交互作用有浓厚的兴趣，会学习控制与制造听觉方面的资讯。对他们而言，最重要的回馈与结合声音的能力、制造或复制节奏及旋律有关。作曲家、声乐家、演奏家、指挥家、乐评家，都从他们中间诞生。相反，有些人天生对他人特别敏感，他们会格外注意他人发出的信号，他们寻求的回馈是感情的交流。有些人自我很脆弱，需要不断获得肯定，对这种人而言，唯一算数的就是在竞争中获胜。另一些人则竭尽所能讨好别人，别人的欣赏与佩服就是他们最为重视的资产。

米兰的马西密尼教授率领的一组心理学家对一个教会的盲人妇女团体所做的访谈结果，充分说明了回馈的重要性。这些妇女很多是先天失明者，跟其他研究对象一样，描述她们一生中最有乐趣的经历。她们最常提及的心流体验包括用盲人点字读书、祷告、编织或装订书籍等，还有在疾病患难时相互扶持。这个意大利工作小组总共访问了 600 多人，其中最强调回馈的重要性者首推这些盲人妇女，因为她们看不见周遭进行的活动，所以比视力健全的人更需要明白，自己致力做的事是否已经实现。

全神贯注

人们最常述及的心流体验的特征就是，在心流中会把生活中所有不快乐的事忘得一干二净。这是因为要想从活动中汲取乐趣，必须全心全意地专注于手头的工作，所产生的重要副产品——心流状态下的心灵完全没有容纳不相干资讯的余地。

在平凡的日常生活中，我们受任意闯进意识的思想和忧虑驱使，由于大多数工作和普通的家庭生活，要求都不及心流体验那么高，也不需要全神贯注，因此悬念和焦虑才有了乘虚而入的机会。这就导致在一般状态下，心灵常会受到精神熵的突如其来的干扰，精神能量不能流转自如。也正因为如此，心流才能提升体验的品质；这类需全心投入的活动，要求分明，秩序井然，根本不容外来因素介入与破坏。

一位热爱攀岩的物理学教授，描述他攀岩时的心境时说："好像我的记忆输入完全关闭，我只记得30秒钟以前的事，往后想，我也只能考虑到未来的5分钟。"实际上，从事任何需要集中全部注意力的活动，时间感都会变得紧凑。不仅时间集中于一点，更值得注意的是，能进入知觉的资讯也受到严格管制，平时自由出入脑海的恼人念头都暂时遭到封锁。

一位年轻的篮球选手指出："球场是唯一重要的东西……有时我在球场上会想起一些烦恼，像是跟女朋友的口角，但跟比赛相比，一点儿都不重要。你可能为一件事头疼了一整天，但只要比赛一开始，你压根儿就忘了有这回事！"他又说："我这么大年龄的孩子经常心事重重……但打起球来，心里就只有打球……其他的自然都烟消云散了。"

一位登山家也有相同的看法："登山时你全然不会想到生活中的种种问题，活动自成一个世界，吸引你所有的注意力。一旦进入状态，世界就变得十分真实，完全在你的控制之下，成为你的全部。"

一位舞者也有一模一样的感受："这是一种在别处找不到的感觉，任何场合我都不会如此信心十足。如果是为了忘记烦恼，跳舞的疗效绝佳。不论我有什么问题，一踏进练舞场，都会统统丢在门外了。"

耗时较长的航海，同样能提供遗忘烦恼的慰藉："在船上纵然有再多不适，所有现实中的忧虑，都会随地平线逐渐远去而抛在脑后。一旦到了开阔的海上，就没有什么好担心的，因为到达下一个港口之前，我们对任何问题都无法想象……人生暂时不需要任何伪装，跟风浪、洋流相比，所有问题都显得无关紧要。"

跨栏名将爱德温·摩西也指出，比赛时一定得全神贯注："头脑必须百分之百清醒，对手、时差、食物的口味、住宿以及一切个人问题，都要完全从意识中抹去——好像不存在似的。"

虽然摩西谈的是赢得世界冠军的秘诀，但用他的话来形容任何有乐趣的活动所需要的专注也相当贴切。心流的专注，加上清楚的目标和即时的回馈，确立了意识的秩序，从而产生无穷的乐趣，而永远没有精神熵的心理状态。

掌控自如

游戏、运动及其他休闲活动经常是乐趣的泉源，这些活动与困难层出不穷的日常生活还有一段距离。如果输了一盘棋，或在其他爱好上失利，也没什么好担心的，但在现实生活中搞砸一笔生意就很有可能被开除，付不起房屋贷款就可能落得无家可归。所有对心流的典型描述都提到"控制感"——或说得更精确一点儿，它不像日常生活，时时要担心事态会失控。

一位舞者把心流体验的这个层面表达得很好："一种非常强烈的轻松感淹没了我，我一点儿也不担心失败，多么有力而亲切的感觉啊！我好想伸出手，拥抱这个世界。我觉得有股无与伦比的力量，能创造美与优雅。"一位棋手则说："我有一种幸福感，觉得能完全控制我的世界。"

实际上，这些受访者描述的是控制的"可能性"，而非控制的

"实况"。那位芭蕾舞舞蹈家有可能摔跤,摔断腿,没法做出完美的旋转;西洋棋棋手也可能落败,永远登不上棋王宝座。但理论上而言,在心流的世界中,完美是可能的。

充满乐趣的活动也可能要冒险,在局外人看来,这比正常生活潜伏着更多的危险。滑翔翼、洞穴探险、攀岩、赛车、深海潜水以及许多其他类似的运动,都故意把人置于文明世界的防护安全网之外,但参与这些活动的人都承认,在他们的心流体验中,高度控制感居于重要地位。

一般认为,喜爱冒险活动的人有一种病态的需求:他们企图借此驱除深埋心底的恐惧,他们在寻求弥补,或身不由己地受到弑父恋母情结的驱策,他们都是"寻求刺激的人"。尽管这些动机可能存在,但更值得注意的是,冒险专家的乐趣并非来自危险本身,而是来自他们使危险降至最低的能力。真正令他们乐此不疲的,不是追逐危险的病态悚栗,而是一种有办法控制潜在危险的感觉。

危险是心流的契机

在此应了解的是,能产生心流的活动,即使表面上看来非常危险,但它的结构却能帮助参与者加强技巧,把犯错的可能性降至几近于零。以攀岩者为例,他面临的危险有两种:一种是客观的,一种是主观的。前者是登山途中无法预测的各种实质性危机,如突如其来的暴风雨、山崩、落石、气温骤降等。登山者可以对这些威胁预做防范,但永远不能保证做得完美无瑕。主观的危险则源自登山者的技能不足,包括无法正确判断自己是否有足够的能力克服万难，登上山顶。

登山的要点就是尽可能避免客观的危险，并通过严格的自律和妥善的准备，彻底消除主观的危险。到头来，登山家会真心相信，攀登马特洪山峰比在纽约闹区过马路还安全，因为大街上的客观危险——出租车司机、骑自行车的邮递员、公共汽车、劫匪等——比山区的危险更难预测，而行人的个人技巧也更不足以保障安全。

这个例子也说明，真正给人带来乐趣的并不是控制本身，而是在艰难状况下行使控制权的感觉。除非放弃生活常规所提供的保护，否则不可能体会到控制的感觉。只有在个人力量能左右结果时，才能确知自己握有控制权。

有一种活动乍看似乎是例外。例如，赌博能带给人乐趣，但根据定义，它完全由概率决定，个人的技巧起不到任何作用。轮盘的旋转或21点出哪张牌，都由不得赌客做主。在这种情形下，控制感与乐趣的体验无关。

但是所谓客观的情况，其实是一种错觉，因为赌客都主观地相信，自己的技巧可以决定赌局的结果。他们甚至比那些从事技巧性活动的人更强调赌技的重要性。玩扑克牌的人都相信，赢牌全靠牌技高明；万一输牌，他们或许会归咎于运气不好，但即使如此，他们还是宁可相信这只是因为出错一张牌而导致的。轮盘赌的人也用一套复杂的系统，预测后面可能出现的点数。大致而言，赌博的人往往自以为能未卜先知——至少在赌博的目标与规则下可以做到这一点，而这种不能自拔的控制幻觉，正是赌博最吸引人的地方。

心流会上瘾

精神熵暂时消失的感觉，是产生心流的活动会令人上瘾的一大原因。小说家常用下棋来譬喻逃避现实的行为。纳博科夫有篇短篇小说《防守》，叙述一位年轻的西洋棋天才卢仁，因沉浸在棋艺之中，以至于完全忽略了生活的其他层面——婚姻、朋友、生计等。卢仁也想处理这些问题，但除非采取下棋的方式，否则他无法理解周遭的人和事物。

他的妻子是"白皇后"，已走到第三列的第五格，正受到卢仁的经理人"黑主教"的威胁……卢仁也用下棋的策略来解决个人冲突，他致力于发明一套"卢仁式防卫"系统——一连串使他不受外来攻击的步骤。现实生活中的人际关系瓦解以后，卢仁产生了幻觉，他周遭的重要人物都成了庞大棋盘上的一颗颗"棋子"，企图将他的军，使他动弹不得。最后，他终于想出应付问题的最完美的一招——从旅馆的窗口一跃而下。诸如此类以下棋为题材的故事并不算异想天开，很多棋界天才，包括美国第一任棋王保罗·墨菲和最近一任棋王费舍在内，都因太习惯条理分明的棋局世界，毅然弃绝了现实世界的纷扰混乱。

赌徒"弄懂"概率的狂喜时有所闻。早年人类学家记述，北美洲平原的印第安人沉迷于一种用野牛肋骨做赌具的赌博，输家往往在寒冬中身无寸缕地被逐出帐篷，把武器、马匹、妻妾全都输得一干二净。任何有乐趣的活动几乎都会上瘾，变成不再是发乎意识的选择，而是会干扰其他活动。例如，外科医生就对手术上瘾，"像吸食海洛因一样"。

当一个人沉溺于某种有乐趣的活动，不能再顾及其他事时，他就丧失了最终的控制权，亦即决定意识内涵的自由。这么一来，产生心流的活动就有可能导致负面的效果：虽然它还能创造心灵的秩序，提升生活的品质，但由于上瘾，自我便沦为某种特定秩序的俘虏，不愿再去适应生活中的暧昧和模糊。

浑然忘我

前面我们谈过，当一个人完全投入某种活动时，就没有余力再去考虑过去或未来，或当前任何不相干的事情。在这个阶段，从知觉中消失的"自我"应该特别提出来讨论，因为在日常生活中我们花了太多时间去想它。一位登山者描述这种体验说："那是一种'禅'的感觉，像冥思的专注，你追求的就是使心灵凝聚于一点。自我可以用很多不具启发性的方式与登山结合，但当一切都变得自动自发，自我就消失不见了。不知怎么，你想也不用想，事情就做对了……它就这么发生了，你也更加专注。"一位知名的远洋航海家也表示："你会忘了自己，忘了一切，只看见船在海上嬉戏，海在船的周围嬉戏，凡是与这场游戏无关的一切，都搁在一旁。"

与周遭世界有隔离感的自我消失，往往随之产生一种与环境结合的感觉，不论环境是一座山，还是一个团体，或采用一位日本飞车党的说法，当他与数百名同党风驰电掣地穿过京都的大街时：

> 所有的感觉都处于最佳状态时。我有种感悟，一开始奔驰

的时候，我们还没有进入完全的和谐状态，等到进入状态，我们的心灵合而为一，这时是一种真正的快乐……忽然之间，我想到："如果把速度加到最快，真正狂奔起来该有多好！"这时大家都不约而同地踩下油门，像是真正的一体。速度令人飘飘欲仙，这种时刻实在太美妙了！

"合一"这个字眼，可谓是对心流体验非常具体的描述，有人说心流的感觉就像饥饿或痛苦瞬间解除那么确切，它使人有获益良多之感，我们接下来会谈到，它也有独具的危机。

与大我合一

自我的执着很耗费精神能量，因为它使我们在日常生活中，经常觉得备受威胁。一受到威胁，我们就必须用知觉检视自我，以了解威胁是否真正存在，应该如何应付。比方说，在街上漫步时，我发现有人回头笑嘻嘻地向我张望，正常人的反应是开始担心："有什么不对吗？我是否显得很可笑？我走路的样子很奇怪，或是脸上有污点？"每天好几百次我们都得到类似提醒，察觉自己浑身上下都是缺点。这种事情每发生一次，精神能量就为重建意识秩序而消耗一次。

心流之中没有自我反省的空隙。有乐趣的活动目标稳定、规则分明，挑战与能力水准相当，自我受到威胁的可能性极小。当一名登山者攀登一段危险的山路时，他会全心全意地关注爬山的动作。唯有专心致志地爬山才不至于送命，任何事或任何人都无法动摇他的自我。脸脏不脏根本无关紧要，唯一的威胁只可能因山而来——优秀的登山者受过良好的训练，足够面对这样的威胁，不需要把自我搅入其中。

意识中没有自我存在，并不表示心流状态下的人不再控制自己的精神能量，或不知道自己的身体或内心发生的一切变化。实际上恰好相反，一般初尝心流体验的人往往以为，自我意识消失与消极的泯灭自我有关，变得"随波逐流"。其实，自我在最优体验中扮演着一个非常活跃的角色。小提琴家必须对手指的动作、耳朵听到的声音、乐曲的每一个音符和整体的形式构造都有清楚的觉知；杰出的田径选手则熟知身上的每一块肌肉、自己的呼吸节奏以及对手在比赛过程中的表现；棋手若不能牢记下过的每一步棋，就不能充分享受下棋的乐趣。

因此，自我意识消失，并不代表自我随之消失，甚至意识依然存在，只不过它不再感觉到自我而已。实际的情形是：我们用以代表自己的资讯，也就是自我的观念，隐遁到知觉之外。暂时忘我，似乎是件很愉快的事，不再一心一意地想着自己，才有机会扩充对自我的概念。消除自我意识可以带来自我超越，产生一种自我疆界向外扩展的感觉。

这种感觉并非幻想，而是跟某种"大我"亲密接触的实质体验；这种互动关系使我们跟那些通常相当遥远的实体，产生极为难得的一体感。在漫长的守夜中，孤单的水手开始觉得船是自我的延伸，循同样的节奏，朝同样的目标前进。小提琴家在努力创造的乐声中载沉载浮，自觉是"和谐天籁"的一部分。登山者全神贯注于岩块上微小的凹凸处，找寻落足点，在手指与岩石，脆弱的人体与石块、天、风的组合中，发展出一种有如血缘般的亲密关系。

据棋赛中专注于棋盘上逻辑推理数小时之久的棋手声称，他们觉得像进入一片强大的"力场"，与不具实体的神奇力量角斗。外科医生则说，在艰难的手术中，他们觉得全体手术人员成为一个整体，为相同的目标而动作，他们把这形容为"芭蕾"——在动作中，个人隶属于团体演出，每个成员都分享到和谐与力量的快乐。

超越自我

我们可以只当这些证言是诗意的譬喻，但我们应该了解，对当事人而言，这些体验跟饥饿同样真实，跟撞上一堵砖墙同样实在。这没什么神秘可言，当一个人把全部精神能量都投入某种互动关系——不论对象是一个人、一艘船、一座山，还是一首音乐时，他都会进入比原来更大的行动体系。这套体系由活动的规则塑造成形，能量来自当事人的专注。这是一套真实的体系——从主观而言，就像作为一个家庭、企业或团队中的一分子那么真实；自我疆界得以扩张，变得比过去更复杂。

要达到这样的自我成长，互动关系就必须能带来乐趣，换言之，它必须能提供相当的行动机会，并且在技巧方面不断要求精进。在严格要求信心与效忠的体系下，也可能失去自我。基本教义派的宗教、群众运动、极端的政治党派，都提供超越自我的机会，吸引数以百万计的人热心追随。这些也能给人一种隶属于更大、更有力的实体，自我疆界得以扩张的感觉。虔诚的信徒会完全成为体系的一部分，他的精神能量会在信仰的目标与规则下，找到焦点，塑造定型。但虔诚的信徒与信仰体系之间并没有产生互动，他只是让自己的精神能量被体系吸收。这样的服从并不能产生新的内涵，意识或许会变得很有秩序，但这秩序是外加的，而非自动发展出来的。虔诚信徒的自我充其量可以比作一块水晶：坚固、美丽而对称，但成长绝非它所长。

在心流中失去自我的感觉，以及之后以更坚强的面貌再度出现，两者之间有一种非常重要、乍看却仿佛矛盾的关系。偶尔放弃自我意识，对建立更强大的自我意识，似乎有其必要性。道理很简单：在心流中，一个人面临做出最佳表现、须不断改善技巧的挑战，在这期间，他没有机会反省这么做对自我有什么意义——如果自我意识能随时恢复，这次体验就不可能太深刻。要等事后，一切活动都告一段落时，自我意识逐渐复苏，而这时的自我已经和经历心流前的自我不一样了：新技巧和新成就使它变得更丰富。

时间感异常

描述最优体验时，最常提及的一点就是时间感跟平时不一样。我们用来衡量外在的客观时间的标准，诸如白天与黑夜，或时钟的嘀嗒，都被活动所要求的节奏推翻。往往几个钟头好像只有几分钟；大致多半的人觉得时间过得比较快，但有时正好相反。芭蕾舞者说，做一个困难的转身动作时，现实中的几分之一秒可以延伸成好几分钟："有两种感觉，一种是觉得时间过得好快，回顾起来，觉得什么事都很快就过去了。好比有时在凌晨 1 点钟却会感觉：'啊！8 点过了好像才几分钟。'但是当我跳舞的时候……时间变得似乎比实际长很多。"最保险的说法应该是，心流发生时，对时间的感觉跟传统的时钟记录的时间几乎没有关联。

当然也有例外。一位知名的外科心脏手术专家不但热爱自己的工作，而且有一种惊人的能力，能在手术进行中估计当时的实际时间，误差不超过半分钟，从不需要看表。对他而言，时间的控制是工作中最大的挑战：因为他只负责手术的一个非常小却绝顶重要的部分，而且经常同时进行好几个手术，从一个病人身边赶到另一个病人身边，他必须确保其他同事的进展不至于因他而受到耽搁。其他以时间为重的活动，个中好手也往往拥有同样神乎其神的计时能力。赛跑选手就是很好的例子，为了充分适应比赛的要求，他们对一分一秒的流逝都非常敏感。这时控制时间也成为一种提升体验乐趣不可或缺的技巧。

不过，大部分心流活动都与时间无关。例如打篮球，球员有自己的步调，有自己的一套记录事件顺序的方式，不受实际时间的影响。心流的时间转换特征究竟是一种副现象——极端专注下的副产品——还是本来固有的特点，我们还不能遽下断语。虽然把钟表的时间置之脑后，不见得是产生乐趣的必要条件，但是能摆脱时间的钳制，却使我们在专心的过程中更觉得兴趣盎然。

目标不假外求

最优体验的一大特色在于它本身就是目标。即使最初怀有其他目的，但到头来活动本身就已带来足够的报酬。外科医生形容自己的工作："充满乐趣，即使不该我做，我也乐意做。"水手说："我在这艘船上投注了大量时间和金钱，但一切都值得——什么都比不上出海的那种感觉。"

"自成目标"指的是做一件事不追求未来的报酬，做这件事本身就是最大的回馈。为了赚钱而投资股市，不算自成目标的行动；但若是为了证明自己有预测未来潮流的能力而玩股票，却可以算是——即使两者最后在金钱上的报酬分毫不差。如果教导小孩儿为的是把他们培养成良好的公民，也不算自成目标；但是若为体会跟小孩儿沟通的乐趣而教导他们，就是自成目标了。从表面上看来，这两种情形不分轩轾，不过真正的差别是，在自成目标的活动中，一个人可以完全为行动本身而投入全部心力，否则他会把注意力集中到行动的结果上。

我们所做的事，大多既不是纯粹的自成目标，也不是纯粹的外求目标（亦即全然为超乎行动之外的目标而采取的行动），而是两者的综合。外科医生接受长期的训练，是基于外在的期许：济世救人、赚大钱、功成名就等。运气好的话，过一阵子他们就会找到工作的乐趣，这时他们的工作也就具有自成目标的性质了。

从被迫的体验中顿悟

某些违反我们意愿、不得不去做的事,逐渐也会呈现它固有的报偿。我有一位共事多年的朋友,他拥有一种了不起的天赋,无论何时,当工作变得格外令人厌倦时,他就仰起头,眯着眼睛,哼上一段曲子——巴赫的合唱曲、莫扎特的奏鸣曲或贝多芬的交响乐。说他哼曲子,其实并不恰当,事实上他是把整首曲子重现,用声音模仿各种主要乐器,一会儿扮小提琴的吟咏,一会儿学木管的低鸣,一会儿又变成悠扬的小号。办公室的同事们都听得如痴如醉,再回到工作上精神就大为抖擞。

最值得注意的是,这位朋友培养这套本事的方法。他从3岁开始,就经常跟父亲去听古典音乐演奏会。他记得当时常觉得很无聊,有时坐在椅子上睡着了,就被一巴掌打醒,这使他憎恨音乐会、古典音乐,甚至也可能恨自己的父亲。几年过去了,他一直被迫重复这段痛苦的经验。终于在他7岁那年,有一天晚上,当他聆听莫扎特的一部歌剧的序曲时,令他欣喜若狂的感受降临到了他头上:他突然明白了这首音乐的内涵,一个崭新的世界在他眼前豁然开朗。不论他是否意识到,过去四年的磨炼,已使他听音乐的技巧大有长进,使他到了顿悟的境界,能够了解莫扎特在乐曲中安排的玄机。

当然他算是幸运的,很多小孩儿从未察知他们被迫从事的活动中有什么新的乐趣,结果只落得终身厌恶这种活动。不知有多少小孩儿因为被父母逼着学一种古典乐器,开始仇视古典音乐。孩子或成人往往都需要外来的诱因，带他们踏出重新组合注意力的第一步。很多活动的乐趣都不是自然天成的，它需要我们在开始时做一些并非心甘情愿的努力。一旦个人技巧得到回馈，互动开始，自然就会产生值得的感觉。

自成目标的体验跟生活中典型的感受迥然不同。我们平时做的很多事情，本身都没有什么价值，只是不得不做，或是因为我们预期未来会有回报才去做。很多人觉得他们投注在工作上的时间根本就是一种浪费——他们与工作疏离，投注在工作上的精神能量根本得不到补充。对不少人而言，空闲时间同样是一种浪费；通常休闲有助于工作后的放松，但这段时间往往只是被动地吸收资讯，没有运用任何技巧去开发新行动的契机，结果生活只是由一连串无聊而焦虑的感受所组成，个人全无控制力。

自成目标的体验也就是心流，它能把生命历程提升到不同的层次。疏离变成了介入；乐趣取代了无聊；无力感也变成了控制感；精神能量会投注于加强自我，不再浪费于外在目标上。体验若能自动自发地产生报酬，现在的生命当然有意义，不需要再受制于将来可能出现的报偿。

没有绝对的好

正如在控制感那一节已经讨论过的，我们必须认清心流有使人上瘾的魔力；我们也应该承认"世上没有绝对的好"这个事实，任何力量都可能被滥用。爱可能导致残酷的行径，科学可能会带来毁灭，科技不加管制也会造成污染。最优体验是能量的一种形式，而凡是能量，都既可以用于造福人，也可以用于破坏。正如火能带来温暖或灾害一样，原子能可以发电，也可能使全世界化为灰烬。能量是力量，但力量只是工具，目标才能决定它会使人生更丰富还是更痛苦。

萨德侯爵①擅长把痛苦发展成一种享乐的形式；实际上，"残酷"对于还没有发展出更成熟技巧的人而言，乃是一种常见的乐趣来源。即使在以文明自许，不把个人的乐趣建立在他人的痛苦之上的社会，暴力仍具有莫大的吸引力。古罗马人喜欢看角斗士互斗，维多利亚时代的人花钱观赏猎犬把老鼠撕成碎片，西班牙人把屠牛视为一种神圣的仪式，拳击赛则是美式文化的产物。

参加过越战或其他战争的美国老兵，有时会缅怀战火中的经历，并把它描写成一种心流。蹲坐在战壕的火箭发射器旁，生命的焦点顿时变得清晰，目标就是在敌人消灭你之前，先下手为强。善恶不言自明，控制的工具就在手边，一切分心的因素均已消除。即使对一个厌恶战争的人而言，这种体验也可能比平民生活中任何专注更令人兴奋。

罪犯有时会说："如果你能找到比深夜闯入民宅，神不知鬼不觉地偷走一大批珠宝更刺激的事，我一定去做。"社会上所谓的青少年犯罪——偷车、破坏公物、惹是生非，动机无非是寻求日常生

---

① 萨德侯爵（Marquis de Sade，1740—1814 年），18 世纪法国著名的性变态研究专家，被誉为情色小说的鼻祖，擅长编剧及撰写色情小说。"性虐待狂"（sadism）一词就源于他的名字。——译者注

活所缺乏的心流经验。只要在社会主流中找不到有意义的挑战，也没有培养有用技巧的机会，我们就必须预期，有人会通过暴力与犯罪去寻求较复杂的自成目标的体验，因为他们别无选择。

如果我们思及，科技活动竟会从原来受人尊敬和相当有乐趣的地位，堕落到暧昧，甚至令人不齿的地步，问题就更复杂了。物理学家奥本海默把研究原子弹的工作称为"甜蜜的难题"，毫无疑问，参与生产神经毒气或为"星球大战计划"运筹帷幄的人，也深为自己的工作所吸引。

心流体验跟世间所有的事一样，不可能绝对的好。它的好在于它具有使人生更丰富、更紧凑、更有意义的潜力，在于它能加强自我的力量与复杂性。但心流的结果是好是坏，必须应用较广泛的社会标准加以讨论与评估。举凡人类的活动，不论是科学、宗教，还是政治，都是如此。一种特定的宗教信仰或许对一个人或一个团体有益，而对其他人或团体而言却是横加压迫。基督教有助于整合罗马帝国治下分崩离析的各民族，却瓦解了它之后接触到的弱势文化。某个特定的科学进展对科学和少数科学家而言或许是好事，而对全人类来说却可能有害。一种解决方案能适用于所有的时代、所有的人，其实只是一种幻觉——人类还没有一项成就可说是定案。杰斐逊总统的名言"永远警戒是自由必须付出的代价"不仅适用于政治领域，还警示我们：一定得时时刻刻重新评估我们所做的一切，不要让习惯和过时的智慧蒙蔽、阻碍了进步的可能。

若是因为一种能量有可能被误用就弃之不顾，可就完全违背情理了。如果人类因为火会把东西烧光就禁止用火，我们可能就跟猴子相差无几。数千年前，古希腊哲学家德谟克利特言简意赅地说："水可载舟，亦可覆舟，不过有个消除危险的方法，就是去学游泳。""游泳"在此代表的是学习明辨心流的益与害，并将前者尽情发挥，对后者设限。我们的考验就是一方面从日常生活中找到乐趣，另一方面又不让别人的乐趣因而受到不利的影响。

第四章

如何在日常生活中寻找心流？

索尔仁尼琴自得其乐的性格，让身陷囹圄的不堪也能转变为心流体验。他说："有的犯人会设法冲破铁丝网逃脱！对我而言，铁丝网根本不存在，犯人总数并没有减少，但我已飞到远方去了。"

前面我们讨论了一般人描述最优体验时提到的共同要素：觉得自己的技能足够应付当前的挑战，在一个目标明确、规则分明的行动体系中，对于自己表现的好坏，随时可得到清楚的回馈；注意力非常集中，完全没有空闲去思索任何不相干的事，或烦恼其他问题；自我意识消失，时间感扭曲。能产生这些效果的活动都会带来强烈的满足感，使人愿意纯粹为了活动本身而去行事，不但不计较回报，甚至为之冒险犯难也在所不惜。

这样的体验从何而来？偶尔因为各方面条件都能配合，心流会意外出现。例如，在朋友聚餐时，有人提出众人都感兴趣的话题，大家你一言我一语、说笑话、讲故事，很快每个人都觉得气氛融洽，彼此都有强烈的好感。虽然这种事也可能自然发生，但如能预做细心安排，或者再搭配个人的带动诱导，就更容易进入心流。

为什么游戏能带来乐趣，而我们日常所做的事——例如工作或坐在家里发呆，却令人觉得无聊呢？为什么有人即使在纳粹集中营也能满心喜乐，有人到度假胜地旅游却感到单调乏味呢？先找到这些问题的答案，就比较容易了解提升自身体验、改善生活品质的方法。本章就要讨论、比较可能产生最优体验的活动，以及有助于进入心流的性格特征。

心流活动

值得强调的是，本书每次提到最优体验，都以作曲、攀岩、舞蹈、航海、下棋等活动为例。这些活动传导心流的效果特别好，因为它们的设计本来就是以实现心流为目标。它们的规则原本就要求学习新技巧，有一定的目标，提供回馈，使控制成为可能；它们尽量跟日常生活中所谓的"不可逾越的现实"划清界限，使参与者更容易集中注意力。例如，在体育活动中，运动员都穿上色彩鲜明的服饰，分别隶属于不同的队伍，跟普通人暂时有所区别。在比赛过程中，选手与观众都放弃常规的世界，全心关注竞赛创造的另一种现实。包括戏剧、艺术、游行、宗教仪式、体育在内的心流活动，主要功能在于提供乐趣。它们的构造特殊，有助于参加者与观众进入极为愉悦的心理状态。

从事心理研究的法国人类学家凯洛瓦把游戏（他把这个词广义地界定为任何形式不拘，只要能带来乐趣的活动）按照体验效果，分为四大类。"竞争"包括以比赛争雄为主的一切游戏，体育活动大多属于这个范畴；"投机"即赌博，掷色子与宾果游戏均属此类；"眩晕"类活动会搅乱正常的知觉，使意识发生改变，例如骑旋转木马或高空跳水等；"模仿"则创造另一种现实，舞蹈、戏剧及一般艺术皆属此类。

根据这套分类，可以说游戏以四种不同的方式，提供超越日常体验的机会。在竞争性游戏中，参与者必须把技巧发挥到极致，以应付对手的挑战。英文的"竞争"（compete）一词，源自拉丁文的"con petire",意为"共同追寻"。每个人追求的都是实现自己的潜能,在别人逼迫我们全力以赴时,这份差使就变得容易些。不消说,只有在注意力集中于活动本身时,竞争才能改善体验。如果一个人在意的是外在目标——诸如打败对手、给旁观者留下深刻印象、赢得一份高薪的工作等,那么竞争就只是令人分心的因素,不构成诱因。

投机性游戏能带来乐趣,因为它能产生一种控制不可知未来的错觉。北美平原地区的印第安人用做了记号的野牛肋骨,卜筮下次出猎的成果;中国古人用掷筊落地的正反面预卜吉凶;东非的阿善提人则借鸡(给神的献礼)死亡的方式测知未来。所有文化都有求神问卜的传统,目的无非是打破现有的限制,以窥将来。赌戏也是出于同样的心理,于是野牛肋骨发展成了骰子,《易经》成了纸牌,占卜的仪式也成了赌博——一种凡夫俗子互相或以命运为假想敌,斗智取胜的活动。

眩晕是改变意识的最直接的方法。小孩子喜欢转圈圈,直到转到头昏为止;中东的伊斯兰教托钵僧也以同样的旋转方式,进入狂喜的境界。任何能改变我们感知现实的活动,都充满了乐趣,这也是今天不计其数会产生幻觉的药物普遍受欢迎的原因。意识其实是不可能扩张的,我们充其量只能就它的内涵重新搅和调换,制造一种扩张的错觉。可是绝大多数以人工方式造成改变的代价,却使我们对于本来想扩张的意识,完全失去控制。

模仿经由幻想、扮演或假装,使我们自觉超出现实的限制。我们的祖先戴上神的面具舞蹈,就对统治宇宙的无上威力产生了强烈的认同感。扮成野鹿的印第安亚奎族舞者，觉得跟他所扮的动物精灵合而为一。合唱团的成员在觉得跟自己创造的美妙歌声合而为一时，会有一阵寒战直下脊椎。小女孩儿玩洋娃娃，小男孩儿扮西部牛仔，都不仅是学习社会上依性别定型的成人角色——这么做也延伸了日常体验的极限，使他们暂时变得不一样，而且更为有力。

我们在研究中发现，所有心流活动，不论涉及竞争、投机还是其他形式的体验，都有一个共同点：它带来一种新发现、一种创造感，把当事人带入新的现实。它促使一个人有更好的表现，使意识到达过去连做梦也想不到的境界。简单地说，它把自我变得更复杂，自我因而成长，这就是心流活动的关键。

心流体验图

我用一个简单的图形来帮助了解。假设下图代表一种特殊的活动——比方就是打网球好了。理论上，体验最重要的两度空间——挑战与技巧，我用纵轴与横轴表示。字母A代表艾利斯，一个正在学打网球的男孩，图形显示艾利斯学打网球的四个阶段。刚开始的时候，艾利斯不懂任何技巧，他唯一的挑战就是把球打过网去，这是A①。这种挑战没什么了不起，但艾利斯还是可能打得很愉快，因为难度正适合他粗浅的技巧。这时他很可能感受到心流，但为时不会太久。经过一段时间的练习，他的技巧进步了，他开始厌烦只是把球打过网去的动作（A②），或者他也可能碰到比他熟练的对手，使他发现球场上还有比高吊球更难应付的挑战——这时，他对自己拙劣的表现产生了焦虑（A③）。

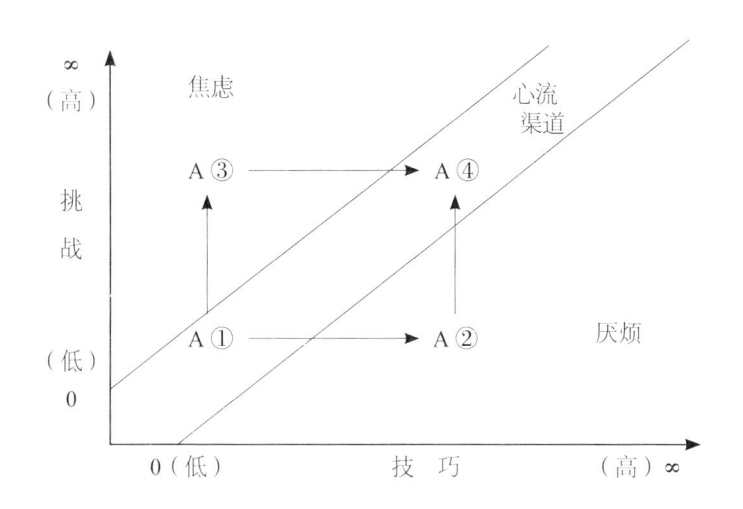

```
∞
（高）    焦虑              心流
                          渠道
挑
战         A③ ———→  A④

          ↑          ↑
（低）
 0        A① ———→  A②           厌烦

          0（低）        技  巧        （高）∞
```

意识复杂程度随心流体验渐增

厌倦和焦虑都属于消极的体验，艾利斯有充分的动机想回到心流。他该怎么办？从图中我们可以看出，如果他在厌倦（A②）的位置，要回到心流只有一个选择：加强挑战（他当然还有一个选择：放弃打网球，那么图形中的 A 干脆就消失了）。他确立一个跟技巧难度相当的新目标——例如击败一个技巧比他高明一点儿的对手——就能进入心流（A④）。

如果艾利斯感到的是焦虑（A③），回到心流就需要加强技巧。理论上，他也可以降低挑战的难度，回到一开始时的心流（A①），但实际上，一个人知道存在挑战以后，是很难全然置之不顾的。

图形中的 A①与 A④都代表艾利斯正处于心流状态。虽然两者都能带来乐趣，但 A ④ 的情况远比 A ① 复杂，它不但是更大的挑战，而且对打球者的技巧要求也更严格。但是就 A ④ 的复杂程度与充满乐趣而言，它并不稳定。艾利斯想继续打网球，不是因为发现新层次的发展有限而厌烦，就是因为自己能力不高而产生焦虑与挫折感。这么一来，为了再次寻回乐趣，他就势必设法回到心流渠道，而现在的复杂程度甚至比 A ④ 还高了。

成长的源泉

就因为这种充满动力的特性，使心流成为成长与发现的源泉。我们不可能长期做同种层次的事依然觉得乐趣无穷。我们不是因此感到厌烦，就是饱受挫折，然后寻求乐趣的意愿就会促使我们拓展自己的技巧，或发掘运用技巧的新方向。

我们不可机械地以为，只要一个人能客观地参与心流活动，就必然能获得对应的体验。因为仅是情况造成的真实挑战还不能算数，必须当事人先把它当作一场挑战才行。决定感觉的并不是我们实际拥有的技巧，而是我们自以为拥有的技巧。一个人或许把一座山当作一场挑战，而对于学习演奏一首乐曲却毫无兴趣；换一个人却可能只想学音乐，不想爬山。我们在某一特定时刻对心流的感受，往往受客观条件的影响很大，不过意识仍能自由地根据它对情况的判断而行事。

游戏规则的原意是引导精神能量遵循能带来乐趣的模式，但它们能否发挥效用，决定权仍在我们。一位职业足球运动员"玩"球时，说不定完全不带一点点心流的因素：他可能觉得厌倦，而且过分自觉——心中想的不是球赛，而是自己的合约与年薪。相反的情况也可能发生：一个人从本来有其他目标的活动中享受到很大的乐趣。对很多人而言，诸如工作、带孩子等活动，比游戏或绘画更能产生心流，因为他们能从平凡的活动中，找到别人找不到的乐趣。

在人类进化过程中，每种文化都会发展出一些以改善体验品质为目标的活动，即使在科技最不发达的社会，也有某种形式的艺术、音乐、舞蹈，以及各式各样小孩儿或成人的游戏。新几内亚岛的土著花在搜寻丛林中五彩缤纷的羽毛作为宗教舞蹈装饰品的时间，比找食物的时间还多。类似的例子极为常见，在大多数文化中，人们用于艺术、游戏及仪式上的时间可能都比工作多。

虽然这些活动或许也有其他作用，但能带来乐趣是它们得以保存的主要原因。人类早在3万年前就已开始装饰洞穴，留下的壁画兼具宗教与实用价值。无论石器时代还是今天，艺术存在的理由始终未变——说穿了很简单，它对画家和观画的人都是心流的源泉。

宗教的幽远乐趣

事实上，自古以来，心流跟宗教一直有密切的关系。人类的很多最优体验都是在宗教仪式的背景下发生的。艺术、戏剧、音乐、舞蹈，都可以说是起源于今天所谓的"宗教"氛围中；换言之，这些活动都以把人与超自然的力量及实体结合在一起为目标。游戏也是如此，玛雅人的篮球可说是最古老的球赛，它本是宗教庆典的一部分，与最早的奥林匹克运动会异曲同工。这样的关联并不意外，因为我们所谓的宗教，实际上就是创造意识秩序的最古老、最野心勃勃的尝试。由此可见，把宗教仪式视为最深远的乐趣来源，可以说是自古以来就有之。

现代艺术、游戏与人生，大致上已与超自然的力量脱节。过去从旁协助阐释人类历史并赋予意义的宇宙秩序，已瓦解为一堆不相衔接的残砾。多种意识形态企图取而代之，争相为人类行为提出最好的解释：市场供需规律与控制自由市场的那只"看不见的手"，希望说明人类在经济上基于理性的抉择；唯物史观提出的阶级斗争规律，针对的是非理性的政治行动；社会生物学的基因竞争，阐释的是为什么我们会帮助某些人，却设法消灭另一些人；行为主义的效果定律，说明的则是我们如何在不自觉的状态下，学习重复一些令我们感到愉快的动作，这些都是植根于社会科学的现代宗教。它们并不像过去那些解释宇宙秩序的模式，能获得广大支持，并产生美感的作品，或带来乐趣的仪式。

随着现代心流活动趋于世俗化，古时的奥运会与玛雅球赛那套强有力的意义体系也不复存在了。一般而言，它们的内涵纯为娱乐：我们希望它们能改善我们身心的感觉，却没有预期它们会成为我们跟上帝联系的桥梁。尽管如此，我们用来改善体验品质的步骤，对整个文化而言，仍非常重要。我们一直用生产性的活动来描述一个社会的特征，例如渔猎采集社会、畜牧社会、农业社会或工业社会。心流活动是一种自由的选择，跟终极意义来源有更密切的关系，因此用它来描述文化，或许更能彰显我们的本质。

心流与社会文化

美国式民主的一个主要成分,就是把追求幸福当作有意识的政治目标——也就是政府的责任。虽然《独立宣言》可能是有史以来第一份明文规定这个目标的政治文献,但任何社会体制若是摆明了不帮助人民争取幸福,恐怕都维持不久。当然,有不少压迫性的文化,人民仍愿意容忍暴君的统治;建造金字塔的奴隶之所以不造反是因为他们没有更好的出路,而为专制的法老工作,前途还算是乐观的。

文化相对论

最近几代社会科学家已渐渐不再愿意对各种文化进行价值评判。凡不完全基于事实的比较,都有失之公允的危险;而认为任何一种文化的措施、信念或制度优于他种文化,也显有不妥。19世纪的工业文明,自以为在各方面都比科技较落后的文化优越,处处表现得盛气凌人,20世纪初的人类学家对此种民族优越感进行反思,于是提出了这套"文化相对论"。

然而,西方民族的优越自信已成为过去。如果一名阿拉伯青年驾驶一辆满载炸药的卡车,撞向一所大使馆,把自己炸得粉身碎骨,我们可能无法苟同他的做法,但是我们不会再自命道德上比他优越,对于他相信天国会为奋不顾身的战士保留特别席位的信念,不再嗤之以鼻。我们逐渐认清,我们的道德观只适用于自己的文化。在此信念下，不能用一套价值标准去评判另一套价值标准。由于任何跨文化的价值评判，都必然迫使所评判的文化暴露于另一套全然陌生的价值标准之下，因此根本无从比较。

如果我们肯定最优体验是每个人的最终目标，每个社会体系都可以对精神熵加以评估；衡量失序现象时，凭借的不是其他信念体系的理想秩序，而是根据社会成员自行确定的目标。首先，我们可以说，一个社会比另一个社会"好"，因为有较多的社会成员能拥有与他们的目标相契合的体验；其次，则强调这些体验应该尽可能帮助更多人培养更复杂的技巧，使他们实现自我的成长。

各种文化追求的幸福内涵可能不一，这似乎显而易见；若干社会的生活品质远超过其他社会。18世纪末，英国人的生活远比过去困难，直到100年后才有起色。证据显示，工业革命不但缩短了人类的寿命，也使人类变得更凶恶残暴。很难想象当时的纺织工人年纪轻轻就死在"恶魔工厂"里，他们每周得工作70个小时，直到精疲力竭而死，无论他们拥有什么样的共同价值观或信念，都不可能从这样的生活中找到幸福。

原始部落的文化差异

再举一个例子，人类学家里欧·福琼记述了多布岛民的文化传统，他们对巫术怀有强烈的恐惧，又非常记仇，连亲人也不敢相信。这些人上厕所都成问题，因为他们认为独自在林中会被黑魔法所害，而解手又非得到树丛中不可。多布人自己似乎也不喜欢这种恼人的生活，但他们找不到变通之路。他们陷入长时间演变而成的信念与措施的纠葛中，难以达到精神的和谐。

很多民族志的记载都指出，史前文化中便已包含精神熵的因素，显然与"高贵的野蛮人"这一说法不符。乌干达的伊克族人面临环境剧变带来的粮荒，把超乎资本主义想象的自私行径变成了制度的一部分。委内瑞拉的亚诺马密族人，跟其他以战士为主的部落一样，比现代的军事超级强权更崇拜暴力，而且把到邻村烧杀掳掠视为最大的乐趣。而劳拉·博安南的研究中，一个受巫术和阴谋所害的尼日利亚部落，几乎没有人知道欢笑是怎么回事。

没有证据证明这些部落刻意选择了自私、暴力、令人恐惧的生活方式。他们的行为并没有使他们变得比较快乐，相反他们活得很痛苦。这种妨碍幸福的措施与信念，既非不可避免，也非必要；它们乃是意外造成的，是应付意外情况所产生的随机反应。一旦它们成为文化规范的一部分，人们就以为事情本该如此，再也没有别的选择。

幸亏还有很多文化靠着运气或远见，成功创造了容易达到心流的环境。举个例子，科林·特恩布尔描写的伊图里森林中的矮人族，彼此或与环境之间都处得非常和谐，生活中的每件事都极为有用而具挑战性。当他们不忙于打猎或整修村落时，就唱歌、跳舞、奏乐或讲故事。这个矮人族社会跟很多所谓的原始文化一样，每个成年人都必须不时扮演演员、歌手、画家、历史学者或娴熟技艺的工人。如果单从物质成就来看，他们的文化可能不太高明，但若以提供最优体验为着眼点，他们的生活方式似乎极为成功。

重建新意义

另一个说明文化如何将心流融入生活方式的好例子,来自加拿大的民族志学家库尔对英属哥伦比亚印第安部落的描述:

> 舒什瓦普地区在印第安人心中是片富庶之地,盛产鲑鱼及猎物,还有大量可食用的块茎及根茎植物。该地区的人民在此建造永久性的村落,从环境中开发所需要的资源。他们有一套复杂的技术,能有效地运用资源,生活因而满足丰富。但众长老说,当周遭的一切都在意料之中时,生活就没有了挑战;没有挑战,生命就没有意义了。
>
> 因此,这些睿智的长老决定全村每25~30年迁徙一次。全村都搬到舒什瓦普的另一个地区,并在此迎接新的挑战。他们必须熟悉新的溪流、新的打猎小径,找到盛产凤仙花的新地区。现在生命又有了意义,值得用心投入。每个人都觉得返老还童,并且更加健康。同时,这也让经过多年开垦的土地,有一个休养生息的机会……

日本京都的伊势神宫与此恰成一个有趣的类比。大约1 500年前,伊势神宫建立于两块毗邻土地之中的其中一块上,每隔20年左右,僧侣就把神宫全部拆除,改建到另一块空地上。1973年是它第60次重建(14世纪时因王权分裂,发生内战,改建暂时被迫中断)。

舒什瓦普人与伊势神宫的僧侣所采取的策略,也是若干政治家梦寐以求的。美国杰斐逊总统和中国毛泽东主席都相信,每一代人为了主动参与控制他们生活的政治体系，都必须发起一场革命。在现实生活中，几乎没有一种文化能在满足人们的心理需求和生活可行的选择之间，调配得恰到好处。大部分都有过犹不及之处，不是把求生搞得太辛苦，就是自陷于一个严格的模式，扼杀了下一代的行动机会。

文化无所不包

文化是对混沌的一种防御。它适应环境的反应，正如鸟的羽毛或哺乳动物的毛皮一样。文化制定规范，推动目标，建立信念，帮助我们克服生存的挑战；同时，文化必须把很多细枝末节的目标与信念排除，因而也局限了发展的可能性。唯有把注意力限制在一组特定的目标与手段上，才能在自行创造的疆界里，进行毫不费力的行动。

在这方面，文化与游戏颇为相似。两者都可说是由独断独行的目标与规则构成，使参加者在行动中尽可能不感到疑惑或分神。它们的主要区别在于规模：文化无所不包，它规定一个人如何出生、成长、结婚、生子和死亡；游戏只是文化脚本中的一个小插曲，它只在文化不涉及注意力可能漫游到混沌的领域时，为我们的闲暇提供集中注意、采取行动的理由。

一种文化若能成功确立起一套目标和规则，不但能吸引其成员，又能配合他们的技巧层次，使他们能经常感受到强烈的心流，那么它就更接近游戏了。这种情形下，我们可以说文化已变成了一场"伟大的游戏"。若干古典文明很可能已臻至这个境界，如雅典公民、言行以美德为准的罗马人、中国古代的读书人，以及印度那些动静之间都追求优雅与和谐的婆罗门僧侣。而雅典城邦、罗马法、一切秉承天命的官僚制度，以及无所不包的印度精神秩序，都是文化促成心流的不朽例证。

乐趣未必止于至善

能促成心流的文化，在道德上不一定就是善的。以20世纪的观点来看，斯巴达式的规范残忍得没有道理，尽管它控制下的子民几乎没有二心。鞑靼骑兵和土耳其禁卫军觉得战争和屠杀乐趣无穷，令人难以置信。许多欧洲人在20世纪20年代的经济崩溃与文化震荡下神心丧失，把纳粹法西斯政权下的意识形态视为极具吸引力的新游戏，当然也是事实。因为纳粹的目标简单，回馈明确，并且为处于焦虑与挫折中的人们带来了解脱及重新投入生活的机会。

同样，心流虽是强有力的诱因，却不保证体验到心流的人道德高尚。如果其他条件相同，能提供心流的文化或许比不能提供心流的文化更好，但是当一群人奉行一套能为他们带来更多人生乐趣的目标与原则时，别人很可能必须为此付出代价，正如雅典公民的心流建立在奴隶的劳动上，美国南方庄园优雅的生活情调则靠进口奴隶维持一样。

盖洛普民意调查

我们还没有能力正确度量不同文化在最优体验上能提供多少帮助。1976年一项大规模的盖洛普民意调查显示，北美洲的人有40%认为他们"非常幸福"，欧洲人是20%，非洲人是18%，远东的受访者却只有7%。另一项调查却显示，美国公民对个人幸福的评价跟古巴人和埃及人相去不远，但古巴的人均国民收入不到美国的1/5，埃及更连1/10都不到。联邦德国人和尼日利亚人的幸福程度相同，但人均国民收入却相差15倍。到目前为止，这些矛盾只证明我们用来衡量最优体验的工具还相当原始，但差异的存在似乎是千真万确的。

尽管结果有所出入，但所有大规模调查都显示，一国人民生活越富裕，教育水准越高，政治越稳定，幸福度与人生满意度也越高。英国、澳大利亚、新西兰、荷兰算是最幸福的国家，美国虽有高离婚率、酗酒、犯罪、吸毒等问题，落后也不是太多。就美国人花在追寻乐趣的大量时间与资源而言，这样的结果并不意外。一般美国人每周只工作20个小时（还有10个小时在办公室做与工作无关的事，诸如做白日梦或与同事闲聊等）。他们花较少的时间（每周约20个小时）从事休闲活动：7个小时看电视，3个小时阅读，两个小时从事慢跑、弹奏乐器、打保龄球等较积极的活动，7个小时用于社交、参加宴会、看电影、招待亲友等。每周还剩下50~60个清醒的小时，用于维持性质的活动，像进食、通勤、采购、烹饪、清洗、修理物品等，或从事无特定目标的活动，像瞪着窗口发呆等。

闲暇不等于乐趣

虽然许多人有充裕的闲暇，可以从事多种休闲活动，但他们并没有因此而经常体验到心流。潜力不见得都能实现，质与量也无法互换。以今天最普遍的休闲活动——看电视为例，它几乎不可能产生心流。实际上，工作时全神贯注，挑战与技巧完全配合，且有掌控与满足感，体验心流的机会是看电视的 4 倍。

我们这个时代最讽刺的一个矛盾就是，大量的闲暇并不能转换为乐趣。跟只不过数代以前的人相比较，我们享受人生的机会大多了，但事实上我们一点儿也不比老祖宗生活得更快乐。光是机会还不够，我们更需要善用机会的技巧。我们必须知道如何控制意识，但大多数人都不懂得如何培养这种技巧。置身于五花八门的休闲设施中，大多数人仍然觉得生活很无聊，甚至还有一种说不出的挫败感。

这个事实向我们揭示了最优体验的第二个条件：一个人重组意识达到心流的能力。有些人不论到哪里，都能自得其乐；有些人即使美景当前，仍感到枯燥乏味。因此，除了外在条件（亦即心流活动本身的构造），我们也应该把促成心流的内在状况列入考虑之内。

自得其乐的性格

把日常体验转变成心流并非易事，但几乎每个人都能提升自己这方面的能力。我们现在要探讨的问题是：每个人控制意识的潜能是否完全相同？如果答案是否定的，那么能轻易控制意识的人跟不能控制意识的人有什么不同呢?

有些人好像天生不能体会心流。心理医生把精神分裂症描述为"缺乏苦乐感",这种症状跟"过度包摄刺激"有关,亦即精神分裂症患者会不由自主地注意到所有不相干的刺激,接收所有资讯。而很悲惨的是,他们并没有控制任何事物进出意识的能力。有些病人把这种现象描述得很生动:"事情发生在我身上,我一点儿也控制不了。我好像再也没有主导事情的力量了,有时甚至控制不住自己的思想。""事情太快地涌进来,我失去控制,终于迷失了。一下子要处理那么多事情,结果我什么事情也没做。"

享受快乐的心理障碍

无法集中精神,每件事都分不出轻重,就导致病人享受不到一丁点儿乐趣。但"过度包摄刺激"的症状是由什么引起的呢?一部分或许是遗传的问题,有些人天生集中精神能量的能力就比较差。在学龄儿童的学习障碍中,有多种障碍被重新归类到"注意力失调"下,因为它们都具有无法控制注意力的特征。虽然注意力失调很可能跟化学平衡有关,但童年的体验感受也可能使它减轻或恶化。以我们的观点来看,值得注意的是,注意力失调不仅妨碍学习,也使心流体验不易产生。控制不了精神能量的人,既无法学习,也找不到真正的乐趣。

过分的自我意识是一种不太严重的心流障碍。一个人若时时都在担心别人对自己的看法,害怕给人留下不好的印象,或做出不妥当的事情，就注定与乐趣绝缘。过于以自我为中心的人也一样，这种人通常并不是自觉，而是对所有资讯的判断只以它是否有助于实现自己的愿望为标准。对于这种人，任何事情本身都毫无价值可言。一朵花除非能够利用，否则就不值得去看第二眼；一个人除非能带来什么好处，否则也不必在意。因而，意识完全围绕着自己的目标打转，与目标不符的一切都不容许存在。

虽然自觉性强的人在很多方面都跟以自我为中心的人不同，但这两种人都因对精神能量欠缺控制，很难进入心流状态。他们的注意力太僵化，无法投注到活动本身；自我吸纳了太多的精神能量，不受羁绊的注意力又严格受到自我需求的引导。在这种情形下，要对事物本身的目标发生兴趣，并沉浸在活动的互动效应中，不求其他报酬，实在很困难。

注意力失调与"过度包摄刺激"是因为精神能量太过飘忽不定，妨碍心流的产生；而过度自觉或以自我为中心的问题正好相反：注意力太狭隘而缺乏弹性。这两种极端都使人无法控制自己的注意力。处于两极的人找不到乐趣，学习常感困难，因此也就丧失了自我成长的机会。但相互矛盾的是，以自我为中心的人无法变得更复杂，因为他把全部精神能量都用于实现眼前的目标，不肯去尝试新目标。

追求乐趣的阻力

到目前为止，我们所谈的心流障碍都在自己心里，但环境中还存在很多追求乐趣的强大阻力。这些阻力有些来自大自然，有些则是社会因素。例如，住在北极或卡拉哈里沙漠的人，享受人生乐趣的机会就极为渺茫，但即使是最恶劣的自然条件也不能完全消灭心流。爱斯基摩人在荒凉而充满敌意的冰原上，学会了唱歌、跳舞、说笑话、雕刻美丽的艺术品，还创造了一套复杂的神话，赋予自己的体验以秩序与意义。在冰天雪地或沙漠中生活得不快乐的人，很可能到头来不是离开就是绝种，但仍有人存活下来，这一事实证明了混沌的大自然并不能阻绝心流。

阻碍心流的社会因素或许不太容易克服。奴役、迫害、剥削及文化价值观遭到摧残，都会破坏乐趣。加勒比海岛屿上现已灭绝的土著居民被迫到西班牙征服者的农场工作时，生活变得太痛苦，太没有意义，以至于丧失了求生的意志，不再生育下一代。许多文化可能也是在相同的情形下，因生活不再能提供乐趣而消失的。

有两个用于社会病理学的名词，在描述使心流难以产生的状况时也适用——"失范"（anomie）与"疏离"（alienation）。"失范"原由法国社会学家迪尔凯姆提出，特指行为规范被扰乱的社会状况。当什么可以或不可以做已混淆不清时，人的行为举止就变得反复无常、没有意义，靠社会规则建立意识秩序的人就会感到焦虑。失范的现象会在经济崩溃或本土文化遭受外来文化摧毁时出现；当经济急速繁荣、注重勤俭的旧的价值观被推翻时，也可能发生。

疏离在很多方面恰巧相反，它是一种人们被社会体制逼迫而采取与本来目标相悖行动的状况。一名工人为了养家糊口，不得不在生产线上重复千百遍单调无聊的动作，这时就很可能产生疏离感。

当社会陷于失范状态时,一件事情是否值得投注精神能量就变得不清不楚,很难产生心流;当社会为疏离所苦时,问题则出在个人没有办法把精神能量投注于自己真正想要追求的目标上。

值得注意的是,这两种阻碍心流的社会因素,就作用而论,跟个人病理学上的"注意力失调"与"以自我为中心"可以说是相互呼应。在个人与团体的层次上,心流的障碍就是注意力的运作太零散(失范与注意力失调)或太严格(疏离与以自我为中心)。在个人层次上,失范对应于焦虑,疏离则对应于厌倦。

快乐是遗传的还是习得的?

有些人天生肌肉协调性就比别人好,同样,也有些人与生俱来就拥有控制意识的禀赋。有些人对注意力失调独具抵抗力,因而比较容易感受到心流。简·汉密尔顿博士针对视觉与大脑皮层活动所进行的研究,颇能支持这个论点。她有一组测验,要求受测者先看一个自相矛盾的图像,然后在脑海中把它"翻转"过来,即把画面中向外凸出的部分想成向内凹,把内凹的部分则看成外凸。简·汉密尔顿博士发现,不太能从日常生活中发掘行动诱因的学生,需要看见较多个点,才能把矛盾图形翻转过来;而较能从日常生活中得到满足的学生,只需看到少数几个点就能成功,有时甚至只要看到一个点,就能翻转过来。

这些结果显示,完成一项心灵考验所需要的外来线索的多寡常因人而异。需要大量外来资讯才能意识到现实的人,很可能在运用思考上也非常依赖外在环境；他们对自己的思想缺乏控制力，相应地也不太容易享受到体验的乐趣。不需要太多外来线索刺激，意识就能发生作用的人，受环境的钳制则较少；他们的注意力比较有弹性，能轻易重新调整体验结构，更常达到最优体验。

另一组实验中，将自称常有和不常有心流体验的学生分为两组，令其注意实验室的指示灯或警铃。在测验过程中，监控受测者因刺激而产生的大脑皮层活动，再把平均值分为视觉与听觉两组，并把这种数据称为"受激潜力"。简·汉密尔顿博士的研究结果显示，很难体验心流的人表现得正如预期：对灯光刺激反应时，他们的大脑皮层活动大幅升高。但经常体验心流的人测验结果却出乎意料：他们集中注意时，大脑皮层活动竟然减少了。全神贯注不但没有耗费更多心力，反而似乎减轻了脑力负担。另一项单独针对注意力而进行的行为测验证明，这样的人在从事需要长期集中注意力的工作时，也做得比较精确。

这个与常识迥异的结果，最合理的解释似乎是：心流较强的那组人能关闭其他资讯的管道，只把注意力集中在接收闪光的刺激上。这使我们联想到，在各种情况下都能找到乐趣的人，有能力对外来刺激进行筛选，只注意与这一刻有关的事物。虽然一般认为，注意力集中时会增加处理资讯的负担，但对于懂得如何控制意识的人而言，集中注意力反而更轻松，因为他们可以把其他不相关的资讯都抛在一旁。他们的注意力同时极具弹性，与精神分裂症患者完全不由自主地注意到所有刺激恰成强烈对比。这种现象称为"自得其乐的性格"，或许能提供神经学上的解释。

然而，神经学方面的证据并不足以证明某些人特别能控制意识、体验心流是遗传造成的优势。前面提到的研究结果与其说是遗传，倒不如说是习得的成果。集中注意的能力与心流之间的关系十分明显，但仍需要做进一步的研究才能确定何者是因，何者是果。

家庭环境的影响

有些人等公共汽车时能保持心情愉快，而有些人却不论置身多么愉快的环境仍觉得厌烦，这种差别或许不能只用神经系统处理资讯能力的优劣来解释，童年时期所受的家庭影响也能决定一个人体验心流的难易。

大量证据表明，父母跟孩子互动的方式，对孩子成年后会是个什么样的人，有持续的影响力。我们在芝加哥大学的一项实验中，凯文·拉森德发现，亲子关系属于某种类型的青少年，在大多数情况下，比没有这种关系的同伴更快乐、满足而坚强。有助于产生最优体验的家庭环境具有五个特点：第一是"清晰"，青少年知道父母对自己的期望——在家人互动关系中，目标与回馈都毫不含糊。第二是"重视"，孩子觉得父母对他们目前所做的事、他们具体的感受与体验都有浓厚的兴趣，而不是一味巴望他们将来念一所好大学，或找一份高薪的工作。第三是"选择"，孩子觉得自己有很多选择，包括不听父母的话——只是他们得准备好自己承担后果。第四是"投入"，亦即让孩子有足够的信心，放开自卫的护盾和自我意识，全心全意去做他感兴趣的事。最后是"挑战"，也就是由父母为孩子安排复杂渐进的行动机会。

这五个条件构成所谓"自成目标的家庭环境",因为它们提供了享受人生乐趣的理想训练。这五大特色很明显与心流体验相通,在能提供明确目标、回馈、控制感、全神贯注,并着重事物本身动机及挑战的家庭环境中成长的孩子,通常更能掌握生活的秩序,享受心流。

更有甚者,能提供自成目标环境的家庭,会为家庭成员保留可观的心灵能量,从而提高对任何事物的乐趣。孩子知道什么事可以做,什么事不可以做,不必老是为规制与控制权而争吵;父母对他们未来成就的期望也不会像一片阴影,永远笼罩在他们头上;同时不受混乱家庭分散注意力的因素所干扰,可以自由发展有助于扩充自我的兴趣与活动。在秩序不佳的家庭里,孩子的大部分能量都浪费在层出不穷的谈判与争执,以及不让脆弱的自我被别人的目标所吞噬的自我保护上。

毋庸置疑,家庭能否提供自成目标的环境,在孩子们未离家之前影响最大:享有自成目标环境的家庭生活的幸运儿,一定比较快乐、坚强、活泼、满足。孩子自修或在学校上课时,自成目标的家庭背景也有助于他们获得最优体验。只有当他们跟朋友共处时,差别才会消失不见:来自不同背景的人跟朋友在一起时,都觉得信心十足,家庭是否为自成目标型已不再重要。

父母对待婴儿的方式,很可能在人生开端就决定了他们日后享受乐趣的难易,但目前还没有长期追踪研究帮助我们了解这方面的因果关系。依理推之,一个受虐待或经常面临失去父母疼爱威胁的孩子，必然要竭力保全自我，不让它在忧虑下支离破碎，到头来能用于追求事物本身报偿的精力就极其有限——不幸的是，现代文化中遭受这种待遇的儿童的比例，似乎一直有增无减。受虐待的孩子成年以后，往往不寻求复杂的乐趣，只要能从生活中找到一些享乐的机会，就会心满意足。

在困顿中体验快乐

"自得其乐的性格"最大的特征就是，他们能在一般人无法忍受的情况中找到乐趣。不论是在南极迷了路还是被关在牢房里，总有人能把自己的困境改善得还能过得去，甚至成为一场充满乐趣的奋斗；换成其他人，很可能就向艰难困顿俯首称臣了。在钻研了很多人在困难中的自述之后，罗根的结论是：他们都因为能把悲惨的客观条件转变成可以控制的主观体验，才得以生存下去；他们正是依心流的蓝图行事。首先，他们密切关注环境中的细节，并从中发掘可以跟他们有限的能力搭配的行动机会；然后制订出一个现实状况所能容许的目标，通过所得到的回馈，密切注意一切进展。只要一实现目标，他们就提高赌注，为自己部署更复杂的挑战。

自力救济找乐趣

克里斯托弗·伯尼曾在第二次世界大战期间遭到纳粹的长期单

独禁闭，他的体验可说是上述过程的典型：

> 如果体验的范畴突然受到围限，思想与感情濒临"断粮"，我们往往会开始关注周遭有限的事物，并提出一连串近乎荒谬的问题："它有用吗？怎么用？它是谁做的？用什么做的？我在什么地方见过类似的东西？它还能引起我什么样的联想？"一条美好的联想之流潺潺不断由心间流通，它的源源不断与复杂性很快就淹没了起点的微不足道。以我的床为例，它跟任何学校宿舍或军营里的床差不多……床太简单，无法在我的思绪盘踞太久，结束床的联想，我摸摸毯子，估计它有多暖和，研究窗子的构造，厕所的不便……计算牢房的长度、宽度、坐向与高度……

包括遭恐怖分子绑架的外交官在内，凡是能承受独自监禁煎熬的人，都有这种设计心流活动、建立目标的禀赋。曾被苏联秘密警察囚禁在莫斯科卢比扬卡监狱一年多的陶瓷设计家伊娃·伊索，靠着估计如何用手头找得到的材料制作一件胸衣、在脑海里跟自己下西洋棋、用法文跟人进行虚构的对话、做体操、背诵自己写的诗句等办法，才不至于发疯。索尔仁尼琴在列弗尔托沃监狱的一名难友，把世界地图画在牢房的地板上，假想自己横渡欧亚大陆，前往美洲，每天只走几公里路。很多囚犯都发明了类似的"游戏"，以希特勒最欣赏的建筑师艾伯特·斯皮为例，被关在施潘道监狱的几个月间，他假设自己由柏林步行到耶路撒冷，靠想象力填充沿途风光和各种事件。

一位在美国空军情报机构服务的朋友,讲述了一个被囚禁在越南北部多年的飞行员的故事。该飞行员在丛林中瘦了80磅,健康也严重受损。获释时,他要求的第一件事是打一局高尔夫球。令他的同僚大为诧异的是,他虽瘦弱,球技却是一流的。他们询问他时,他答道自己每天靠想象打一局十八洞的高尔夫球,有系统地把球道分门别类,细心挑选球杆,设计球路,才熬过囚禁生涯。这样的锻炼不但使他保持神志清醒,显然也使他的体能、技巧突飞猛进。

在匈牙利,遭独自幽禁数年之久的诗人蒂博尔说,有数百名知识分子被关在维斯格勒监狱。他们设计了一个译诗比赛,整整忙了一年多。首先,他们必须选一首值得翻译的诗,光是把名单传到每一间牢房,就花了好几个月,等到用巧妙的秘密通信手段收齐选票,统计出结果,又是几个月过去了。最后,大家都同意把美国诗人惠特曼的《哦!船长!我的船长!》译成匈牙利文,部分也是因为这是一首大多数犯人都能记得全的英文诗。现在最主要的工作开始了:每个人都忙着翻译这首诗。由于没有纸也没有笔,于是蒂博尔在鞋底上抹了一层肥皂,用牙签把字母刻在上面。等他记熟了一行,就再涂抹一层新的肥皂。每译完一个章节,译者先把它背下,然后再传给邻室。不久,这首诗就有十来个不同的版本在狱中流传了,并由每个犯人加以评估和票选。惠特曼的译诗比赛结束后,接着翻译一首德国诗人席勒的诗……

在困难和威胁几乎使我们陷于瘫痪时,我们必须找到投注精神能量的新方向,一个不会受到外来力量影响的方向,以便肯定自己的控制力。即使所有希望都破灭了,我们还是得寻找一个有意义的目标，围绕着它重新整顿自我。那么，纵然在客观环境里沦为奴隶，主观上仍然保持自由，最不堪的情境也能转变成心流经验。索尔仁尼琴对这种事情描写得极好：

> 有时，跟一群绝望的犯人站在一起，周围环伺着荷机关枪叫嚣的警卫，我感到一阵节奏和意象汹涌显现，仿佛把我托上了半空……这个时候，我觉得非常自由而幸福，有的犯人会设法冲破铁丝网逃脱，对我而言，铁丝网根本不存在。犯人的总数并没有减少，但我已飞到远方去了。

不仅犯人会用这种策略收复对自己意识的控制，曾经在南极附近的小木屋里，独自度过4个月寒冷而黑暗日子的探险家、美国海军上将伯德，克服万难、单人飞越大西洋的林白，也都用相同的方法保持自我的完整。为什么有些人能实现内在的控制，其他人却被外在的困难击败了呢？

罗根在研究多位劫后余生者的记录后，提供了一个答案。他的研究对象都提到在极度艰苦困顿的情况下力量的来源，罗根认为，幸存者最重要的共同特征就是"一种自我意识不到的个人主义"，或者可说是有方向感、充满自信的目标。拥有这种特质的人，无论处于什么情况下都会全力以赴，而且不会把自己的利益放在第一位。因为这些人的动机在于行动本身，所以不易受到外来威胁的干扰。他们有足够的精神能量，可对周遭环境做客观分析与观察，也比较可能从中发现新的行动契机。如果要为自得其乐的性格选出一个最主要的特征，应该就是这一点了。只想保护自己的自恋者，在面临外在环境的威胁时就会崩溃，接踵而来的惊慌失措，使他们无法把该做的事情做好，因为他们的注意力转向内心，专注于恢复意识的秩序，根本没有余力应付外在的现实。

一个人若是对外界失去了兴趣，不愿主动跟外界建立关系，就等于把自己孤立了。20世纪最伟大的哲学家罗素在讲述他觅得个人幸福的过程时说："我渐渐学会对自己和自己的缺点漠不关心，我渐渐把越来越多的注意力放在外界事物上，例如，世界的状况、各式各样的知识和我喜欢的人。"这可能是如何培养自得其乐性格的最好的描述。这样的性格，部分应归功于遗传和童年的教育。有些人天生善于集中精神，比较有弹性，或幸运地靠父母训练成不过分自觉的个性；但这种能力也可以自己培养，经由不断练习和约束，臻至炉火纯青的地步。接下来，我们就要探讨该怎么做及如何做得更好。

第五章

感官之乐

一走进舞池,我就觉得像漂浮了起来;好像喝醉的感觉,当舞到尽兴,我浑身发热、欣喜若狂,仿佛借着身体语言与他人沟通。

美国小说家卡贝尔写道："一无所有的人替自己的臭皮囊省了尘世一笔俗债,但身体仍能享受许多快乐。"当我们觉得不快乐、沮丧、厌倦时,有一条很方便的出路:尽量利用自己的身体就行了。现在很多人都注意到健康与良好体魄的重要性,但身体所能提供的不计其数的乐趣的潜能,通常都没有被充分开发。很少有人能像特技表演者走路那么优雅,能像艺术家看东西那么独具慧眼,像打破纪录的运动员那么欣喜若狂,像品酒专家那么能尝出微妙的差别,也很少有人能精通爱的技巧,甚至可以把性提升至艺术的境界。事实上,这些机会俯拾皆是,改善生活品质最简单的方法就是学着去控制身体和感觉。

人值多少钱?

科学家有时会估算人体值多少钱,借以自娱。化学家不厌其烦地把皮肤、肌肉、骨骼、毛发,以及其中所含的少量矿物质和元素的市价加起来,得到的不过是微不足道的几美元罢了。其他科学家估算人类心智处理资讯与学习的能力,得出的结论却截然不同:照他们的估计，打造这么灵敏的一具机器所费不赀，需要数亿美元的资金。

用这些方式来评估身体的价值，其实都没什么意义。身体的价值既不在于它的化学成分，也不在于处理资讯的线路。它真正无比珍贵之处，乃因它是一切体验的来源及实际生活的记录。给身体和它的运作定一个市价，就像给人生贴上一个价格标签一样荒谬，我们凭什么决定它的价值呢？

身体能做的每一件事情都有产生乐趣的潜力，但很多人都忽视了这种力量，因此从不运用自己的体能装备，把身体制造乐趣的能力束之高阁。感官不加训练，就只能提供混乱的资讯。生涩的动作漫无目标而又笨拙，迟钝的眼睛只能看见丑陋无趣的景象，没有音乐感的耳朵听见的多半是刺耳的噪声，粗糙的舌头也只能辨识平凡的味道。如果任由身体感官萎缩，生活品质充其量只能勉强及格，有时甚至相当苦闷。但一个人一旦掌握了身体所能，学习为肉体感官建立秩序，精神熵的现象就会一扫而空，变为充满乐趣的和谐。

人体有数百种独立的功能，眼看、耳听、触摸、跑步、游泳、投掷、登山，这些不过是其中很小的部分，但它们都跟心流体验有关。每种文化都会发明一些既能产生乐趣，又能发挥身体潜能的活动。正常的体能运动，例如跑步，搭配上根据社会环境设计的规则，既需要技巧，又能提供挑战，因而就变成了一种心流活动。不论一个人慢跑、为打破纪录而跑、跟别人赛跑，还是像墨西哥塔拉胡马拉族印第安人那样，趁某些节日，在山中举行长达数百英里的赛跑，都为移动身体的简单动作增加了繁复的空间，使动作能提供适宜的回馈，并带来最优体验，加强自我的力量。每种感官、每个动作都可加以控制，借以产生心流。

用心灵驾驭身体

在进一步探讨体能活动对最优体验有什么帮助之前，先要强调：光靠身体的动作是不能产生心流的，一定要投入心灵的力量才行。比方说要从游泳中得到乐趣，我们就必须培养适当的技巧，并集中注意力。若缺少相关的思想、动机、感情，就不可能充分自律，也不能学到足以享受游泳之乐的泳技。更重要的是，乐趣发生在游泳者的心里。换言之，心流不可能是纯体能的活动，肌肉和大脑必须参与才行。

接下来要谈如何善用身体，进而改善体验品质。这包括运动与跳舞等体能活动、性爱技巧的培养，以及东方文化借锻炼肉体而控制心灵的一些训练。进而会谈到如何区分视觉、听觉、味觉的用途。这些感觉都能提供无穷的乐趣，但只有发展必需的技巧才能享受得到。对于没有技巧的人而言，身体不过是廉价的血肉之躯罢了。

"动"的乐趣

用现代奥运会的格言"更高、更快、更强"描写身体的心流体验，可说虽不恰当亦不远。它不断追求比前一个纪录更上一层楼的原则，适用于任何运动。所有体育活动最纯粹的形式，就是突破体能的极限。

不论体育竞赛的目标在局外人看来多么微不足道，但在展示完美技巧的企图下，它是一件不容忽视的事。例如，投掷的能力实在没什么了不起，连婴儿都能做得到，但血肉之躯究竟能把一件沉重的物品投掷多远，却是人类自古以来就面临的挑战。古希腊人发明了铁饼；古代最优秀的铁饼选手会由最杰出的雕刻家为他们塑像，永垂不朽；瑞士人在假日群集高山草原上，比赛谁能把树干投掷得最远；苏格兰人也有这种比赛，不过投掷的是大石块。现代棒球赛造就了名利双收的选手，只因他们的球投得又快又准；篮球选手的成败同样取决于上篮的本领。此外，还有标枪、板球、撞球、掷铁槌、回力棒、钓鱼抛竿等运动，这些源自基本投掷能力的变化，均带来不计其数的享受乐趣的机会。

"更高"是奥运格言的首词。飞跃在空中被公认是一种挑战，打破地心引力的限制则是人类古老的梦想。希腊神话中带着翅膀向太阳飞翔的伊卡洛斯，一向被视为人类追求文明的象征，然而这个动人的譬喻却造成误导。跳得更高、攀登更高的山峰及飞越地平线，都在人类最喜爱的活动之列。有些学者创造了一种心理疾病的名称——"伊卡洛斯情结"，用来描述这种摆脱地心引力的欲望。其实，所有企图把乐趣解释为"对抗受抑焦虑的防卫机制"的论调，同样造成误导。当然，所有具有意义的行动，都可视为对抗混沌的一种自卫。正因为如此，我们更应该把能带来乐趣的行动当作健康的迹象，而非病态。

步行可以乐无穷

能产生心流的体能活动，不一定局限于杰出运动员的表现。奥林匹克选手并未得天独厚，拥有打破纪录、享受乐趣的专利。即使一个体能不怎么高明的人，也可以爬得高一点儿，跑得快一点儿，长得强壮一点儿——任何人都可以享受超越身体限制的乐趣。

不论多么简单的体能活动，只要能产生心流，就令人觉得乐趣无穷。基本步骤包括：（1）确立一个总目标，并尽可能包含多个实际可行的子目标；（2）找出评估目标进度的方法；（3）保持精神集中于所做的事情上，并且对活动涉及的挑战进行越来越精细的区分；（4）培养随机应变所需的技巧；（5）在活动变得令人厌倦时，随时提高挑战的难度。

步行是这套方法很好的应用实例，虽然这可谓是一种最简单的身体运动，但仍然能发展成一种登峰造极的复杂心流活动。步行可以有很多不同的目标，诸如行程的选择、要去什么地方、走哪一条路。路线确定以后，还可以选择在哪里停留，注意哪些特定的路标。其他的目标可能与个人风格有关——如何用更轻松有效的方法移动身体；用较少的动作得到较大的锻炼效果，则是另一个显而易见的目标。评估进度所需的回馈包括：走完预定距离的速度有多快或多轻松，沿途看见多少有趣的景物，路上产生哪些新观念或新情绪。

活动所具备的挑战就是迫使我们全神贯注的力量。步行具有的挑战有很多种，视环境而定。对于住在大城市的人，平坦的人行道、棋盘状的市街，均使步行成为轻而易举的事。在山路上步行却是另一回事：对熟练的登山者而言，每一步都代表不同的挑战，落足点需要审慎选择，尽可能取得最好的平衡，同时还要考虑到身体与不同落足表面——泥土、岩石、树根、杂草、枝干——之间的动力与重心。在崎岖难行的山路上，经验丰富的登山者每一步都小心轻盈，不断根据地形调整步伐，犹如解答一连串涉及质量、速度、摩擦力的复杂方程式一般。当然，这套计算步骤完全是自动自发的，乍看好像是出于直觉；如果步行者对地形的资讯处理有误，不能适时做出调整，那么纵使不摔倒，也会很快就觉得疲倦。因此，步行虽然看似完全不自觉，而事实上却需要高度集中注意力。

城市的地形虽不具有挑战性，却也有其他培养技巧的机会，如群众的社会刺激、都市环境中历史与建筑的背景，都为步行增添了许多变化。步行者可以浏览橱窗，观察他人，思考人际互动的模式。有些步行者专挑最短的路程，有些人则会选择最有趣的路径；有些人以在精确的时间内走完同样路径而自豪，有些人则喜欢经常调整行程；有些人在冬天专挑有阳光的路面，夏天则专挑阴凉的路面走；有些人刻意调整步伐，以便过马路时刚好赶上绿灯。当然，这些享受乐趣的机会都需要培养，它们不会随便降临到那些从不设法控制行程的人身上。如果不事先设定目标，培养技巧，步行就是一件没有意义的苦差事。

一方面，步行是想象所及的最微不足道的体能活动，但只要我们设定目标，控制整个过程，它仍能带来无穷的乐趣。另一方面，现在有数以百计的运动及强身方法——从回力球至瑜伽，从骑自行车至中国功夫——如果我们只为赶时髦或改善健康而参与,不见得会有什么乐趣。很多人陷入一种到头来无法自拔的体能活动中,把锻炼身体当成一种义务,一点儿也没有乐趣。这是一种常见的错误,形式与本质混淆不清,以为具体的行动与事件就是决定体验内容的唯一现实。这种人以为加入豪华健身俱乐部就是乐趣的保证,但我们早已说过,乐趣不在于你"做什么",而在于你"怎么做"。

我们有一项研究专门探讨以下问题:一般人在休闲活动中用掉较多物质资源时比较快乐,还是在投入较多自我时比较快乐?我们尝试用体验抽样法来寻求解答,这是我在芝加哥大学发展出来的研究体验品质的方法。前面已介绍过,我们发给受测者每人一个呼叫器、一册小笔记本,由一台电子发报机在一星期内每天发出8次讯号,时间不定。每当呼叫器一响,受测者就要填一页报告,说明他们当时身在何处、跟什么人在一起、做什么事,并且根据分为7级的量表对当时的心情由"非常快乐"到"非常悲伤"进行评估。

我们发现,一般人花费大量外来资源从事休闲活动——需要昂贵的设备,必须消耗电力或其他能源,像开机动船、开车或看电视时——快乐的程度反而不及较廉价的休闲活动。他们在跟别人交谈、做园艺、编织或从事其他嗜好时,最能感觉到快乐。这些活动需要的物质资源都很少,却需要投注相当多的精神能量。而消耗大量外在资源的休闲活动,大多不需要什么注意力,值得留恋的回馈也相应减少了。

舞蹈，身体的表达

运动与健身并非通过身体寻求乐趣的唯一途径，其实还有很多注重节奏与和谐的动作都能产生心流。其中舞蹈可能是最古老，也最引人注目的一种，它具有广泛的吸引力和复杂的潜力。从最偏僻的新几内亚岛土著部落到最考究的莫斯科波修瓦芭蕾舞团，身体随着音乐舞动，通常被运用成为改善体验品质的一种手段。

或许有人认为，上夜总会跳舞是一种怪异而没有意义的活动，但很多青少年把它当作重要的乐趣来源。跳舞的人描述在场中舞动的感觉说："一走进舞池，我就觉得像漂浮了起来，真愉快，觉得自己浑身动了起来。""好像喝醉的感觉，一切得心应手时，我会满身大汗，浑身发热，欣喜若狂。""你四处舞动，想借这些动作表达自己，这就是重点所在。这可说是一种身体语言，沟通的途径……如果顺利的话，我真的能利用音乐和周遭的人进行充分沟通。"

舞蹈的乐趣往往强烈到足以令人放弃其他选择。米兰的马西密尼教授从一群舞者那里收集到一份极具代表性的陈述："我从一开始就想做职业的芭蕾舞演员。这并不容易，不但酬劳微薄，还要经常四处跑，母亲对我的工作抱怨频频，但是对舞蹈的热爱使我得以坚持下去。它是我生命的一部分，我这一生不可或缺的部分。"60位适婚年龄的专业舞者当中，只有三人结婚，而且其中只有一人生育孩子，因为怀孕通常被视为对事业的重大干扰。

正如运动一样，不一定是职业舞者才能充分享受驾驭身体表达潜力的乐趣。业余舞者不需要为了婆娑起舞而牺牲其他目标，同样也能获得莫大的快乐。

其他以身体为表达工具的形式还有很多，默剧和戏剧就是很好的例子。通过比画来猜谜的游戏在家庭聚会中盛行不衰，无非是因为它让人暂时摆脱习惯的身份，扮演起不同的角色。即使是最可笑而笨拙的模仿动作，也有助于摆脱日常行为模式的拘束，窥探一下不同的生活方式带来的乐趣。

爱到最高点

一般人每思及乐趣，通常第一个就联想到性。这并不足为怪，因为性本来就是除了求生与吃喝之外，最能给人满足感，且动作最强烈的一种经验。性的需求可以把精神能量从其他目标中吸走，因此，每种文化都必须致力于诱导和节制性欲，许多复杂的社会制度更是专门为了约束性欲而存在。所谓"爱使世界运转"，事实上就是说，人类行为直接或间接都靠性需求来推动。我们洗澡、穿衣、梳头，都是为了增加自己的吸引力；很多人工作的目的就是养活配偶，维持家计；而我们努力争取地位与权力，一部分也是为了赢得别人的爱与仰慕。

但性是否一定能带来乐趣呢？现在读者或许已经能猜到，答案与当事人的意识发展有关。同样的性行为，可能有人觉得痛苦、恶心、可怕、没感觉，有人觉得愉快、乐趣无穷、欣喜若狂——端视它与个人目标的关系而定。强暴与两情相悦的结合在肉体上可能相去不远,而在心理上的效果却有天壤之别。

我们不妨说,性刺激本身通常是很愉快的。我们天生就能从性爱中得到快感,这是自然界促使个体从事繁殖、保障物种延续的妙法。一个人要享受性的快乐,首先必须身体健康且心甘情愿,这并不需要什么技巧,有了第一次经验以后,就不会再遇到新的体能挑战。但是跟其他类型的享乐一样,性若不能导入乐趣的方向,也很容易沦为无聊。它会从具有积极效果的体验,变为无意义的仪式或上瘾的依赖,幸好还有很多从性爱中发掘乐趣的方法。

在某种意义上,性爱技巧之于性,就跟体育之于体能活动一样。如编排犹如教科书的《爱经》和《房事之乐》两本书,无非是为了使性爱更富变化、趣味和挑战性,提出各种改善性爱技巧的建议和方向。大多数文化中都存在着建构于宗教意涵上的复杂体系,执行性爱的训练与表现。原始先民的丰饶仪式、希腊的酒神秘典,娼妓与女祭司经常混淆不清的现象,都可资为证。似乎在宗教的萌芽阶段,很多文化都以显而易见的性吸引力,作为建立复杂观念与行为模式的基础。

罗曼史

唯有在身体动作的基础上增加心理的层次,性的修养才算是真正开始。历史学家指出,西方人钻研爱的艺术,资历尚浅,除了少数例外,希腊、罗马人的性爱行为几乎毫无浪漫的成分。现代亲密关系中公认的不可或缺的追求，情人间推心置腹、终身相许等过程，都是中世纪后期周游法国南部城堡的游唱诗人所发明的，后来欧洲其他地区的富裕阶层才相继模仿这种"甜蜜的新作风"。所谓"罗曼史"，原为法国南部普罗旺斯地区首倡的求爱仪式，自此为情人提供了一系列崭新的挑战。对那些已学会面对这些挑战所需技巧的人而言，这不仅是种享受，更蕴藏着无穷的乐趣。

其他文明中类似的性爱精致化的历史大致也不算悠久。日本的艺妓便是受过高深训练的爱情专家，她们必须精通音乐、舞蹈、戏剧，还要能吟诗作画。印度的妓女、土耳其的宫女也都是色艺双全。遗憾的是，这些仰之弥高的专业标准，虽为性的复杂潜力提供了充分的发展空间，对于提升多数人的体验品质却没有直接的影响。从历史观之，罗曼史似乎局限于有钱有闲的年轻人；任何文化背景下的多数人，性生活都极为单调无聊。全世界的"正派"人士都不会花太多精力在借性爱繁衍后代，或以性为出发点的各种活动上。在这方面，罗曼史跟体育很类似：多数人光说不练，只听人谈论，或旁观谈情高手的高明手法就心满意足。

如果在肉体享乐与追逐浪漫爱情的乐趣之外，情人之间还有真正的关怀，性爱的第三个层次就显现出来，同时也会出现新的挑战：把对方当作独一无二的人，了解对方、帮助对方、完成对方的目标，从中发掘乐趣。这个层次是一个极其复杂的过程，提供一生一世用之不竭的心流经验。

一开始，性的愉悦甚或乐趣都唾手可得。凡夫俗子年轻时难免坠入爱河，初次约会、初吻、第一次性经验，都是非同小可的挑战，足够一个年轻人好几周都沉浸于心流之中。但是对很多人而言，这种狂喜的状态一生只有一次，初恋以后所有的感情可能都不再刺激。跟同一个对象做爱多年，要保持同样的性爱乐趣实非易事。恐怕人类跟大多数哺乳动物一样，并非天生奉行一夫一妻制。配偶双方若不能致力于从相处的关系中发掘新的挑战，学习新的技巧，并充实双方的感情，彼此厌倦是无法避免的。即使最初的体能挑战足够维系心流，日后若培养不出罗曼史与真心关怀，这段感情终究是要褪色的。

如何维持爱情的新鲜感？答案跟其他活动一样。双方关系要乐趣盎然，复杂性一定得提高；而要增加复杂性，双方就得不断在自己和对方身上寻求新的潜能。要达到这个目标，他们就必须在彼此身上投注更多的注意力，了解伴侣的思想、感觉与梦想。这是一种持续的努力，是一辈子的事情。当一个人真正开始了解另一个人时，他们就能一块儿展开各种冒险：一块儿旅行、阅读同样的书、抚养子女、拟订各种计划并付诸实现，这些事会越来越有趣，越来越有意义。细节并不重要，因为适用于每个人特殊处境的条件不尽相同。重要的是大原则：性跟人生的其他层面一样，只要我们愿意下功夫去控制它，增强它的复杂性，它就会变得更有乐趣。

控制的最高境界

谈到控制身体与体能，西方文明跟东方文明比起来，实在太幼稚了。在很多方面，西方操纵物质的成就，堪与印度和远东国家控制意识的能力相提并论。这两种发展各有偏废，所以都不是最理想的生活方式，例如，印度人一意追求自我控制的更高技巧，竟对现实环境的物质挑战置之不理，以至于人口暴涨、资源匮乏，大部分人饱经挫败之余，普遍感到无力与冷漠。相反，西方人擅长控制物质，所到之处都尽快把资源转换成消费品，导致资源枯竭。完美的社会应该在精神与物质世界之间找到平衡点，但又不执意苛求完美。在控制意识方面，我们可以向东方宗教寻求指引。

瑜伽与心流

在东方锻炼身体的方法之中，哈他瑜伽可以说是最古老，也最普遍的一种。它的若干重点跟我们所知的心流心理学遥相呼应，在加强精神能量控制方面是个有用的范例，值得提出来讨论。西方从未创造出与哈他瑜伽相近的东西，西班牙圣本笃与圣多明戈修士所订的寺院清规，以及罗耀拉修士所提倡的精神磨炼，或许是最接近借助心理与体能训练控制注意力的方法，但它们在纪律上的要求都远不及瑜伽严格。

"瑜伽"一词在梵文中意为"结合"，指的是这套方法以追求个人与神的结合为目标，首先是结合身体各部分，然后是整个身体与意识结合，构成秩序体系的一部分。为实现这个目标，1 500年前，帕坦伽利设计了技巧渐进的八阶实修法。前两种实修称为"道德准备"，目的是改变一个人的态度。我们或许可以称之为"端正意识"；它们的作用是在实际展开心灵控制之前，尽可能把精神熵降至最低。实践上，第一实修"制戒"，要求一个人节制可能伤害他人的行为与思想——虚伪、盗窃、淫欲、贪婪等。第二实修"内制"，即遵守清洁、学习、顺从上帝的规矩，这都有助于把注意力导向可预测的模式，使控制注意力更为容易。

接下来两种实修与身体的准备有关，让瑜伽行者养成能克服感官需求的能力，保持精神集中，不会疲倦或分心。第三实修着重"坐法"，意即长时间静坐而不向压力或疲惫屈服。这部分是西方人最熟知的瑜伽，通常令人联想到一个身上只包着像尿片的东西的行者，头下脚上倒立，双腿还盘在颈后。第四实修"调息"，目的在于使身体放松，呼吸节奏稳定。

第五实修是进入正式瑜伽修行门户的预备动作，称作"制感"。它主要是学习从外界事物上撤回注意力，控制感觉的出入——能够只看、听和感知准许进入知觉的东西。在这个阶段，我们已经可以看出，瑜伽的目标与本书所描述的心流活动多么接近——控制内心所发生的一切。

虽然另外三种实修不属于本章的范畴——它们强调用纯心灵的方式控制意识，与体能技巧没有关系，但为了完整起见，而且因为这些心灵运作必须以前面的体能运作为基础，在此还是简单介绍一下。第六实修"执持"是长时间专注于一种刺激的能力，可视为与前面的"制感"相呼应；前面我们学习把事物摒除在心灵之外，现在学的则是把它们封锁在心里。第七实修是"静虑"，在此阶段，我们不再需要外来刺激，就能忘怀自我，专心致志，使外来干扰毫无可乘之机。瑜伽行者最后要达到的境界是"三昧"(亦译"三摩地"),意即沉思与思考对象合而为一。达到此阶段的人说,"三昧"是他们毕生最有乐趣的体验。

瑜伽与心流的相似显而易见,甚至不妨把瑜伽视为一种经过周详规划的心流活动。两者都企图借贯注精神,进入乐趣盎然、浑然忘我的境界,而且都靠肉体的训练达到集中注意力的目标。但也有人刻意强调两者的差异。它们的主要差别在于:心流重视强化自我;瑜伽和很多其他东方灵修追求的却是泯灭自我。瑜伽最终的"三昧"阶段,也是涅槃的起点,要让自我如同川流汇入大海一般,与宇宙结合为一体。因此也不妨说,由结果观之,瑜伽与心流各趋相反的极端。

这种相反只是表象,并非实质。在瑜伽八阶实修法中,七阶都与渐进提升控制意识的技巧有关,"三昧"与随之而来的解脱感倒不见得那么重要——这可以用登山来譬喻,活动的真谛存在于七个阶段之中,如同登上山顶之所以重要,只因它证明了我们爬过山,爬山的过程才是真正的目标。另一个支持两者相似的说法认为,即使在最后的解脱关头,瑜伽行者还是得严加控制自己的意识。除非他在放弃自我的那一刹那仍保持完整的控制权,否则根本谈不上放弃。放弃自我所有的直觉、习惯、欲望是全然违反自然的行径,没有极高的自制力,绝对办不到。

因此,把瑜伽视为最古老、最有系统的心流制造法,并无不合理之处。瑜伽有其创造此类体验的独特细节,而其他心流活动,诸如钓鱼、赛车等,也都各有各的窍门。瑜伽乃是特定时期、特定文化的产物，它摆脱不了隶属的时代与地域的影响。瑜伽是否比其他方法更能创造最优体验，不能只凭它的优点决定——我们还必须考虑到它的机会成本，并与其他选择做比较，才能判断：瑜伽所达到的控制是否值得投入所需的精神能量？

东方武术

另一套近年来在西方流行的东方修炼法，就是所谓的"武术"。武术的招数变化极多，好像年年都有新花样，包括柔道、空手道、跆拳道、合气道、太极拳等，都是源于中国的徒手搏斗法，还有从日本传来的剑道、箭术及忍术。

武术受道教及佛教禅宗的影响，也强调控制意识的技巧。东方武术不像西方武术只专注于体能表现，而倾向于修炼习武者的心理与精神状态。武士的目标是在瞬间不假思索，便以最佳攻守招数搏击敌手。武术高手声称，战斗是一场充满乐趣的艺术表演，平时精神与肉体二元化的状态，会在战斗中转变为和谐而集中于一点的心灵专注。因此，武术也大可视为心流的一种特殊形式。

视觉之乐

很多人都承认，运动、性爱甚至瑜伽都能带来乐趣，但很少人会超越这些体能活动，去探讨身体其他器官用之不尽的潜能，其实任何可经由神经系统辨识的资讯,都能带来丰富多变的心流体验。

以眼睛视物为例,我们通常只用来判断距离、避免一脚踩在猫身上,或寻找车钥匙。偶尔美景当前,人们就会驻足享用"美的飨宴",但一般人都不懂得有系统地培养视觉潜力。其实,看的技巧永远是乐趣的泉源。古典诗人米南德写出了观察自然之乐:"照耀我们的太阳、星辰、大海、迤逦的云以及点点火光,不论你活100年还是只有几年,都不可能看见比这更崇高的东西。"视觉艺术是训练这些能力的最好理由。

以下是几位深谙艺术鉴赏之道者,描写他们见人之所不能见的感受。第一位回顾观赏最欣赏的画家的作品的感受,禅味十足,他强调作品所涵容的视觉和谐,能带来秩序感的顿悟:

> 费城博物馆收藏的塞尚的《浴女图》真是杰作,第一眼就令人感觉是幅佳作,这不见得是理性,但一切都和谐无间……艺术作品就通过这种方式,使你突然觉得想欣赏、了解这世界。这可能就是你存在于这个世界的意义,可能是夏日河畔浴女的精神所在,或是突然放开自我,了解我们与这个世界有何关联的能力……

另一位鉴赏家描述美感的心流体验,起伏不已的物理空间就如同潜入一池冷水,身体所感受的震撼一般:

> 看见深得我心的作品,我会有种强烈的反应:不一定是欣喜,而有一点儿像肚子上挨了一拳,觉得有点儿想呕吐。这

种完全令人无法抗拒的感觉，迫使我去摸索一条出路，使自己冷静下来，并尝试用科学的方法，不要一下子把我所有脆弱的触角都展开……冷静地观察它，真正体会每一个色调与线条之后，全面的震撼才会出现。当你碰到一件极为杰出的艺术作品，你会立刻知道，它使你所有的感官都兴奋起来，不仅是视觉，也包括感性与知性。

汲取平凡中的不凡之美

在受过训练的眼睛面前，不但伟大的艺术作品能产生如此强烈的心流，甚至最平凡的景象也令人愉悦。一位家住芝加哥郊区，每天要搭乘高速列车上班的男士说：

> 像这么一个晴朗的日子，我一定会在车上眺望沿途房舍的屋顶，因为俯瞰这个城市实在太迷人了；我在城里，却又不属于它的一部分，看着那些各式各样的造型，那些出众的老建筑，有些已成了废墟。我的意思是，它激起我的迷恋、好奇……我可以走进办公室说："今天早晨来上班，好像穿过一幅席勒的工笔画似的。"因为他画的屋顶和类似的东西，都非常利落、清晰。把全副精神放在视觉表达上的人，往往就用这种方法看世界。就像一位摄影家望着天空说："这正是柯达彩色的天空。加油啊！上帝，你快要赶上柯达了。"

很显然，要从视觉得到这种程度的感官享受，必须经过训练。一个人必须投入相当的精神能量去看美丽的风景和优秀的艺术作品，才能辨识具有席勒风格的屋顶。其实这也适用于所有的心流活动：不培养必需的技巧，就不可能在追求中找到真正的乐趣。但跟其他几种活动比起来，"看"是最直接的（虽然有些艺术家认为，很多人眼睛好像封了一层蜡），因此不在这方面多多开发培养，实在太可惜了。

前面曾介绍过，瑜伽可以借着训练眼睛"不看"而产生心流，而现在又说用眼睛来引起心流，似乎有点儿矛盾。但只有对那些认定行为比它得到的体验更重要的人，才是如此。只要能控制发生在我们身上的一切，看与不看并没有分别。同一个人可以在早晨打坐，封闭所有的感官体验；下午用心去看一幅艺术杰作，这两者都可能带给他同样程度的愉悦感。

聆听喜乐的乐音

在所有已知的文化中，把声音整理成悦耳的秩序，是一种改善生活品质的普遍方法。音乐最古老，也可能最受欢迎的一种用途，就是帮助听者把注意力集中于特定的模式，培养所需要的情绪。所以，出现了跳舞的音乐、婚礼的音乐、葬礼的音乐，宗教与爱国的场合也有专用的音乐；音乐能促成罗曼史，也有助于士兵齐步前进。

非洲中部伊图里森林的矮人族在荒年来临时，总以为是一向供应他们生活所需的仁慈森林睡着了，于是部落领袖掘出埋在地下的神圣号角，一连吹上几天几夜，希望把森林唤醒，回到昔日的美好时光。

音乐在伊图里森林的用途，可视为其他地区的范本。号角声或许唤不醒森林，但熟悉的声音一定使矮人族相信援兵即将来临，让他们有信心面对未来。今天从随身听或立体音响中传出的音乐，也是因应类似的需求。青少年脆弱而正在发育的人格，整天不断地面临种种威胁，尤其需要具有慰藉模式的声音，重建意识秩序。很多成年人也一样，一位警察告诉我们："整天逮捕人，又要担心会不会挨子弹，如果返家途中再不打开车上的收音机，我一定会发疯的。"

听与用心听

音乐是经过整理的声音资讯，帮助我们组织和安抚心灵，降低精神熵，或因目标受到杂乱资讯干扰所引起的失调。聆听音乐可消除厌倦与焦虑，严肃而专注地聆听，更能产生心流体验。

有人说，科技的进步使音乐普及，大大改善了生活品质。电晶体收音机、激光唱片及录音机不分昼夜，不停地播放着音质清晰的最新流行音乐。源源不断地流淌的好音乐，按理说应能使我们的生活更丰富，但这种论调同样犯了行为与体验不分的错误。听上好几天录制的音乐，并不一定比聆听一场期待了好几个星期，但为时仅一小时的现场演奏，更有乐趣。听的本身并不能改善生活品质，重要的是听进去了什么。我们常听见音乐，却很少用心去听，很少有人是因为仅仅听见音乐而产生心流的。

正如其他事一样，要从音乐中得到乐趣必须先投入注意力。由于录音科技使音乐太普及，一般人都不把它当一回事，因此也降低了我们从中获得乐趣的能力。在录音机问世以前，现场音乐演奏还能唤起如同宗教仪式般的敬畏之情。且不说交响乐团，即使只是村中的舞会音乐，也令人联想到制造和谐音乐的神秘技巧。一般人对这类场合都怀着很高的期望，自己知道该全神贯注，因为每场演奏都是独一无二、不可重复的。

如今现场演奏会（例如摇滚乐演唱会）的观众，仍多少带有参加仪式的情怀；像这样聚集大量人潮、目击相同事件、思考和感觉相同事情、处理相同资讯的场合很少见。这种集体参与在观众心目中产生迪尔凯姆所谓的"集体亢奋"，也就是隶属于一个具体群体的感觉。迪尔凯姆相信，这种感觉是所有宗教经验的泉源。现场演奏会的气氛帮助听众把注意力完全集中在音乐上，远比聆听复制的音乐更能产生心流。

音乐的挑战

若说现场音乐比录音带来更多乐趣，其实也不尽然。只要投入恰当的注意力，任何声音都可以成为乐趣的泉源。事实上，正如亚奎族巫师教导人类学家卡斯塔尼达的那样，只要用心倾听，即使是音乐中间的静寂，也能带来无比的喜悦。

很多人拥有可观的唱片收藏、大量精美的音乐作品，却不能从中找到多少乐趣。他们打开音响，听了几遍，对音质的清晰度称赞几句，就把这套设备束之高阁，直到换购更新更好的产品为止。懂得充分利用音乐的潜力者，自有一套把这方面体验转变成心流的策略。他们从一开始就为听音乐保留特别的时间，在这段时间里，他们还运用柔和的灯光、舒适的坐椅，或是遵循一套特别的仪式，帮助自己集中注意力。他们对于要听的曲目也精心规划，为整套曲目设计特定的目标。

聆听音乐最初往往只是一种感官体验。在这个阶段，我们对什么样的声音会产生愉快的反应，完全受神经系统中的基因控制。悦耳动听的和弦、如泣如诉的横笛、振奋人心的小喇叭，都能打动我们。一般人对鼓声节奏特别敏感，甚至有人说，摇滚乐的打击伴奏，令听众联想到在母亲子宫里听到的心跳声。

音乐下一层次的挑战，乃是"联想式"聆听。在这个阶段，听者必须培养根据声音模式，拟想感情与意象的技巧。凄凉的萨克斯风，令人想起大草原上暴风雨将至、乌云密布、遮天蔽地的情景；柴可夫斯基的作品，宛如眼前呈现雪橇驰过银色森林，铃声叮当的一幕。流行歌曲直接用歌词唱出音乐所要烘托的情绪或故事，更是把联想的可能性发挥得淋漓尽致。

"分析式"聆听是听音乐最复杂的阶段，此时注意力已脱离了感官与情节叙述，转而投注在音乐的结构元素上。这一层次的聆听技巧是辨识作品潜藏的秩序及达成和谐的方法。这又包括：用批判的眼光，评估演奏与音响效果的能力；比较同一作曲家稍早与稍后的作品，或同时期其他作曲家的作品；比较乐团、指挥或乐队稍早或稍晚的演奏以及其他个人或团体对乐曲的阐释。"分析式"的聆听者经常比较同一首蓝调歌曲不同的版本，或列举聆听重点，例如，听听卡拉扬1975年录制的第七交响乐章跟1963年录的同首曲子有何不同，或芝加哥交响乐团的管乐部分真的比柏林交响乐团的好吗？诸如此类的目标确立后，聆听就成为一种回馈源源不断的积极体验（例如，"卡拉扬的速度减慢了"，"柏林交响乐团的管乐高亢有余而圆熟不足"）。一个人一旦培养了"分析式"的聆听技巧，享受音乐乐趣的机会便呈几何级数增加。

音乐的教化功能

到目前为止，我们只谈了听音乐如何能产生心流，但学会创作音乐，收获更大。太阳神阿波罗教化文明的力量，来自他弹奏竖琴的能力；牧神潘的笛声能使听者如痴如醉；竖琴手俄耳甫斯的乐声甚至克服了死亡。这些神话都指出，创造声音和谐之美的能力，与潜存于社会秩序之下的抽象和谐（也就是我们所谓的文明）之间有密切的关系。柏拉图就是因为警觉到这种关系的存在，所以才强调教育儿童首先就该教他们音乐；学习把精神专注于优美的节奏与和谐之中，意识的秩序才得以建立。

我们的文化似乎越来越不重视儿童的音乐技能，学校预算每有删减，最先遭殃的就是音乐课程，还有美术和体育。这三种对于改善生活品质极为重要的技能，在当前的教育环境中竟被视为多余，着实令人扼腕。很多人正因为孩童时期被剥夺了正式接触音乐的机会，所以进入青少年时期后，才会投入大量精神能量支持自己的音乐。他们组成摇滚乐团、买唱片、录音带，对于一种不见得有助于意识复杂化的次文化深深着迷。

即使是学音乐的孩子，问题依然存在：太强调演奏技巧而忽略了他们的感受。逼孩子拉好小提琴的家长，往往对孩子喜不喜欢拉小提琴漠不关心，他们只希望孩子拉得好，引起注意，赢得比赛，有朝一日能到卡内基音乐厅表演。这种作风使音乐的效果适得其反，成为心理失调的一种病因。父母的期望把音乐变成一种压力，有时竟导致孩子精神崩溃。

洛林·霍兰德从小就被誉为"钢琴神童"，他那位凡事苛求完美的父亲是托斯卡尼尼乐团的首席小提琴手。他记得小时候独自弹奏钢琴时常觉得狂喜不已，但只要严格的父亲"老师"一露面，他就会吓得直发抖。青少年时期，霍兰德在一次演奏会中，手指突然麻痹，此后多年，他的手指一直无法伸直。某种他自己也无法察觉的意识机制，免除了他长期饱受父亲批评的痛苦。如今心理因素引起的瘫痪已告痊愈，他致力于帮助其他有音乐天赋的孩子，用合理的方式找回对音乐的乐趣。

虽然学习乐器从小开始最好，但永远不会嫌太晚。有些音乐老师的专长是教导已成年，甚或上了年纪的学生，很多成功的企业家甚至年逾五十才决定学钢琴。尝试与别人合作发挥自己的技巧，最愉快的经验莫过于参加合唱团或加入业余演奏团。个人电脑也有相当先进的软件，使作曲变得更简易，而且让你立刻就能听见演奏的效果。学习制作和谐的声音不但乐趣无穷，而且跟精通所有其他复杂的技巧一样，有助于强化自我。

美食之乐

歌剧《威廉·特尔》的作曲家罗西尼，一语道破了音乐与食物之间的关系："食欲之于肠胃，就跟爱情之于心灵一样。肠胃就像一位指挥，领导情绪的大乐团，使它生机蓬勃。"音乐能调和情绪，食物也一样，世间所有的美食都是根据这一观念发明的。德国物理学家海因茨·莱布尼茨最近完成了好几本食谱，他在书中也应用到音乐的譬喻："在家烹调的乐趣，像是在客厅演奏弦乐四重奏；而上一流的馆子用餐，却像是一场盛大的演奏会。"

吃出学问

吃，跟性一样，都是与生俱来的能带给我们快乐的活动。利用呼叫器进行的体验抽样法研究显示，即使在高科技的都市社会里，一般人还是在用餐时间觉得最轻松愉快——尽管在餐桌上，注意力集中、力量与自信等心流因素都有所削弱。只要假以时日，所有文化都会把吸收卡路里的简单过程，转变成一种不但享受且能带来乐趣的艺术形式。

烹饪的发展与其他心流活动并无不同。首先，一个人得把握行动的机会（在此指的是环境里各种可食用的素材），经过用心观察，他就能把不同食物的特性区分得越来越精细。古人发现盐可以防腐，蛋可以用来和其他食物一起搅拌，大蒜单独吃或许味道太重，但用得适量，却能增添菜的风味，且有医疗的效果。了解这些特性之后，我们就可以做各种实验，研究出调和各种配料，做出美味佳肴的规则。这些规则就演变成为一道道不同的菜色，它们的繁复多变充分证明：种类有限的可食素材能唤起广大而多样的心流体验。

烹饪艺术的创新大多是历代君王刁钻善变的口味所促成的。古希腊历史学家色诺芬写到2 500年前统治波斯帝国的居鲁士大帝时，笔触可能有点儿夸大："……使者行遍世界各地，为大帝寻找美味的饮料；还有一万仆从专门为他准备食物。"不过，关于食物的实验绝非统治者的专利。以东欧的妇女为例，除非她们一年365天每天都能做出一道不同口味的汤，否则就被认为还没有资格结婚。

要把进食的生理需求转换成心流体验，我们必须先注意自己吃下去的东西。客人若把主人精心准备的食物囫囵下肚，食而不知其味，主人一定会觉得很意外——也很受挫。这是麻木不仁，也浪费了宝贵的体验机会。培养对食物的品味跟培养其他技巧一样，需要投入精神能量，这份投资会换得数十倍价值的复杂体验。懂得享受吃的乐趣的人，会渐渐培养出对特定食物的兴趣，并乐于了解它的历史与特色。他们会学习这种烹调法，学会做这种地方风味的各式料理。如果他们专精的是中东食物，他们就知道怎么做最好的豆泥，哪儿可以买到最好的香料、最新鲜的茄子。如果他们偏好的是威尼斯食物，他们也会懂得哪一种香肠配谷物粥最好吃，如果找不到威尼斯龙虾，用哪种虾代替最不失原味。

口腹之欲会上瘾

食物的品味也如同其他与身体技能有关的心流来源——体育、性、视觉美感体验——必须先握有活动的控制权，才能产生乐趣。如果一个人只是为了赶潮流而致力于成为美食家或品酒高手，一味试图克服外来的挑战，结果很可能不尽如人意。但如果抱着冒险和好奇的心理，为体验本身去试探食物的潜力，没有炫耀专门知识的意图，那么吃和烹饪都会为受过训练的舌头带来许多体验心流的机会。

口腹之乐的另一项危险跟性可以说是对等的，就是它会上瘾。基督教七大罪中列入贪吃和好色，可见其影响之大。创教先驱十分清楚，肉体快乐会轻易把精神能量吸干，无法再去追求其他目标。清教徒对一切乐趣的猜忌，其实不无道理，因为一般人尝到喜欢的食物的滋味以后，自然会想要更多，因而从日常生活的当务之急中拨出时间，来满足这方面的欲望。

压抑并不是道德修养的方法。基于恐惧而勉强压抑欲望，人生就会变得黯淡无光。这种人会变得刻板、自卫，自我也停止成长。唯有自动自发地遵守某些纪律，人生才有乐趣，而仍然保持理智。一个人若能学会发乎本心，控制本能的欲求，就能享受乐趣而不上瘾，不至于成为欲望的奴隶。美食狂跟完全不肯体会口腹之欲者，同样令自己和旁人厌烦。在两个极端之间，存在着相当大的改善生活的空间。

有些宗教把人体比喻为"上帝的殿堂"或"上帝的器皿"，这样的意象连无神论者也能理解。组成人体器官的各个细胞或组织，就是我们跟宇宙其他部分接触的工具，身体就是一架探测器，有很多灵敏的装置，可以从广大无垠的空间汲取资讯。我们经由身体去了解别人和这个世界，虽然这种关系本身可能已相当清楚，但我们经常忘记，其中也有极大的乐趣。身体器官已演化为：只要运用感官就能产生积极的情绪，在整个组织中产生和谐的共鸣。

发挥身体的心流潜力实非难事，不需要特殊的才能，也花不了什么钱。每个人都可以借着开发一两种过去忽略的体能，大大改善生活的品质。当然，一个人要在数种不同的体能领域中都臻至高度复杂的程度，相当不容易。做一个优秀的运动员、舞蹈家，或深谙声、光、饮食之美的行家，都需要全力以赴。一个人清醒的时间有限，能精通几项就已经不错了。但你也不妨在各方面都做个"半吊子"，培养足够的技巧，从身体的各种能力中求得乐趣。

第六章

思维之乐

牛顿把手表放进沸水里,手上却捏着鸡蛋计算时间,因为他已沉浸在抽象的思考当中。迈克尔逊是第一位赢得诺贝尔奖的美国科学家,有人问他何以花那么多时间测量光速,他答道:"因为太好玩了!"

人生的美好事物不一定都通过感官感知,有些最快乐的体验发生在心里,由挑战我们思考能力的资讯所引起。400年前,培根就说过,好奇心(所有知识的种子)乃是愉悦的最纯粹形式的反映。不仅身体的每一种潜能都可以构成心流活动,心智的每一运作也都能产生独特的心流。

身体与心灵相辅相成

在知性的追求中,阅读可谓是最常被提及的心流活动。解决心头疑惑既是一种追求乐趣的最古老的方式,也是哲学与现代科学的先驱。有些人读乐谱的技巧娴熟,甚至不需要听演奏就能领略到一首作品的乐趣,他们认为读一首交响乐的乐谱比聆听演奏更好;想象的音符在脑海中跃动,比实际演奏更接近完美。同样,花大量时间研究艺术的人,渐渐能从感情、历史、文化的层次欣赏作品,竟超越了纯粹的视觉美感。有位专业艺术工作者说:"感动我的作品背后有大量观念、政治及知性方面的信息……视觉的呈现只不过是招牌而已。它不仅是视觉元素的重组,而且是艺术家利用视觉法则，结合眼睛与认知力，创造出来的崭新的思想机器。"

这个人在画中看到的不只是画，而是融合了画家感情、希望、观念，再加上他所生存的文化与时代精神的"思想机器"。我们若细心注意，就能从运动、饮食或性这些会带来乐趣的体能活动中，发现类似的心灵空间。硬要把身体的心流活动与心灵的心流活动划分开来，其实有点儿勉强，因为所有体能活动，只要能带来乐趣，不免都要沾染心灵的成分。运动员都知道，要使自己的表现超越某个临界点，必须先锻炼心灵。他们得到的真正报酬不只是健康，他们还得到了个人成就感与自我评价的提升。同样，大多数心智活动也依赖于体能的空间。譬如下棋，这种活动极耗脑力，但高明的棋手都借游泳或跑步来锻炼自己，因为他们知道，如果身体状况欠佳，就绝对支持不住正式棋赛中长时间的全神贯注。练瑜伽时，也是通过学习控制身体，为控制意识做准备，两者结合得天衣无缝。

因此，虽然心流总是一方面用到肌肉与神经，一方面又需要意志、思想与感觉的配合，但因为某些活动的乐趣是直接来自心灵的秩序，不需要通过对肉体感觉的思索，我们还是应该把它们另归一类。这些活动在本质上具有象征性，依赖自然语言、数学或电脑语言之类的抽象符号体系，才能达到建立心灵秩序的效果；提供一个逼真的世界，让人在其中完成一些现实世界不可能做到的动作，就这方面而言，象征体系与游戏很相似，但象征体系中的行动通常局限于心灵对观念的操纵。

要享受心灵活动的乐趣，必先具备体能活动产生乐趣的相同条件。要有象征的技巧，要有规则、目标以及取得回馈的途径。当事人必须集中精力，并且在与技巧相当的层次上随机应变。

心灵的混沌状态

在现实中，要达到如此秩序井然的心理状态，并不那么简单。正常的心理状态乃是混乱一片。在既没受过特殊训练，外在世界又没有值得注意的目标时，一般人集中思考的时间很少能超过几分钟。如果有外来的诱因引导，比如看电影或在拥挤的道路上开车，集中注意力会比较容易。阅读一本精彩的书也有助于集中注意力，但大多数读者看了几页还是会分心，必须强迫注意力回到书本上，才能继续往下读。

我们很少注意到自己对心灵的控制力竟是那么薄弱，因为习惯已奠定了精神能量的轨迹，仿佛思想会自动衔接，毫无漏洞。一夜安睡，早晨闹钟一响，意识就恢复清醒，接着就到浴室去刷牙。文化分派给我们的社会角色负责塑造我们的心灵，我们通常也任由这套既定规则操纵，直到晚间又该就寝，失去意识为止。但在独处、无须集中注意力时，心灵没有秩序的原貌就会显现。它无所事事，如脱缰野马，往往停留在令人痛苦或困扰的思绪上。除非一个人知道如何整顿自己的思想，否则注意力一定会被当时最棘手的事件所吸引：它会集中于某种真实或想象的痛苦，最近的不快或长期的挫折中。精神熵是意识的常态——一种既没有任何作用，也不能带来乐趣的状态。

为了避免沦入这种状态，一般人当然急于用任何能到手的资讯填满心灵,只要能转移注意力,不要沉溺在消极的情绪之中就好。这也说明了为何人们花大量时间看电视,尽管这么做毫无乐趣可言。比起其他的刺激——阅读、与别人交谈、发展嗜好等,电视最能提供持续且易得的资讯,帮助观众整理注意力,而所需要的精神能量又非常少。一般人看电视时,不用担心游移不定的心灵强迫他们面对私人的问题。不难想象,一个人一旦确定了克服精神熵的策略,再要求他改弦易辙就很困难了。

做个白日梦

避免意识混乱的最好办法,当然是培养能控制心灵运作过程的习惯,而不是依赖电视这样的外来刺激。养成好习惯需要多练习,还需要心流活动不可或缺的目标与规则。比方说,运用心灵最简单的方式就是做白日梦:通过心灵意象排演一连串的事件。但即使这么简单的整顿思想的方法,很多人仍然做不到。专门研究白日梦与心灵意象,堪称这方面"泰斗"的耶鲁大学社会学家辛格指出,很多小孩不曾学会做白日梦的技巧。白日梦不但能借着想象弥补现实中的不快,创造情绪的秩序——例如,一个人在想象中目击虐待自己的人受到惩罚,挫折感与攻击欲就会缓和很多——同时也能帮助孩子(还有成年人)预习想象的情况,在情况真的出现时,用最好的方式应对,并考虑各种可能的选择与出乎意料的后果,这些都有助于提升意识的复杂性。只要运用得宜,白日梦也能产生无穷乐趣。

本章讨论有助于建立心灵秩序的条件时，首先要谈到记忆所扮演的重要角色，接着是如何用语言文字来制造心流体验。然后，我们要介绍三种象征体系：历史、科学与哲学。了解它们的规则以后，这三套体系都能够提供很大的乐趣。虽然还有很多其他学科值得一提，但这三者可作为很好的范例。只要用心，每个人都可以体会到这些"心灵游戏"的趣味。

记忆：科学之母

希腊神话把记忆拟人化，取名为摩涅莫辛涅，她是缪斯女神的母亲，所有艺术与科学都由她孕育而生。把记忆视为最古老的心灵技巧以及所有心灵技巧的基础，理由十分充足，因为倘若没有记忆，其他心灵运作的规则就会随之消失得无影无踪，逻辑与诗歌也不可能存在，每一代都必须重新发现科学的基本原则。记忆的重要性可以借人类历史加以证明。在书写记事体系发达之前，所有学习得来的资讯都只能靠记忆，由一个人传递给另一个人。个人的历史也是一样，无法记忆的人，就丧失了以往累积的知识，无法建立意识的模式，也无从整顿心灵的秩序。正如布努埃尔所说："生命没有记忆，就不能算是生命……记忆是我们的凝聚、理性、感情，甚至也是我们的行动。少了它，我们什么也不是。"

任何心灵的心流都直接或间接地与记忆息息相关。历史显示，组织资讯最古老的方法是运用祖宗谱系，而谱系决定一个人在部落或家族中的地位。《圣经·旧约》（尤其是开头几卷）以大篇幅记载谱系，绝对事出有因。知道一个人的出身来历，跟哪些人有亲戚关系，乃是在缺乏其他秩序基础的时代，创造社会秩序的最主要的方法。在没有文字记史的文化里，背诵祖宗的名字具有非常重要的意义，即使今天，能记得家谱的人仍然以此为乐。记忆的乐趣在于它有助于实现目标，并且建构意识的秩序。想起自己把钥匙忘在什么地方时，心中泛起的快乐，相信每个人都体验过。记住好几个时代前一长串长辈的名字，更因为它能满足一个人在绵延不断的生命之流中，寻找一个定点的需求，带来的乐趣尤其充实。缅怀祖先使人立足于回顾过去与展望未来的交接点，即使在谱系已失去重要性的西方文化中，"根"的追索与谈论仍为人们带来莫大的乐趣。

我们的老祖宗不但要背自己的家世，还要把所有与控制环境有关的资讯都记在脑海里。可食用的药草水果名单、保健要诀、行为规范、继承权、法律、地理知识、基本工艺、至理名言……全都变成容易记诵的俗语或韵文形式。

猜谜游戏

伟大的荷兰文化史学家赫伊津哈指出，在系统知识的前身当中，首推猜谜游戏。在大多数古老文化中，部落长老会互相挑战，由一个人唱一段隐藏许多线索的歌谣，再由另一个人破解歌中的秘密，社群中最令人兴奋的大事就是谜语高手的比赛。谜语的形式可谓是逻辑规则的前身，谜语的内容则用于传递老祖宗希望保存的实用知识。有的谜语十分容易，例如，下面这首格斯特夫人翻译的古威尔士吟游诗人的歌曲：

> 各位猜猜看，
>
> 诺亚洪水来临前，
>
> 忽有强兽生世间；
>
> 无肉也无骨，
>
> 无血无脉管……
>
> 无头无手无躯干，
>
> 田野丛林任驰骋，
>
> 充塞天地间，
>
> 不由父母生，
>
> 凡人不能见……

答案是"风"。

德鲁伊教徒和吟游诗人编的其他记事谜语，更长也更复杂，智巧的歌谣中藏有重要的特殊知识。爱尔兰作家格雷夫斯认为，早年爱尔兰与威尔士的智者，就把知识藏在易于记忆的诗中。他们用的密码往往极为复杂，例如用一种树名代表一个字母，以一连串的树名拼出要说的字句。古威尔士吟游诗人唱的一首长诗《树木之战》中，第67~70行如下：

> 前排的赤杨木
>
> 开始骚动。

>柳树与山梨树
>仍排得整整齐齐。

其中赤杨木在德鲁伊密码中,代表字母 F、柳树代表 S、山梨树代表 L。用这种方式,少数懂得如何应用字母的德鲁伊教士,在唱一首描写树林中不同树木争战的叙事歌时,就把只有圈内人才懂的信息传递出去了。当然,解谜不完全靠记忆,专门的知识、丰富的想象力以及解决问题的能力都必须具备。但如果缺少良好的记忆力,就注定不可能成为谜语大师,也不可能精通其他的心灵技巧。

记忆有用论

人类自有历史以来,记忆力一直被视为最珍贵的心灵天赋。我的祖父在 70 岁时,仍能用希腊文背诵他高中时所学的 3 000 行《伊利亚特》史诗。每次表演这一招,他都满脸自豪,老花眼瞪着遥远的地平线,铿锵的音节带领他重返少年时光,每字每句都令他回忆起初次学习这些篇章时的往事;背诗对他而言,就像是时光旅行。他那一辈的人仍把记忆视为知识的同义词,直到近 100 年,文字记录变得廉价而容易取得之后,记忆的重要性才快速衰退。现在良好的记忆力用途已不大,充其量在参加电视趣味问答时,或许能帮你多赢些奖金。

一个人倘若没什么值得记忆的事,人生就会变得贫乏。20 世纪初的教育改革家就完全忽略了这回事,他们研究证明,"机械性的背诵"不是储存与搜集资讯的有效方法。在他们的努力争取下，背诵式学习被排除在学校之外。如果记忆只是为了解决实际问题，这一派教育改革家的论证或许很正确；但如果我们把控制意识看得跟完成工作同样重要，那么把复杂的资讯模式牢记在心中，绝不能说是一种浪费。稳定的内涵能使心灵更丰富。所谓创造力与记诵式学习不兼容，其实是一项错误的假设。多位最具创意的科学家，都以能记忆大量音乐、诗歌及历史资讯而著称。

一个能记住故事、诗词歌赋、球赛统计数字、化学方程式、数学运算、历史日期、《圣经》章节、名人格言的人，比不懂得培养这种能力的人占了更大的便宜。前者的意识不受环境产生的秩序限制，他总有办法自娱，从自己的心灵内涵中寻求意义。尽管别人都需要外来刺激——电视、阅读、谈话或药物——才能保持心灵不陷于混沌，但记忆中储存足够资讯的人却是独立自足的。除此之外，一般人也喜欢跟这种人做伴，因为他们会与人分享心灵的资讯，帮助互动的对象，建立意识的秩序。

如何使记忆更有价值？最自然的做法，就是从选择自己真正感兴趣的题材入手——诗歌、烹饪、棒球等，然后开始注意与这个题材相关的重要素材。只要充分掌握题材，一项资讯值不值得记忆就显而易见了。在此应该认清一件事，你不需要吸收一连串事实，也不会有什么必须记忆的事项的清单。只要你决定自己想记住某个资讯，它就会接受你的控制，记忆学习的过程就成为一项愉快的工作，不再是外来的要求。一个美国南北战争迷不需要人要求，就能把大小战役的日期背得滚瓜烂熟；如果他对炮战特别感兴趣，他大可只注意炮兵发挥重要作用的战役。有些人随身携带抄有诗句或名言的小纸条，每逢厌倦或情绪欠佳时就取出来欣赏。心爱的故事或诗词随手可得，能为人带来踏实的自信。若把它直接储存在记忆里，这种拥有的感觉，或更恰当地说，与记忆的事物密切相连的感觉会变得更强烈。

当然，专精于某个领域的人若运用不当，也可能过分自大而惹人讨厌。我们都认识喜欢炫耀记忆力的人，但这种人往往只是为了引人注意才下功夫强记一些事。如果一个人有内在的诱因，对一件事真正感兴趣，希望控制的是自己的意识而非环境，就不太可能引人反感了。

思维游戏

塑造心灵活动所需的工具不仅仅是记忆。记住一些事实，若不能把它们归纳成某种模式，建构它们之间的相似性与规律性，仍然没有用。最简单的秩序体系就是为每个事物取名字，我们发明的字眼，便把独立事件纳入宇宙通用的类别。文字的力量无比广大，《圣经·创世纪》第一章，上帝就为日、月、天、地、海及所有他创造的万事万物取了名字，这才完成创世的程序。

《圣经·约翰福音》开宗明义地说："太初有道……"这里所谓的"道"就是文字。古希腊哲人赫拉克利特现在几乎全部散失的著作，一开始也说："道来自永恒，但人对它的认识比起过去并无长进……"这里的"道"同样也是指文字。这些例子都指出，文字在控制体验上的重要性。文字是建造象征体系的"积木"，使抽象思考成为可能，并扩大了心灵储存刺激因素的空间。若缺少整理资讯的体系，即使最清晰的记忆也不能阻止意识陷入混沌。

有了名字之后，还需要数字与观念，然后是用一套可预测的方法，将之综合在一起的规则。公元前6世纪，毕达哥拉斯和他的学生们展开了一项庞大的建构秩序工作，企图把天文、几何、音乐、数字，用一套共同的法则结合在一起。因此，他们的工作与宗教发生混淆是可想而知的，因为两者的目标几乎重叠：找出一种能呈现宇宙构造原理的方法。2 000年后，天文学家开普勒与物理学家牛顿也相继踏上了相同的追寻之路。

思考带来愉悦

理论的思考从未完全摆脱古老谜语般充满意象与谜团的特质。以公元前4世纪意大利南部城邦塔朗多的哲学家兼军事长官阿契塔为例，他借自我诘问证明宇宙没有边界。他问："如果我站在宇宙的边界上，向外抛出一根棍子，会产生什么结果？"阿契塔认为，棍子会丢进宇宙外面的空间，但这么一来，宇宙的边界之外就还有空间，以此推论，宇宙应该没有边界才对。阿契塔的推理虽然很原始，但爱因斯坦在思索相对论时提出，在行进的火车上看钟，钟走的速度会随火车的速度变化，也不外乎同一类型的思考实验。

除了故事与谜语，所有文明都逐渐发展出用几何方法与形式证据，综合资讯的系统化规则。这套法则使人类能够描述星球的运动，准确预测季节的循环，绘制精密的地图，成为一切抽象知识与现代实验科学的源头。

在此必须强调一个经常被人忽略的事实：哲学与科学的兴盛与发展，只因思考带给人愉悦。如果思想家不能从逻辑或数字创造的意识秩序中找到乐趣，我们现在就不会有数学或物理等学科了。

这个观点跟目前大多数讨论文化发展的理论都有冲突。满脑子决定论的历史学家坚称，一般人的思想都由赖以维生的工作塑造成型。例如，算术与几何学的发展，乃是由于需要正确的天文知识，大河流域（包括底格里斯河、幼发拉底河、印度河、长江、尼罗河等）的"水利文明"，生存所不可或缺的灌溉技术，也以这两门学问为基础。这些历史学家把每一种创造都解释为外来力量的产物，不论这种力量是战争、人口压力、领土扩张、野心、市场状况、科技需求，还是阶级斗争。

外来力量决定在众多新观念中拣选何者，确有其重要性，但这并不足以说明观念是如何产生的。举个例子，美国、英国与德国的生死之争，当然大幅加速了原子弹的发展与应用，但构成核分裂理论基础的科学，跟战争几乎毫无关系，它是太平时期知识积累的结果——例如哥本哈根一家啤酒厂提供一间酒馆给后来得了诺贝尔物理奖的波尔和他的同事使用，一群欧洲科学家就此有了个据点，得以长年累月在此交换意见。

智者德谟克利特

伟大的思想家着重的是思考的乐趣，物质报酬反而在其次。古希腊哲学宗师德谟克利特深受同胞敬重，但他们并不了解他。看见他一连好几天坐着思考，动也不动，他们认为他举止反常，可能是病了，就请名医希波克拉底前来诊治。希波克拉底不但医术高明，也是一位智者，他跟德谟克利特大谈人生的荒谬，随后就向市民保证，他们的哲学家唯一的毛病就是头脑太清醒了。他没有发疯——他其实只是迷失在思考的心流中。

德谟克利特流传下来的残篇断简，说明他极为肯定思考的收获："思考美的事物或新观念，真有如天神"；"力量与金钱不能带来幸福，幸福存在于正确与多样性之中"；"发现一个真理，胜于拥有波斯王国"。难怪与德谟克利特同时代的哲人都说他天性乐观，"他认为快乐与自信能使人心无恐惧，因此是最高的善"。换言之，他热爱生命，因为他已学会了如何控制自己的意识。

德谟克利特当然不是绝无仅有的迷失在心流中的思想家。一般常说哲学家"心不在焉"，也就是说他们不时会脱离日常生活的现实，沉浸在自己心爱的知识领域中，与象征形式为伍。牛顿把手表放进沸水里，手上却捏着鸡蛋计算时间；他全部的精神能量可能都用于协调抽象思考上，不留一点儿注意力应付现实世界偶发的需要。

值得注意的是，观念游戏的乐趣无穷。哲学、新科学观念的出现，也是源于找到新方法描述现实的乐趣。每个人都能取得促成思想心流的工具；在任何学校或图书馆也都有书介绍相关的知识。一个熟知诗歌韵律或微积分原理的人，就可以不受外来刺激控制，无视外界发生的一切，自行创造一连串有秩序的观念。当一个人学会一套象征体系，并且有能力加以运用时，他就在心灵之中建造了一个随时与他同在、自给自足的世界。

冰岛诗人的救赎

有时，控制这么一个内化的象征体系足以拯救一个人。例如，冰岛号称是全世界诗人比例最高的国家，因为冰岛人对朗诵传统史诗习以为常，以期在极度不适于人居住的环境里，维系意识的秩序。千百年来，冰岛人不仅把记载祖先言行的史诗保存在记忆中，还添加了新的章节。在与世隔绝的寒夜里，他们躲在摇摇欲坠的茅舍中，围火吟诗，忘却室外还有北极寒风怒号不息。如果冰岛人必须默默听着风声度过这些夜晚，他们的心灵一定很快就会被恐惧和绝望占领。但他们借着诗的平仄与韵律，用文字意象表现自己生活中的事件，成功地控制了体验。史诗对冰岛人有多大帮助？没有史诗，他们是否能生存至今？我们无法确切回答这些问题，但谁敢尝试剥夺他们的史诗呢？

当一个人突然落入与文明隔绝，像前面谈到的被关进集中营，或到极地探险那样极端的情况，也唯有这么因应。外在世界残酷不仁，内在的象征体系就成为唯一的救赎。心灵自有一套法则的人这时就占有很大的优势，在极度困窘之中，诗人、数学家、音乐家、历史学家，还有熟读《圣经》的专家，都能在汹涌波涛中，找到清醒的小岛。在某种程度上，熟知田地的农夫或熟悉森林的樵夫，也有一套类似的支援体系，但因他们的知识并不那么抽象，需要跟现实有较多的互动关系，才能保持控制。

但愿大家都不需借助象征技巧，就能撑过集中营或极地困厄的折磨。心灵若能自成一套规则，对正常生活也大有好处。缺少内化的象征体系的人，很容易被媒体宰割。他们容易被宣传家操纵，被演艺人员安抚，被推销员蒙骗。我们会依赖电视、药物或政治、宗教的救赎，主要是因为我们自身没什么可以仗恃的东西，内心无力抗拒那些自称握有解答者的谎言。不能为自己提供资讯的心灵，只能在混乱中随波逐流。

文字的游戏

要精通一种象征体系该从何着手？当然，这得看你对哪个领域的思想有兴趣。我们已讨论过，运用文字是最古老也可能是最基本的一套规则。时至今日，文字仍然提供很多机会，可以进入不同复杂层次的心流。虽然有人觉得填字游戏只是雕虫小技，但这却是一个极具启发性的例子。这种颇受欢迎的刹那间游戏，其实优点不少，题目出得高明，就跟古代的猜谜竞赛类似。它价格低廉又容易携带，可以自由设定难度，新手和专家都可以玩，解决后会产生愉快的感受，使玩者觉得满足而有成就感。它为苦坐机场候机、搭火车通勤，或只是星期天早晨无事可干的人，提供了一个体验轻度心流的机会。

一个人若局限于纯粹解决填字游戏的题目，仍然得依赖外来的刺激——报纸的副刊或游戏杂志所提出的挑战。取得这个领域自主权的更好的方法是自行设计填字谜题，如此一来，就不需要外界供应模式，你就完全自由了，乐趣会更大。创作填字谜题并不难，我认得一个 8 岁的小孩，在试做了几次《纽约时报》周日版的填字游戏后，就开始创作自己的谜题，效果还真不错。不过，这也像所有值得培养的技巧一样，从一开始就需要投入精神能量。

谈话的艺术

以文字改善生活，还有一个更实际的方法，就是谈话。谈话的艺术已经失传，200 年来实用主义的意识形态使一般人以为，谈话的目的只是传递有用的资讯，以至于现代人只重视沟通过程中是否包含有实用的资讯，要求越简洁越好，不切题的话都被视为浪费时间。这导致一般人只会谈论眼前的利害与自己的专长，几乎再也没有人理解伊斯兰教哈里发阿里的话："含蓄巧妙的对话，使人犹如置身伊甸园。"这实在很可惜，因为谈话最主要的功能不是办妥一些事情，而是改善体验的品质。

德高望重的现象社会学家伯格与卢克曼写过，我们得靠谈话维系自身存在的感觉。早晨遇见熟人，我道声："天气不错啊！"这并不是为了传递气象信息，而是为了实现许多未直接说出的目标。例如，我跟他打招呼，表示我认知他的存在，对他友善。其次，我肯定我们文化中一条基本的人际交往原则，亦即与人接触时，谈天气是最安全的策略。最后，借着强调天气不错，显示我们共同的价值观都把"不错"视为值得追求的优点。这么一句不经意的寒暄，就能帮助我的朋友维系心中习以为常的秩序。他回答："是啊，太棒了，不是吗？"这样也能帮助我维系内心的秩序。伯格与卢克曼说，若非这样一再重申显而易见的事实，很多人就会开始怀疑，自己生存的世界是否真实。寒暄时说的套话，以及收音机与电视中无谓的插科打诨，都向我们保证，一切都没问题，生活照常无误地进行。

遗憾的是，很多谈话到此就打住了。选字得当、善加组合的谈话，能带给听者极大的满足。字汇宽广、遣词造句灵活，之所以成为企业主管成功的要素，并不单单是因为实用的理由；口才能使人际交往更觉充实，也是一种人人学得会的技巧。

让小孩儿培养文字潜力的一个方法是从小教他们玩文字游戏。在心智成熟的成年人眼中，双关语可能是一种低级趣味，但用于训练小孩儿控制语言，却是很好的工具。我们只需要在跟孩子谈话时多加注意，一有机会——也就是当一个字或一种说法可以做其他的解释时，就转换话题，假装从一个不同的角度理解某个字或词。

小孩儿第一次发现"找外婆来吃"可以解释成跟外婆一起吃，或把外婆当作可以吃的食物时，或听见"声音像砂纸"这种说法时，多半会觉得很困惑。事实上，打破词义的秩序，一开始往往容易造成混乱，但孩子很快就能迎头赶上，而且学会把对话歪曲得像根"麻花"。他们借着这么做，享受控制文字的乐趣，成年以后，这批孩子或许能重振没落的谈话艺术，也未可知晓呢！

开启一扇心灵的窗

前面提过好几次,语言最主要的创造作用在于诗歌。韵文能帮助心灵用浓缩多变的形式保存经验,所以用于塑造意识也很理想。每晚读诗对心灵的作用,就跟每天用健身器材锻炼身体的效用相同。你不一定要读伟大的诗,至少一开始不需要如此,也不一定要读完一整首诗。重要的是至少要找到能打动你的心的一段或一句;有时甚至一个字就能开启一扇新的窗,给你一个观看世界的新角度,让心灵开始一场新的内在历险。

同样,你没有理由只做一个消极的消费者。只要付出一点儿努力与耐心,每个人都能学会把个人的体验整理成诗。诗人兼社会改革家柯赫已证明,即使是贫民窟的孩童或养老院里半文盲的老妇人,只要受过起码的训练,都能写出美丽动人的诗句。把写诗的技巧运用自如,毫无疑问提升了他们的生活品质,他们不仅从写诗的体验中找到乐趣,在这个过程中自信心也大大提高。

写散文也有同样的好处,虽然散文缺乏诗的平仄与韵律那样显而易见的秩序,但技巧上也因此比较容易。不过,写伟大的散文与写伟大的诗,难度可能不相上下。

创造一个文字世界

今天,人们逐渐抛弃了书写的习惯,它的地位已经被其他的传播媒体所取代。电话、录音机、电脑与传真机,在传送消息上都更有效率。如果书写的唯一目标就是传递资讯，那么它就已注定了被时间淘汰的命运；但书写的主要功能乃是创造资讯，传递反倒在其次。过去，有学问的人用日记和私人信件把感受诉诸文字，给自己一个反省一天生活的机会。维多利亚时代的人有大量内容翔实的书信作品，可视为从纷乱的事务中厘清秩序的范例。我们写在日记或信件中的材料，在写下来以前都不存在。若非通过书写时思想缓慢而有机的成长过程，观念根本不可能出现。

不久前，业余的诗人或散文家还能得到认可；而现在如果做一件事得不到报酬（即使少得可怜也好），就被认为是浪费时间。年满20岁的人专心致志写诗，除非能因此赚一笔钱，否则就会遭人轻蔑。事实上，也只有少数才华洋溢的人才能靠写作名利双收。为写作而写作，不能说是浪费时间，最重要的是，它提供给心灵一种表达途径，让一个人用方便记忆的方式，记录事件与感受，以便在日后重温。它也是一种分析与了解体验的方法，一种建立体验秩序的自我沟通。

近年来有很多人指出，诗人与剧作家往往是一群严重沮丧或情绪失调的人，或许他们投身写作这一行，就是因为他们的意识受精神熵干扰的程度远超一般人；写作是在情绪紊乱中塑造秩序的一种治疗法。作家体验心流的唯一方法，很可能就是创造一个可以全心投入的文字世界，把现实的烦恼从心灵中抹去。写作跟其他心流活动一样，可能会上瘾，也可能构成危险：它强迫作者投入一个有限的体验范畴，抹杀了采用其他方式处理事件的可能性。不过，如果把写作运用于控制体验，不让它控制心灵，仍是一件妙用无穷的法宝。

挖掘历史宝藏

记忆是文化之母,她的长女是希腊神话中的历史之神克利欧,她负责井然有序地记录过去的事件。虽然历史缺乏像逻辑、诗歌、数学那么明白,也可成为乐趣泉源的规则,但它有一套清楚的架构,建立在事件无法更改的时间顺序上。观察、记录、保存生活中大小事件的记忆,乃是整顿意识秩序最古老的方法。

在某种意义上,每个人都是他个人生命的历史学家。童年记忆的情绪力量,对于我们长大会成为什么样的人、心灵如何运作,具有举足轻重的影响力。心理分析大致上就是帮助病人整理错乱歪曲的童年历史。从往昔中寻找意义的工作,到晚年再次变得很重要。心理学家埃里克森认为,人生周期在最后阶段追求"整合",也就是把一生中完成的与未完成的事,整理成一则有意义而专属于自己的故事。卡莱尔写道:"历史就是不计其数的个人传记的精髓。"

回到过去

记住过去不仅是创造与保存自我认知的唯一工具,也能成为乐趣的泉源。一般人写日记、照相留念、拍摄幻灯片与家庭录像带,或搜集大大小小的纪念品堆在家里,与建立一座家庭生活博物馆无异,尽管外人到访时,不一定能看得出其中的历史含意。他或许不知道,客厅墙上那幅画,是主人赴墨西哥度蜜月时所买的,所以意义非常重大;走廊里铺的地毯是一位深受敬爱的长辈所赠,也成了全家的宝贝；书房里的破沙发舍不得丢，因为孩子小的时候，妈妈就坐在这儿喂他们奶。

拥有过去的记录，对提升生活品质极有帮助。它把我们从"现在"这个暴君的魔掌下解救出来，使意识能再度造访过去。它让我们挑选、保存特别愉快而有意义的回忆，从而创造一个能帮助我们面对未来的过去。这样的过去或许不完全符合事实，但记忆中的过去本来就不可能百分之百地与事实相符：它不断被改编，问题在于我们对编辑过程是否握有创造性的控制权。

大多数人都不以业余历史学家自居，但一旦发现身为有意识的生物，就难免要整顿事件的时间顺序，而且这份工作还相当有趣时，我们就能把它做得更好。历史的心流活动有好几种不同的层次，最私人的层次就是记日记，其次是写家族编年史，能写到越早的年代越好。可做的事还很多，有人甚至把兴趣扩展到自己的种族上，他们付出额外的努力，记录自己对过去的印象，成为真正的业余历史学家。

也有人对自己居住的社区（有时只是一个小区域，有时是整个国家）的历史产生兴趣，他们会看书、参观博物馆、加入历史协会。他们也可能把焦点放在过去某个特殊点上，例如，有位住在加拿大西部旷野的朋友，对那一带早期工业建筑深深着迷，于是就扩充这方面的知识，走访偏僻的锯木厂、铸铁厂、废弃的铁路仓库，并从中得到很大的乐趣。他的知识使他能够从在别人眼中看来杂草丛生的垃圾堆里，找到评估与鉴赏的线索。

我们往往只把历史视为一连串非背不可的日期，或古代历史学家兴之所至搞出来的一套编年记录。我们容忍它,但并不喜欢它;为了拿文凭,不得不学它,但学得心不甘情不愿。若是如此,历史便无法改善生活品质,由外界控制的知识也不能带来乐趣。但如果一个人认定过去的某些特点有吸引力,决心去追求,把注意力集中在对他别具意义的资料与细节上,并用个人的风格记录下来,读历史就变成如假包换的心流体验了。

科学的兴味

读完前一节,或许你还不是很信服每个人都能成为业余历史学家的观点。如果我们再从另一个领域来看这个问题,一个外行人有没有可能成为业余的科学家呢?毕竟我们听说过,20世纪的科学已成为一种高度制度化的活动,主要活动都由大机构一手包办。它需要设备昂贵的实验室、巨额预算,还要大队研究人马,才能在生物学、化学、物理学的前线开疆辟土。确实,如果科学的目标是赢得诺贝尔奖,或在特定领域的白热化竞争中取得同行的敬佩,专业化和大投资或许就都不可避免。但事实上,这种根据工业装配线模式建立的资金集中形态,并没有正确呈现专业的科学成功的要素。

尽管科技官僚希望我们相信,科学的突破完全是由在非常狭隘的领域里受过训练的研究者所完成的,而且测试新观念一定要用最精密、最先进的仪器,但事实并非如此。伟大的发现不一定是奖励与资金最充裕的研究中心的专利。良好的条件或许有助于测试新理论，但与创意是否先进并没有直接关系。仍然有人跟坐在市场里发呆的德谟克利特一样，不断有新发现；喜欢跟观念玩游戏的人，不时会迷失，进入未知的领域，发现自己在没有地图的地方探索，找到新宝藏。

即使是"正规"（与革命和创造相左）科学，如果科学家不能从中得到乐趣，就不可能有什么发现可言。库恩在《科学革命的结构》一书中，提出若干科学引人入胜的理由。首先，"理论的模式把注意力集中在范围相当狭窄的神秘问题上，迫使科学家深入探讨自然界令人难以想象的层面"。同时，注意力必须通过"规范合理答案和解答步骤的原则"才能集中。库恩说，研究正规科学的科学家，并不期望造成知识的大转变、发现真理，或改善生活条件；相反，"他一直相信，只要技巧足够好，就能解决在他之前无人能解，或无法解答得像他那么好的问题"。他又说："正规研究模式的迷人之处就在于，它的结果虽然可以预测，但获得结果的过程却仍无法确定。成功者证明自己是个解谜高手，解谜的挑战就是他不断前进的主要动力。"无怪乎科学家常与狄拉克有同感，这位物理学家把20世纪20年代量子力学的发展描述为："一场游戏，一场非常有趣的游戏。"库恩笔下的科学魅力显然与我们前文中所说的猜谜、攀岩、下棋或任何心流活动的吸引人之处十分相似。

科学怪才成天才

如果工作中遭遇的知性挑战构成正规科学家的奋斗动机，那么

"革命"科学家（勇于打破既有理论模式并创新的科学家）追求的则以乐趣为主。一生充满传奇色彩的天文物理学家钱德拉塞卡是个非常好的例子。1933年，他正值青春年少，搭船由加尔各答前往英国，他完成的一套星球演化模式后来成为黑洞理论的基础。由于他的观念太奇怪，很长一段时间都得不到科学界的接纳，最后好不容易在芝加哥大学找到工作，继续默默无闻地做研究。

有个故事能充分说明他对工作投入的态度：1950年，钱德拉塞卡住在威斯康星州威廉湾校区的天文台，距总校区约80英里。那年冬天，他原定开一门天文物理学的高等讨论课，由于只有两个学生选修，所以大家以为他会干脆取消这门课，省却舟车劳顿之苦。但他没有这么做，反而每周开车穿过偏僻的乡下，进城授课。几年后，这两个学生先后获得了诺贝尔奖。过去大家一提到这个故事就扼腕叹息，认为教授自己没得到诺贝尔奖实在太可惜了。不过，从1983年开始，外界的同情就没有必要了，因为钱德拉塞卡终于也获得了诺贝尔物理学奖。

往往就是在这么不起眼的条件下，专注于独特理论的人带动了人类思考的大突破。超导体理论是近年来最引人注目的发现，两位主要研究者亚历克斯·穆勒与乔治·毕诺兹在IBM（国际商业机器公司）的苏黎世实验室完成了全套理论与第一次实验——那地方虽然不能说是科学的落后地区，但至少也不是什么热门地段。多年来，他们一直对自己的工作内容秘而不宣，倒不是怕别人剽窃，而是怕别人讥笑他们的观念太疯狂。他们终于在1987年获得了诺贝尔物理学奖。同年获得诺贝尔生物学奖的利根川进，则被妻子描述成一个"特立独行的人"。他喜欢摔跤,因为这种运动胜败全在于个人努力,不需要团队合作,跟他的工作很类似。显然,先进的研究设备与庞大的研究队伍的重要性都被过度夸大,科学突破仍依赖个人心灵的才智。

但这儿要谈的不是专业科学领域,"科学大业"在核分裂引起举世轰动后,就一直拥有大量支持,持续发展应无问题;我们要谈的是业余科学,也就是一般人如何从观察和记录自然现象的法则中找到快乐。我们应该知道,数百年来,伟大的科学家一直把工作当作爱好,他们对自己发明的方法深深着迷,并没有把它当作工作,至于多得花不完的公家补助费,更不在他们的考虑之列。

意外的科学成就

天文学家哥白尼在波兰的劳恩堡教堂任牧师时,完成了星球运动理论。天文学对他的神职事业毫无帮助,他大半生获得的主要报酬是美学上的;他提出的模式有简单之美,远超过托勒密那套烦琐复杂的旧模式。伽利略原本学医,投身越来越危险的实验,无非是因为诸如固体重心位置的推算使他觉得乐在其中。牛顿在取得学士学位后不久,就完成了他的主要发现,因为1665年他自剑桥大学毕业时,正值瘟疫盛行,学校被迫关闭,牛顿下乡暂避,过了两年无聊的生活,只好专心研究万有引力的理论打发时间。

拉瓦锡被公认为"现代化学之父"。法国大革命前,他在税务机关工作,参与农业改革和社会计划,但那些已成为化学经典的巧妙实验才是他的最爱。伽伐尼从肌肉与神经如何导电的基本实验中悟出电池的原理，他一辈子行医，至死方已。孟德尔从事神职，他为遗传学奠定基础的实验，其实是源于对园艺的爱好。迈克尔逊是第一位获得诺贝尔奖的美国科学家，在他去世前不久，有人问他为什么花那么多时间测量光速，他答道："因为太好玩了。"还有，我们别忘了，爱因斯坦最重要的论文是他在瑞士专利局当小职员时完成的。以上不过是从众多伟大的科学家当中信手拈来的几个例子，他们并不因为自己不是专业人才，没有大量经费撑腰，就让思路受阻，他们只是做自己喜欢做的事情罢了。

今天的情况真的大不相同了吗？一个没有博士学位、不在大的研究中心工作的人，真的就没有机会促成科学的进步了吗？或许这不过是所有成功机构都有意无意助长的神话，这些问题很难回答，一部分也因为科学的定义把持在那些从垄断中得到最大利益的机构手中。

你也可以成为科学家

毫无疑问，外行人对耗资数十亿美元的超级对撞机或核磁共振光谱学所能做的贡献很少，但这些领域并不代表科学的全部。使科学成为一种乐趣的心灵架构，每个人都能拥有。只要有好奇心、细心观察、持之以恒地做记录，并设法从数据中找出规则，谦逊地从前辈的研究成果中学习，再加上怀疑的态度，对于缺乏事实佐证的信念保持开放的胸襟即可。

根据这么宽广的定义，业余科学家的人数可能远比我们想象得多。有人把兴趣集中于保健，试图搜集某种对自己或家人构成威胁的疾病的所有资料。也有人追随孟德尔的脚步，学习为家畜配种，或培植新品种花卉。有人在后院搭起望远镜，重复以前天文学家的观察过程。另外，也有无师自通的地质学者到旷野中搜寻矿石；有仙人掌搜集者翻遍沙漠中的台地，找寻新品种；还有成千上万的人为了解科学的真理，使尽浑身解数。

这些人如果不能在技巧上持续精进，应该怪他们以为自己永远不可能成为真正的专业科学家，因此不必把爱好看得太严重。其实从事科学研究的最好理由，就是因为它能为研究者建立心灵的秩序。如果用心流而不用成功、名望来评估科学的价值，它对生活品质的贡献之大，可说超乎我们的想象。

哲学的乐趣

"哲学"一词有"爱智慧"的含义，一般人就为此奉献一生，而现代专业的哲学家对如此天真烂漫的解释却很可能觉得尴尬。今天一个哲学家若非解构主义或逻辑实证主义的专家，就是早期康德或晚期黑格尔的专家；再不然，他就精通认识论或存在主义，但千万别拿"智慧"去烦他。很多一开始为解决某些人类共通问题而设的机构，经过许多时代以后，机构本身的重要性往往凌驾于原来的目标之上。例如，现代国家为了抵抗外侮而建立军队，但不久军队就有了自己的需求与策略，到头来，最成功的军人往往不见得是最能保卫国家的人，而是最擅长争取军事经费的人。

业余哲学家不像那些关在大学校园里的专业哲学家，他们不必关心各家学说互较优劣的历史斗争、各期刊之间的倾轧或同行之间的妒忌心态，他们可以把心思完全放在基本问题上。业余哲学家的第一项工作是决定什么是基本问题，他对过去最杰出的哲学家提出的"存在"观念是否感兴趣？或者他对"善"与"美"的本质兴趣更浓厚？

业余、专精存乎一心

正如其他学问，一旦决定追求的目标以后，就应该了解别人对这件事情的看法。借着选择性地阅读、交谈及聆听，我们就会对这个领域的"最高境界"有个概念。在这里要特别强调，从一开始就亲自控制学习的方向，至为重要。如果一个人觉得被迫读一本书，因为"应该"而走上某条路，学习的过程就变得格格不入。但如果学习是发自肺腑的感觉，非但毫不费力，还能带来乐趣。

对于哲学的偏爱很明显时，即使业余者也可以进入专精的门槛。对真实的基本特性感兴趣的人，可能会选择"本体论"，阅读沃尔夫、康德、胡塞尔与海德格尔等人的学说。沉浸于是非之辩的人，会挑中"伦理学"，研究亚里士多德、托马斯·阿奎那、斯宾诺莎与尼采。追求美的人可以比较鲍姆嘉通、克罗齐、桑塔耶纳和柯林伍德的美学理论。虽然专门化是培养任何复杂思考模式所必需的，但专门化只是为了帮助思考，它本身并非目标。不幸的是，很多严肃的思想家把全副精力用于做一个著名的学者，却把当初投身学术研究的目标忘得一干二净。

钻研哲学跟其他学问一样，到某个阶段，一个人就会从消极的"消费者"转变为积极的"生产者"。把个人的洞见记下来，希望有朝一日，后世子孙读到这些东西时会衷心佩服，这种自命不凡的心态曾经惹出不少纷争。但如果业余哲学家面对重大的问题，为了清晰地表达这些问题，回应自我挑战，记录下一些观念，并且尝试勾画出若干解答，赋予经验一些意义，那么他就学会了如何从生命中最艰困，也最值得的工作当中找到乐趣。

业余与专业

有些人喜欢把所有精力投注在一种活动上，追求专业水准的表现，他们往往瞧不起那些技巧和热忱都不如他们的人。还有一些人则什么活动都想试试，尽可能享受其中的乐趣，却不一定要成为专家。

有两个词最能表达我们从事体能或心灵活动时不同的投入程度，那就是"业余者"和"爱好者"。现在这两个词都有些微的轻蔑意味，不论业余者还是爱好者，似乎都表示：落在水准之下，不必把他们当真，他们的表现够不上职业水准。但"业余者"一词源自拉丁文动词"amare"（爱），指一个人喜爱他所做的事；而同样，"爱好者"源自拉丁文动词"delectare"（在……之中找到愉快），也就是一个能从特定活动中找到乐趣的人。这些字眼最早的意义,着重的都是体验,而非成就;它们描述的是一个人做某些事得到的主观报酬,而不是他获得多大成就。

谈到我们对体验价值态度的改变,没有比这两个词经历的变迁更清楚的例证了。业余诗人或业余科学爱好者一度很受人尊重,因为从事这样的活动可以改善生活的品质。但行为的重要性日渐超乎主观感受;一般重视的是成功、成就和表现的水准,体验品质则不在考虑之列。结果就变成:尽管爱好者的收获才是最重要的,但大家还是觉得,从行动中享受乐趣是个见不得人的头衔。

把持分际

没有错,我们所鼓励的爱好者式学问,在目标与动机丧失时,远不及专业学者的学问牢靠。更有甚者,别有企图的外行人有时会借助"伪科学"达到他们的目的,他们的所作所为往往跟追求内心目标的业余者没什么区别。

比方说,对民族起源史的兴趣,很容易就能转换成证明自己的种族比其他种族优越的手段。德国的纳粹运动借助人类学、历史学、解剖学、语言学、生物学与哲学,发展出一套亚利安人种最优秀的理论。虽然也有专业学者卷入这场阴谋,但主要还是业余者出的点子,它的"游戏规则"属于政治的范畴,而不是科学。

苏联的生物学在官方决定无视实验结果,用意识形态种植玉米时,倒退了一个世纪。当时的专家李森科认为,寒冷气候中生长的谷物会比较强韧，能产生更强韧的后代。这种论调在外行人听来十分有理。但不幸的是，政治跟玉米的生长有所不同，李森科的努力最后造成数十年的饥荒。

"业余者"和"爱好者"两个词这些年来声名狼藉，主要该怪内在目标与外在目标的分际变得模糊不清。业余者假装懂得的跟专业者一样多，可能是个错误，会造成一些问题。一个业余科学家，并非为了要跟专业科学家竞争，而是用象征的训练手法扩充心灵的技巧，在意识中创造秩序。在这个层次上，业余学术研究也能自成一家，甚至比专业者还能发挥更大的作用。一旦业余者忘了这个目标，用知识来支撑自大，或取得物质利益，就变成了学者的拙劣模仿。外行人若缺乏怀疑与互相批评的基本科学训练，怀着偏见，闯入知识领域，可能会变得比腐败的学者更无情、更偏激。

活到老，学到老

本章主要讨论心智活动制造乐趣的途径。我们看到，心智提供的行动机会在量与质上都不逊于肉体。不论性别、种族、教育程度、社会阶层，人人都有运用四肢与感官的能力；同样，所有希望控制心灵和思维的人，也都能自由运用记忆、语言、逻辑、因果律。

很多人一离开校门就不再学习，因为一二十年受外界强迫的学生生涯留下了许多不愉快的回忆。他们长期受老师和教科书操纵，毕业的那天就是他们的自由之日。

但放弃运用象征技巧的人永远不可能获得真正的自由。他的思考会受邻居、报纸社论、电视节目所左右,他会被专家学者牵着鼻子走。在理想状况下,强迫教育的结束应该就是自动自发追求更高教育的开始。这时,学习的目标不再是分数、文凭或找份好工作,而是了解周遭的事物,从个人经验中发掘意义,建构价值观,思考者会从这里面找到深邃的乐趣。正如柏拉图在《斐里布篇》中提及苏格拉底一个门徒的经验:

> 初次畅饮这泉水的青年,快乐得好像发现了智慧的宝藏,欣喜若狂。他会任选一个论证,把所有的观念凑拢,综合在一起,然后又把它们一一拆开,分析解剖。他会诘问自己,然后又去诘问别人,他身旁的人不分老少都被他诘问不休,连他的父母也不能幸免,凡是肯听他说话的人他都不放过⋯⋯

这段话写于 2 400 年前,但直到今天,对于一个初尝心灵心流之美的人的兴奋反应,我们还是找不到比这更生动、更贴切的描述。

第七章

工作之乐

工作不是"亚当的诅咒"。卡莱尔说:"找到性情相契工作的人有福了,这是人生在世所能祈求的最大福佑。"

人跟其他动物一样,大部分时间都花在谋生上,身体需要的卡路里不会自动出现在餐桌上,房子和车子也不会自动组合供你使用。一个人实际得花多少时间工作,并没有规则可循。以古时的狩猎采集者为例,他们跟今天生存在非洲和澳洲沙漠里的后代一样,每天只需花 3~5 个小时从事我们所谓的"工作"——提供食物、居所、衣服和工具,其他时间则用于聊天、休息、跳舞。相对的极端例子是 19 世纪工厂里的工人,他们每天工作 12 个小时,每周工作 6 天,在幽暗的工厂里或危机四伏的矿坑里埋头苦干。

工作不但量不同,质也有很大差异。意大利有句俗话说:"工作可以使一个人高贵,也能把他变成禽兽。"这则讽喻适用于所有的工作——一方面良好的工作需要高度的技巧,并能提升自我的复杂性;另一方面,被迫做不需技巧的工作,往往造成精神熵。脑科大夫在洁净明亮的医院动手术,奴隶则背负重担在泥泞中蹒跚前行。两种都是工作,但脑科大夫每天都有机会学习新事物,知道一切都在自己的控制之中,可以完成艰巨的任务;奴隶却只能重复令人疲惫不堪的动作,一天天越发觉得自己的处境不可能改善。

工作到处都存在,种类却千变万化,一个人赖以谋生的工作有没有乐趣,对于他整体的满足程度可造成极为可观的差距。卡莱尔说："找到性情相契工作的人有福了，这是人生在世所能祈求的最大福佑。"说得真是一点儿不错。弗洛伊德则把这句至理名言稍作修正，别人向他索讨快乐的秘诀，他给的答案简单而明白："工作与爱。"确实，一个人能在工作与人际交往中找到心流，就已踏上改善生活品质的正途了。本章要谈的是工作如何产生心流，下一章再介绍弗洛伊德主张的另一个主题——从与人相处中找到乐趣。

工作的乐趣

上帝为了惩罚亚当的野心，罚他到凡间工作，辛苦的汗水流到眉毛上。《圣经·创世记》第三章第十七节记载的这段情节，反映出很多文化（尤其是那些已进入文明阶段的复杂文化）对工作的观念：工作就是需要尽一切努力逃避的诅咒。没有错，因为宇宙的运作方式太没有效率，我们必须花很多能量才能满足基本的需求与渴望。如果我们不在乎吃多少，能否住在坚固牢靠、装潢华丽的房子里，或是否能享受最新的科技发明，工作的负担就轻多了，卡拉哈里沙漠里的游牧民族就是这么生活的。

我们投注在物质目标上的精神能量越多，达到目标的希望就越不可及，我们必须耗费更多心灵与体能的劳动以及自然资源，才能满足不断升高的欲望。历史上，身处所谓"文明"社会里的大多数人，都为实现少数剥削者的梦想放弃了享受生活乐趣的希望。文明社会与原始社会差别的象征——金字塔、万里长城、泰姬陵，还有古代完工的许多寺庙、宫殿、水坝，通常都由奴隶建造，实现的则是统治者的野心，无怪乎工作会变得恶名昭彰。

尽管如此，工作不见得一定不愉快。工作或许一直都很辛苦，至少比什么都不做更辛苦；但很多证据显示，工作能带来乐趣，而且往往是人生最有乐趣的一部分。

热爱生命的莎拉菲娜

有些文化发展的方式能使日常的生产工作成为一种很接近心流的活动。有些团体里，工作与家庭生活既充满挑战，又和谐地结合在一起。在欧洲的高山山谷里，幸免工业革命侵入的阿尔卑斯山村仍存在着这种形态的社区。基于对传统农业社会下工作经验的好奇，由马西密尼教授与法瓦博士率领的意大利心理学家访问了村中的居民，并且慷慨地提供访谈记录与我们分享。

这个地区最引人注目的特色是，居民的工作与休闲几乎无从区分，你可以说他们每天工作16小时，也可以说他们从不工作。意大利境内阿尔卑斯山区瓦欧斯塔的一个极小的川达兹桥村，有位76岁高龄的老太太莎拉菲娜，仍每天清早5点起床，为母牛挤奶。她煮好多份早餐，整理好屋子以后，视天气和季节而定，或者把牛羊赶到冰河下的草原上放牧，或照顾果园，或梳理羊毛。夏季时，她花好几星期的时间在高地草原上割牧草，然后把一大捆一大捆的干草顶在头上，徒步好几英里路，搬回自己的谷仓。尽管走捷径可以只花一半的时间，但她为了保护山坡，减少人为的侵蚀，宁可走人迹稀少的曲折山路。晚间她可能看点儿书，讲故事给曾孙听，或为到她家开舞会的亲朋好友演奏手风琴。

若问莎拉菲娜生活中最大的乐趣是什么，她会毫不犹豫地回答：帮母牛挤奶、牧牛、在果园剪枝、梳羊毛……事实上，她的乐趣完全在于她一辈子赖以谋生的工作。套用她自己的话："这给我极大的满足，到户外去，跟人聊天，跟养的牲口在一起……我跟每个人说话——甚至是植物、鸟、花、动物。我觉得浑身舒畅、快乐；累了得回家真是一件不幸的事……即使工作很忙，一切仍是美好的。"

若问她，假如把全世界的时间和金钱都给她，她要做什么？莎拉菲娜笑了起来，把上面的话重述一遍：替母牛挤奶、赶牲口去草原、整理果园、梳羊毛。莎拉菲娜对都市生活并非一无所知，她偶尔也看电视、阅读新闻杂志。她有很多年轻的亲戚住在大城市里，生活很富裕，拥有汽车、各种家电，每年出国度假。但他们时髦而现代的生活方式对莎拉菲娜毫无吸引力，她对自己扮演的角色觉得既满足又平静。

不同的工作观念

川达兹桥村有十几位年纪较大的居民接受访谈，他们的年龄从66岁到82岁不等，而每个人的答复都与莎拉菲娜相近。没有人明确区分工作与休闲，每个人都把工作当作最优体验的主要来源，而且即使有机会，他们也不想减少工作量。

他们的子女也接受了访谈，他们对生活的态度也相当类似。但是年龄在 20~33 岁之间的孙儿女辈，却认同外界典型的工作态度：如果有机会，他们会减少工作，花更多的时间从事休闲活动，如阅读、运动、旅行、观赏最新的艺术表演。这种世代之间的差异一部分是因为年龄——年轻人通常较易对环境不满，渴望改变，对例行事务也比较不耐烦。在这个案例中，态度转变也反映了传统生活方式已遭到蚕食，居民的认同感及最终目标已不再与工作密切相关。川达兹桥村一部分年轻人老了以后，或许对工作的看法又会回到跟莎拉菲娜一样，但大多数人不会如此。相反，对于这些人，不得不做却不觉愉快的工作，与带来乐趣却缺乏复杂性的休闲活动，两者之间的鸿沟会持续扩大。

这座位于阿尔卑斯山的小山村的生活向来不轻松。为了维持生计，每个人都必须精通多种技能，应付不同的挑战——从纯粹的苦役、需要技巧的工艺，到保存与运用特殊方言、歌谣、艺术品及复杂的传统——但文化的发展使生存在其中的人觉得这些工作乐趣无穷。他们的工作虽苦，却不觉得受压迫，他们都跟 74 岁的朱莉安娜有同感："我很自由，我的工作很自由，因为我做的都是我想做的事。今天不想做，可以明天再做。我没有上司，我就是我自己生命的老板，我保持了我的自由，我也一直为我的自由而奋斗。"

与世无争的柯拉玛

当然，并非所有工业化以前的文化都如此诗情画意，很多渔猎或农耕社会的生活都非常艰苦、野蛮而短暂。事实上，距川达兹桥村不远，就有几个社区，被一些外国旅行家描述为饱受饥馑、疾病与无知肆虐。要建立一种足以在人性的目标与环境、资源之间达成和谐平衡的生活方式，就跟建造一座能让人一走进来就满怀虔敬之心的大教堂一样不容易。我们不能单凭一个成功的例子就推断所有工业革命之前的社会都是如此。但不管怎么说，只要有一个例外，就足以反驳工作一定比休闲更无趣的论调。

话又说回来，对于工作未必与求生息息相关的都市劳工而言，又是怎样的情况？其实莎拉菲娜的态度并不局限于传统式农村，我们置身工业时代的纷乱中，往往也能发现莎拉菲娜型的人。柯拉玛就是个很好的例子，他参加过我们早期对心流体验的研究。60岁出头的柯拉玛在南芝加哥一家组合火车车厢的工厂做焊接工人，约有200人跟他一起在三间又大又暗、像飞机厂棚般的厂房里工作。工人以火星四溅的焊枪，把吊在空中重达数吨的钢板固定在货车底盘上。这儿夏季热得像烤炉，冬季从大草原吹来的寒风又呼啸着扑进厂房。成天金属相互撞击，声音嘈杂，说话要想让别人听见，一定得附在对方耳边吼叫才行。

柯拉玛5岁时移民到美国，读到四年级就辍学，他在这家工厂工作超过了30年，可是一直拒绝升任领班。他回绝了好几次升迁的机会，声称自己只想做一个单纯的焊接工，管理别人会使他不安。虽然他在工厂里职位最低，但每个人都认识他，而且一致同意他是全厂的灵魂人物。经理常说，只要厂里有5个像柯拉玛这样的人，他的厂就会成为这个行业的佼佼者；同事也说，没有柯拉玛，这家厂干脆关门大吉算了。

柯拉玛深孚众望的原因很简单：他熟悉全厂各阶段的作业，如果有必要的话，他可以接替任何人的工作。更甚者，他可以修理任何一架机器的任何部分，从巨型吊车到小小的电子监视器。最令人意外的是，柯拉玛不但能做这么多事，而且每次都做得兴高采烈。若问他，没受过正式训练，怎么会操作那么多复杂的引擎与仪器呢？他的答案令人疑惑全消。

他说他从小就喜欢各式各样的机器，尤其是出了问题的机器。"好比有一次，妈妈的烤面包机不能用了，我就问自己：'如果我是烤面包机，我哪里会出故障呢？'"于是，他把烤面包机拆开，找到毛病所在，并且修好了它。从此他就一直用这种设身处地的方式，练习如何修护越来越复杂的机械系统。发现新事物的惊喜永远伴随着他，现在他虽然即将退休，但工作仍带给他莫大的乐趣。

柯拉玛从来不是个工作狂，也不会完全靠工厂里的挑战来肯定自己。比起将例行工作转变成产生心流的复杂活动，他在家做的事更了不起。柯拉玛与妻子住在市郊一所简朴的小平房里，经过许多年的努力，他们买下了左右的两块空地，其中一块空地上设置了一座石头园，园里有平台、小径，还种了大量花草和灌木。在安装地下洒水管道时，他忽生灵感：何不用它们来复制彩虹呢？当阳光洒落在细密的水柱间时，产生的七彩霓虹景象该有多美啊！他特意要选购喷水特别细密的喷头，却找不到合意的产品，最后只好自己动手设计，用自家的车床加工。现在下班后，他可以坐在后院走廊上，只要碰一下开关，就可以启动十多个喷水龙头，制造许多迷你彩虹。

然而柯拉玛的小小乐园还有一个缺憾：大多数日子他都得去上班，回到家时，太阳通常已经落山，园里即使还残留彩虹，也嫌太黯淡。因此他从头构思，想出了一个了不起的解决方案。他找到了一种光谱与太阳非常类似的聚光灯，装在喷水器附近不显眼的地面上。这下他可真的弄齐了！纵然在深夜，只要一碰开关，他的房子就被包围在一片七彩缤纷的光幕与水幕当中。

柯拉玛是难得一见的"自得其乐性格"的绝佳实例，虽处于贫瘠的环境下——一个几乎毫无人性的工作场所，城市边缘一片杂草丛生的空地——却仍然能创造心流。在火车车厢装配厂里，他似乎是唯一能发掘挑战的人。别的焊接工接受我们访谈时，都说工作是一项负担，能避则避，每天黄昏下班，他们就冲进工厂附近的小酒吧里，用啤酒和笑闹宣泄一天的闷气，然后回家坐在电视机前喝更多的啤酒，跟老婆吵一架，一成不变的一天就这样过完了。

或许有人会说，认定柯拉玛的生活方式比他的同事好，是一种要不得的"精英主义"——只要那些泡酒吧的人觉得快乐就好了，谁又能说在后院欣赏自制的彩虹是多么高明的生活方式呢？从文化相对论的角度看，这种论调言之成理，但我们知道，乐趣植根于复杂度的增长；在这个前提下，相对论观点不值一提。一个人若能像柯拉玛一样，把握与创造环境中的契机，他的体验品质很明显就超出那些甘愿容忍"荒芜"的现实、自觉没有能力超越现实的人，拥有的乐趣更多。

庖丁解牛

在心流之下工作是发挥人类潜能的最好方法,过去有很多宗教或哲学流派都曾提出这个观点。对奉行基督教世界观的中世纪人而言,只要是为发扬上帝的荣耀,削马铃薯跟盖教堂的工作同样重要。在马克思心目中,人不分男女,都借着生产性活动构筑自我的存在;他认为,工作是唯一创造人性的途径。造桥、垦荒等工作,不但能改变环境,也把工作者从受本能支配的动物,转变成有意识、有目标、有技巧的人。

古代思想家的心流观中,一个饶富趣味的例子就是,2 300年前中国的庄子所提出的"遇"的观念。"遇"可解释为追求"道"的正确途径,通常有"浪游"、"蹑空行步"、"游泳"、"飞翔"、"流动"等解释。庄子认为,"遇"是生活的正确方法——不计较外在的报酬,自然而完全地投入。简单地说,就是一种全然不假外求的体验。

《庄子内篇·养生主》讲了一个庖丁解牛的故事,说明"遇"的含义。庖是职业,丁是姓氏,他在梁惠王(即文惠君)的御厨里负责杀牛:

> 庖丁为文惠君解牛,手之所触,肩之所倚,足之所履,膝之所踦,砉然向然,奏刀騞然,莫不中音。合于《桑林》之舞,乃中《经首》之会。

文惠君对于厨子在工作中感受到的心流深感匪夷所思,盛赞他解牛的神技,但庖丁不认为那是种技巧,回答说:"臣之所好者道也,进乎技矣。"他接着描述自己达到这种境界的历程,是一种对解剖牛体的神秘发乎直觉的体悟,最后牛肉经他一碰就好像自动分开似的:"臣以神遇而不以目视,官知止而神欲行。"

"遇"与心流

按照庖丁的解释,"遇"与心流好像是不同的过程。也有批评家特别强调两者之间的差异:心流是意识掌控挑战的结果,"遇"却是在一个人放弃对意识的控制时才出现。因此他们认为,心流是西方追求最优体验的态度,以改变客观环境为手段;"遇"则是东方式的,无视客观环境,着重的是精神的趣味与现实超越。

一个人如何才能获得这种精神的趣味并超越现实呢?庄子在同一则寓言里,提出了一个极具洞察力的解答,但不同注释家对这个答案有截然不同的阐释:

> 每至于族,吾见其难为,怵然为戒,视为止,行为迟,动刀甚微,謋然已解,如土委地。提刀而立,为之四顾,为之踌躇满志,善刀而藏之。

有些早期的注疏认为,这一段描写的是尚未臻至"遇"境界的拙劣的解牛者,但近代的英译者,包括沃森和格雷厄姆在内,都认为它谈的是庖丁自己的解牛方法。根据我对心流的认识,我相信后者的观点才是正确的。它说明了即使具备肉眼能见的技巧层次,进入"遇"还得靠发现新挑战(亦即引文中的"族"与"难为")和培养新技巧（"怵然为戒，视为止……动刀甚微"）。

换言之，"遇"的神秘巅峰并非如超人般一蹴而就，而得靠逐渐把注意力集中在周遭环境中的行动机会，等到技巧渐臻完美，一切动作就完全像发乎自然，给人出神入化之感。一位出色的小提琴家或数学家的表现，都有可能令旁观者觉得不可思议，其实这都可以用技巧与磨炼来解释。如果我的这番阐释没有错，那么东方的"遇"与西方的"心流"就可以融会贯通：两种文化的狂喜拥有相同的源泉。文惠君的厨子能在一般人想象不到的地方，从最卑下平凡的工作中，找到心流。更值得称道的是，早在 2 300 年前，心流的动态结构就已经有人知之甚详了。

阿尔卑斯山村的老农妇、芝加哥的焊接工与中国古代传奇的厨子，都有一个共同点：他们的工作辛苦而毫无吸引力，换了别人做，恐怕无可避免要觉得厌倦、单调、没有意义，但这三个人都把躲不掉的工作变成了复杂的活动。他们从工作中发现被别人忽略的契机，全神贯注于手边的活动，磨砺自己的技巧，让自己深深沉浸于互动之中，使自我变得更强大。这么一来，工作变得充满乐趣，投注了精神能量，再怎么不堪的工作也乐在其中。

像玩游戏一样去工作

莎拉菲娜、柯拉玛、庖丁都是具备自得其乐性格的典范。尽管环境里有重重困难，但他们仍能把限制化解成表现个人自由与创造力的良机。他们借由使工作更充实而找到乐趣,但还有另外一种方法,就是改变工作本身,使工作条件更适合传导心流,这种方法对缺乏自得其乐性格的人也能发挥作用。工作越像游戏——亦即有变化、适度而有弹性的挑战,目标明确,有立即的回馈——乐趣就越多,不论工作者属于哪种层次都是如此。

打猎就是一种具备心流特质的工作。千百年来,追捕猎物一直是人类重要的生产活动。正因为打猎的乐趣无穷,所以至今很多人还把打猎当作一种嗜好,虽然他们出猎已经不是基于实际需要。钓鱼也一样,它的乡野情趣仍保有古时工作的自由与心流结构。现在亚利桑那州年轻一辈的印第安纳瓦霍族人说,骑马在台地上赶羊,是他们平生做过的最有乐趣的事。跟打猎或放牧相比,农耕的乐趣就比较难得——它比较固定,需要不断重复相同的动作,效果也要等较长的时间才会出现。春天播下的种子得好几个月才能收获,享受农耕成果的时间架构比打猎长太多了。猎人每天都可以选择猎物,更换攻击手法,农夫一年却只有几次机会选择要种什么、在哪里种、种多少;他必须花很长时间准备,成败却大半得看天公是否作美。这就难怪游牧或渔猎部落被迫定居务农时,往往因无法屈就枯燥的生活方式而大批死亡。尽管如此,有能力把农耕生活中比较含蓄的机会发掘出来的农夫仍不在少数。

快乐的纺织工

18 世纪的家庭手工业占据了当时的人大部分的农余时间,但它们的设计相当能提供心流。以英国的纺织工为例，纺织机就放在家里，全家人一块儿工作，自己规定工作进度，自己确定生产目标，并按照自己的工作能力加以调整。如果天气好，他们也许放下纺织工作，到果园或菜圃干活。如果他们高兴，还可以哼唱几首民谣；织一匹布，大家还可以喝点儿酒庆祝一番。

现代社会的某些地区仍保有这种生活形态，尽管现代化有种种优点，但这仍是较符合人性的生产步调。马西密尼教授和他的工作人员访谈过意大利北部比耶拉省的纺织工人，他们的作息模式颇具200年前英国式的田园情调。比耶拉省的织工家庭拥有2~10台纺织机，一个人可同时照顾两台。父亲在早晨监看纺织机，然后叫儿子来接班，自己则到林中去采蘑菇，或到溪边去钓鳟鱼。儿子操作纺织机直到疲倦，接着母亲会来替他的班。

家庭每个成员都告诉访谈人员，纺织是他们觉得最有乐趣的活动——比旅行、上迪斯科舞厅跳舞、钓鱼还更有趣，看电视当然就更不用谈了。工作那么引人入胜，是因为它不断提出挑战。家族成员必须设计各自的图案，当他们觉得同一种图案用得太多时，就会换一种。每个人自己决定要织什么样的布、去哪里买原料、织多少、卖到哪里去——有些家族的客户甚至远至日本和澳洲。他们经常造访各地的生产中心，以便紧跟技术的新发展，或用最低廉的价格购买新设备。

然而在整个西方世界，与心流如此相通的惬意安排，已经被动力纺织机及工厂集中生产制度无情地打断。18世纪中叶，英国的家庭手工业已无法与工厂大量生产竞争，家庭因而被拆散，工人必须走出家门，成群进入丑陋而有害健康的厂房，从清晨到黄昏，遵守严格的工作时间要求。不到 7 岁的儿童在漠不关心或存心剥削他们的陌生人中间，被工作的重担压得筋疲力尽。就这样，工作的乐趣在工业革命的第一波狂飙之下，已被摧毁得所剩无遗。

亚当的诅咒

如今我们置身崭新的后工业时代，工作在一般观念中又变得可亲起来：典型的现代劳工，坐在气氛愉快的控制室里，监控电脑屏幕，真正的工作则交给生产线上设计精密的机器人负责。事实上，大部分人都不直接从事生产，转而投入一种叫作"服务业"的行业，在几百年前的农夫和工厂工人看来，这种行业唯一的目标就是怂恿别人去休闲。在这些人之上是一批经理人和专业人士，他们可以随心所欲地塑造自己的工作。

工作可以残酷而无聊，但也可能充满乐趣和刺激。18 世纪 40 年代的英国，在短短数十年间，工作状况就由差强人意急转直下，沦为人间地狱。水车、犁耙、蒸汽机、电力及矽晶片的发明，对工作有趣与否造成决定性的改变。制定公有地围篱法、废除奴隶制及学徒制、规定每周工作 40 个小时及基本工资等法律，也都具有相当的影响力。我们一旦了解工作体验的品质可以按照自己的意愿改变，就能在这个人生极重要的层面上力求精进。但大多数人仍然相信，工作永远注定是"亚当的诅咒"。

理论上，只要依心流模式行事，工作就能产生更多的乐趣。但目前的状况却是，那些有能力改变特定工作性质的人，并不重视工作能否带来乐趣。管理者的首要考虑是生产力，工会领袖满脑子也都是安全、保险与工资。短期看来，这些前提跟产生心流的条件可能有冲突。这实在很可惜，因为如果工人真正喜爱他们的工作，不但自己受益，他们的效率也会提高，届时所有其他目标都能水到渠成。

不过，千万别以为只要把工作设计得像游戏，就能让每个人快乐。即使最有利的外在条件，也不能保证把人带入心流状态。最优体验是对行动机会和个人能力的主观评估，工作潜能虽好，但工作者不知如何发挥，仍有可能感到不满。

以外科医生为例，很少有别的工作需要担负这么大的责任，赋予从业者这么高的地位。如果挑战与技巧真的那么重要，那么外科医生一定都对自己的工作爱极了。很多外科医生也确实承认自己对工作上瘾，任何事都不及工作那么乐趣无穷，任何迫使他们离开医院的事，例如到加勒比海度假或到歌剧院听歌剧，他们都觉得是浪费时间。

不过，不见得每个外科医生都热爱自己的工作。有些人沉溺在酗酒、赌博或其他刺激之中，企图忘掉工作的单调苦闷。同样一份工作，看法为何有天壤之别？一个理由是，为了高收入而忍受不断重复的工作，很快就会觉得枯燥。有些外科医生专门割盲肠或扁桃腺，有些甚至只负责帮人穿耳洞。一方面，这样的专业或许获利甚丰，但要从中找到乐趣却非常困难。另一方面，一些好胜心切的外科医生朝向另一个极端发展，不断追求新挑战，希望创造外科手术的新里程碑，直到再也无法负荷自己的期望为止。外科医学的先驱觉得心力交瘁的理由，跟那些只会做例行手术的专家正好相反：他们达到了不可能的目标，却无法重复自己的纪录。

手术台好似剧场

喜爱自己工作的外科医生，通常都在准许各种新的技术实验研究与教学并重的医院里工作。乐在工作的外科医生也表示重视金钱、名望与救人济世，但他们强调最吸引他们的是工作本来具有的一些特质。对他们而言，外科最与众不同之处，就是工作本身产生的独特感觉。他们对这种感觉的描述，跟运动员、艺术家甚或替文惠君杀牛的庖丁对心流的描述十分类似，几乎到分毫不差的程度。

最好的解释就是，外科手术具有心流活动全部的特色。例如，外科医生谈到他们的目标时十分清楚，内科医生要处理的问题却不那么明白，部位也不那么明确，而心理医生面对的疾病和诊治方法更是暧昧不明、瞬息多变。相形之下，外科医生的工作可说是透明得像水晶一样：切掉一个肿瘤、接好一根骨头，或移植一个器官；工作完成、缝好伤口，就算大功告成，可以去照顾下一个病人了。

手术也能提供立即而持续不断的回馈。只要没有内出血，手术就算成功；病变的部位切除，骨头接妥，伤口缝合，整个过程做得好不好，若是不好，问题出在什么地方，都相当明确。仅这个原因，大多数外科医生就觉得自己这一行比任何其他医学分科或其他工作都更有乐趣。

从另一个角度来看，外科同样不乏挑战。借用一位外科医生的话："我得到知性的乐趣——像西洋棋手或研究美索不达米亚文字的学者……这行的乐趣像做木工……有种解决极度困难后的满足感。"另一位则说："它带来很大的满足，困难中充满刺激。把坏的东西修好，摆回正确的位置，恢复原状，一切都恰到好处，使人非常愉快。尤其当整组人合作无间时，感觉就更好，整个过程洋溢着美感。"

后一段话指出，手术的挑战不限于外科医生一个人的动作，还包括其他参与者之间的协调。很多外科医生都谈到，跟受过良好训练的一组人合作，凡事得心应手，令人回味无穷。当然不可忘了，还有进步和改善技巧的机会。一位眼科大夫说："使用小而精密的仪器，就像是一种艺术的锻炼……一切都看你手术做得多精密、多艺术。"另一位外科大夫则说："注意细节很重要，要干净利落，而且讲究技术效率，所以我尽可能计划好手术的每个步骤，包括针的拿法、每一针的位置、缝线的种类等——每件事都应该显得又好又容易。"

外科手术的进行方式使人把所有的注意力都放在上面，不可能分心。手术台就像一个剧场，有聚光灯照着演员及其动作。手术前医生要做充分的准备，消毒、穿上特制的服装。有的外科医生说，重要手术当天早晨，他们会吃一套特定的早餐，穿一套特定的衣服，沿一条特定的路线开车到医院。他们这么做与迷信无关，而是觉得习惯性的行为能帮助他们全神贯注，迎接即将来临的挑战。

外科医生运气很好，他们不仅收入高，广受敬重与羡慕，还有一份完全根据心流活动蓝图而设计的工作。尽管如此，还是有外科医生因受不了工作的单调无聊，或执意追求不可能得到的权力与名望，搞得自己差点儿发疯。这证明工作的结构固然重要，仍然不足以决定从事这份工作的人能否找到乐趣。

一项工作能否令人满足，也得看工作者是否具备自得其乐的性格。很少人会认为，焊接工柯拉玛热爱的那份工作能提供心流的机会。同样，也有外科医生对仿佛是专门为制造乐趣而设计的工作恨之入骨。

通过工作提升生活品质，需要两项辅助策略。一方面要重新设计工作，使它尽可能接近心流活动——诸如打猎、家庭式纺织、外科手术等。另一方面，还得培养像莎拉菲娜、柯拉玛、庖丁那样自得其乐的性格，加强技巧，选择可行的目标。这两项策略若单独使用，都不可能使工作乐趣增加太多，但两者双管齐下，却能产生意想不到的最优体验。

工作与休闲

如果我们超越时空的限制，拿不同时代、不同文化的人与现代人相比较，工作对生活品质的影响就更加显而易见，但我们还是得更细心观察此时此地发生的一切。不论是中国古代的厨子、阿尔卑斯山村的农妇，还是外科医生和焊接工，都有助于说明工作内涵的潜力，但这些人做的事情毕竟不是现代的典型工作。今天，一般成年人做的究竟是什么样的工作呢？

工作、休闲孰乐？

我们在研究中经常发现，有人对自己的谋生方式怀着一种奇特的内心冲突。受访者表示，他们会从工作中得到一些一生中最值得肯定的经验。就这一点推论，他们应该会愿意工作，有很高的工作动机。但出人意料的是，这些人虽然在工作岗位上十分愉快，却大多声称他们宁可不要工作，工作动机也很低。相对还出现另一种现象：尽管一般人在享受辛苦得来的闲暇时，兴致并不高，但他们还是希望拥有更多的休闲时间。

举个例子，我们有一项研究借心理体验抽样法寻找以下问题的答案：工作时产生心流的次数是否比休闲时多？100多位从事不同行业的男女全职工作者同意佩戴我们的呼叫器一个星期，每天呼叫器会不定时间响8次，一听到响声，他们就必须填满一本小手册中的两页问卷，记录当时所做的事情以及当时的心情。除此之外，他们还必须在一个分成10级的量表上，指出他们察觉周遭有多少挑战，自觉运用到多少技巧。

一个人标出的挑战与技巧运用程度，如果在每周平均值以上，就视为处于心流状态。这一系列调查一共回收4 800份问卷——平均每周约44人受测。根据上述的标准，大约有33％的反应属于心流范畴——也就是他面临的挑战和运用的技巧超过了个人的平均水准。当然，这种界定心流的方式不够严谨，如果只有极端复杂的心流才算数——也就是最高层次的挑战和技巧运用，那么可能只有不到1％的反应够资格称为心流。我们在这里使用的方法有点儿像显微镜,不同的放大倍率下可以看到不同的细节。

正如预期,一个人每周中处于心流状态的时间越长,反映的整体体验品质就越高。经常感受心流的人较易感觉坚强、活跃、有创造力、专注、进取。但出乎意料的是,心流大多出现在工作的时候,绝少在休闲时发生。

当受测者在工作中接到讯号(这种情形只占 3/4,因为剩下 1/4 的上班时间,一般员工往往在做白日梦、闲聊或处理私事)时,心流的反应高达 54%。换言之,约半数的人在工作时觉得面临水准以上的挑战,运用到水准以上的技巧。相对于阅读、看电视、招待朋友、下馆子时,只有 18% 的反应达到心流的水准。休闲产生的反应是很典型的(无动于衷),低于平常水准的挑战与技巧运用是其主要特征。在这种情形下,很多人都觉得被动、软弱、迟钝、不满足。工作时 28% 的反应属于无动于衷的范畴,而休闲时却超过一半(52%)。

正如预期,经理人与管理者工作时达到心流的比例(64%),远高于一般坐办公室的职员(51%)或蓝领劳工(47%)。蓝领劳工在休闲时经历心流的比例(20%),也比坐办公室的职员(16%)或经理人员(15%)高。但即使只是装配线上的劳工,在工作中感受心流的比例(47%)仍然比休闲时(20%)高。无动于衷在工作时出现的机会,蓝领劳工(23%)比经理人(2%)高;无动于衷在休闲时出现的机会,则是经理人(61%)比蓝领劳工(46%)高。

不论心流在工作还是休闲时出现,反应都比没有心流时积极。挑战与技巧运用层次都高时,当事人会觉得快乐、振作、强而有力、活跃；他们精神更集中；自觉更有创造力、更满足。这些体验品质上的统计差异十分明显，但对任何阶层的工作者都没有太大不同。

工作与心流的"悖论"

这个趋势只有一个例外，问卷手册中要求受测者在分为 10 级的量表上答复："你现在是否宁可做别的事？"答案中否定的成分越强烈，就表示受测者在收到讯号时，对正在做的事动机越高。结果显示，不论是否处于心流状态，受测者在工作时宁可做别的事的程度，远比休闲时高。换言之，工作时即使已进入心流，动机仍然偏低；休闲时尽管体验品质很差，动机仍然很高。

因此，就出现了一个矛盾：工作时，人们面对挑战、发挥技巧，就觉得快乐、强壮、有创意、满足；闲暇时，他们因无事可干，技巧也无用武之地，以至于觉得悲伤、软弱、迟钝、不满足。但大家仍然宁可少工作，而拥有更多闲暇。

这个自相矛盾的模式有什么意义呢？有几种可能的解释，但结论似乎只有一个：谈起工作，一般人就忽略了理性的证据。他们无视当下的体验品质，一味坚持传统文化对工作根深蒂固的成见。他们认为工作是强加的限制，妨碍他们的自由，必须尽可能地逃避。

我们也可以说，虽然工作中心流能带来乐趣，但一般人往往受不了长时期面对高度挑战。他们需要回家休养，每天窝在沙发上几个小时，这件事情有没有乐趣反倒还在其次。与实例比较之下，这个论点显然站不住脚。以川达兹桥村的农民为例，他们的工作比现代美国人辛苦，工作时间也长；他们在日常生活中所面临的挑战，至少需要与现代美国人相同程度的专注与投入。但不同的是，他们工作时就不想换件事情做，而工作完毕后，他们还会趁空闲找更多具挑战性的休闲活动来做。

这些结果指出，我们周遭很多人的无动于衷，并非源自生理或心理的疲倦，而是因为现代人的工作观，以及在他观念里工作与目标的关系。

如果我们认为把精神集中于一份工作违反了自己的意愿，就会觉得浪费了精神能量。工作无法帮助我们实现目标，充其量只能实现别人的目标；投注在这样的工作上的时间，是从我们一生应有的时间中压榨出来的。很多人常把工作视为不得不做的事，一项外界强加的负担，一种生命的债务。因此，尽管工作体验偶尔是积极的，但他们仍觉得这没什么了不起，因为这对他们的长期目标并没有什么贡献。

对工作不满

这里应该强调的是，"不满足"其实是个相对的概念。根据1972—1978年美国所做的全国大规模调查结果显示，只有3％的美国人说他们对自己的工作非常不满，52％的人都表示满意——这一比例在工业化国家中高居榜首。一个人可以一方面喜爱自己的工作，却仍然对它的某些方面感到不满，并且尝试去改进那些不尽完美的部分。

我们在研究中发现，美国工人最常提及的对工作不满的三个主要理由，都跟工作时典型的体验品质有关——虽然刚才已讨论过，工作时的体验往往比待在家里更好（与一般认为的正好相反，金钱与其他物质上的需求都不在他们最关心的事情之列）。首先，可能最受重视的问题是：缺乏变化与挑战。也许每个人都有这方面的问题，但以一成不变的例行公事为主的低层次工作，问题最为严重。其次，问题出在工作中的人际关系冲突上，尤其与直属上司有关。第三个使人心力交瘁的因素是压力太大，太紧张，没有时间思考自己的事情或陪伴家人，这个因素特别令高级主管与经理人苦恼。

诸如此类对客观环境的不满，理由都相当充分，但这些问题其实都能借着自我意识的主观调整而改善。以变化与挑战为例，它们虽说是工作本身的特性，但也可以随着个人对机会的观念而改变。庖丁、莎拉菲娜、柯拉玛都能化腐朽为神奇，从别人视为单调而无意义的工作中找到挑战。一份工作有没有变化，最主要的是看工作者的态度，而非实际的工作条件。

这一道理也适用于其他两个问题。同事或上司也许不好相处，但只要尽力，情况也不至于太糟。工作上的冲突往往源自怕丢面子的自卫心理。有些人为了证明自己的价值，会设定目标，要求别人以某种方式对待他，并坚持别人按照他的理想行事。然而事与愿违的机会太多了，因为别人也有一套亟待实现的目标。避免这种僵局的最好办法就是，在实现自己目标的同时，也帮助老板和同事实现他们的个别目标；这么做当然比一心一意追求自己的利益来得迂回曲折，也耗费更多时间，但长此以往，这么做一定会有收获的。

如何缓解压力？

紧张与压力不消说是工作最主观的一面，也最容易用意识控制。压力完全是一种亲身体验，由最极端的客观状况直接引起。相同分量的压力可能使一个人喘不过气，却对另一个人构成期待已久的挑战。消除压力的途径不下数百种，有时靠较好的组织、分工，或与同事、上司做较好的沟通就能解决；有时则须依赖工作以外的因素，诸如改善家庭生活、休闲模式或静坐之类的心灵修炼。

这些零零碎碎的方法或许有帮助，但真正能解决工作压力的方法却是把它当作改善体验品质的策略。说的总是比做的容易，要做到这一点，就必须把精神能量集中投注在塑造个人目标上，无视一切转移注意力的诱惑。下一章我们还会讨论适应外在压力的各种方法，现在要谈的是休闲对于生活品质有什么贡献，或为什么没有贡献。

如何有效使用闲暇时间？

正如前面谈过的，虽然一般人都很期待下班回家的一刻，准备好好享用辛苦挣来的闲暇，可是他们往往不知道如何利用这段时间。更讽刺的是，工作的乐趣比闲暇更多，因为工作有类似心流活动的内在目标、回馈、游戏规则与挑战，能使人投入，全神贯注，浑然忘我；然而闲暇却没有结构可言，必须花更多精力才能把它塑造成产生乐趣的形式。需要技巧的嗜好、设定目标与范畴的习惯、个人的兴趣以及内心的自我纪律，都有助于使闲暇发挥它真正的作用——一个再创造的机会。但大致而言，一般人在闲暇时错失享受乐趣机会的情况，比工作时更严重。

未来属于善用闲暇的人

不断兴起的休闲事业，以用富于乐趣的体验填满空间、时间为宗旨。然而大多数人不但没有善用生理与心理资源体会心流，反而花许多时间，坐在电视机前观赏知名运动好手在大体育场的表演。我们并不创作音乐，而只听身价数百万美元的歌手的白金唱片；我们不从事艺术创作，只会对拍卖会场上喊得最高价的名画赞叹不已；我们也不肯冒险贯彻自己的信念，只会每天花几个小时，看演员在虚拟的情境中，假扮出生入死。

这种替代的参与方式，至少暂时粉饰了浪费时间的空洞感。但是跟投注在真实挑战上的专注相比，它实在太薄弱了。从技巧的运用中产生的心流体验，会带来成长；纯属被动的娱乐背后，什么也没有。全人类加起来，我们每年浪费了数以百万年计的人类意识，这么大的能量本来可以用来完成更复杂的目标，带动乐趣横生的成长，现在却浪费在模拟现实的刺激追求上。大众休闲、大众文化，甚至包括所谓上流文化在内，都是因为外在的因素（例如炫耀个人的地位）才赢得消极的注意，成为心灵的"寄生虫"。它们吸收精神能量，却没能提供实质的力量作为报酬，只是徒然使我们变得比原来更疲倦、更沮丧而已。

除非一个人能自行控制工作与闲暇，否则注定会感到失望。大多数的工作与休闲活动——尤其是消极接受大众传媒的方式，都不是为使人变得更快乐、更强有力而设计的，它们只是某些人赚钱的工具。一方面，如果我们听任它们得逞，它们就会吸干我们的生命精髓，只剩下一副空壳。另一方面，工作与闲暇正如同人生，可以应我们的需求发挥作用。学会从工作中发掘乐趣，不浪费闲暇的人，会觉得人生越发有价值。布莱特比尔写道："未来不仅属于受过教育的人，更属于那些懂得善用闲暇的人。"

第八章

人际之乐

独乐、众乐各有情趣,不论在沉寂的阿拉斯加边陲,还是喧嚣的纽约市中心,若能享受独处时分,同时与朋友、家人、社群和乐融融,便已踏上快乐的康庄大道。

心流研究一再证实，生活的品质主要由两大因素决定：我们如何体验工作以及我们与他人的互动关系。要知道我们究竟是个什么样的人，最详尽的资讯来自我们交往的人，以及我们完成工作的方式。一个人的自我就由这两者界定，正如弗洛伊德为幸福所开的处方："爱与工作。"本章所要谈的是我们与家人、朋友的关系，并探讨人际关系如何才能成为乐趣的源泉。

有没有人做伴，对体验品质的影响甚大。我们与生俱来会把别人视为世界上最重要的客体，而他们有能力使生活变得有趣、充实或悲惨，因此我们如何处理与他们的交往关系，对幸福有举足轻重的影响。如果能学会把人际关系塑造得更贴近心流体验，生活的品质就能提升。

另一方面，我们也重视隐私，经常希望能不被人打扰。问题往往是，真正独自一人时，我们又开始觉得沮丧。孤独的人容易觉得寂寞，没有挑战，无所事事。有些人甚至因孤独而丧失某些感官能力，或罹患轻微的失调症。一个人若不能忍受孤独，甚至从中发现乐趣，就很难完成需要全神贯注的任务。因此，我们有必要学习在没有外援时，仍能控制自己的意识。

微妙的人际关系

在我们害怕的事当中,被排除在人际关系的洪流之外,不消说是最严重的一桩。我们是社会性的动物,四周一定要有人,才会觉得圆满。很多没有文字的文化,视孤独为全然不能忍受,因此无论如何也不肯独处。很多不同的社会团体——例如澳洲的原住民、美国的阿曼教农夫、西点军校的学生,都把受众人回避视为最大的惩罚,饱受忽视的人会一天天变得沮丧,不久就开始怀疑自己是否还活着。

在有些社会里,遭到驱逐的最终下场就是死亡:被迫孤单度日的人渐渐发觉,自己等于是已经死了,因为别人好像再也看不见他;渐渐地,他不再在意自己的身体,终于真的从人间消失了。"活着"的拉丁文说法是"inter hominem esse",直译是"在人群当中";"死亡"的说法则是"inter hominem esse desinere",意为"不在人群当中"。被放逐到城外,对古罗马公民而言,是仅次于直接处死的重刑;不论拥有多么庞大的资产,一旦被逐,不许再跟同侪接触,习惯生活在大城里的罗马人就变成了一个"隐形人"。大都市里密集的人际接触,就像是一剂清凉的润滑油;即使在工商大城,人际关系尽管可能不愉快,甚或有危险性,但一般人仍觉深受他人吸引。第五大道的人潮里或许混杂着抢匪与变态者,但仍令人觉得兴奋而信心十足。只要周遭有人,任何人都会觉得生气蓬勃。

人生而合群

　　社会科学调查的结论一致认为，人在有朋友、家人或任何人为伴时最快乐。如果要求一个人列举一天中最能改善情绪的活动，最常被提及的包括："跟快乐的人共处"、"有人对我说的话感兴趣"、"跟朋友共处"、"有人觉得我性感"……沮丧或不快乐的人最主要的特征是，他们绝少提到上述的体验。支持性的社会人脉也能减轻压力：当一个人可以依赖别人情绪上的支持时，就不太容易被疾病或其他不幸的事件击倒。

　　人类天生就需要同类做伴，已是毫无疑问。相信行为遗传学家不久就会发现，究竟是哪一对染色体的化学作用，使我们独处时觉得浑身不对劲。在人类演化过程中，基因里添加这种功能是有原因的。凭借合作在生存竞争中超越其他物种的动物，保持在同类能互相照应的距离，存活的机会比较大。以狒狒为例，它们需要同类帮助才能避免受草原上的豹子或土狼所害，如果离群索居，活到成年的机会可说是微乎其微。人类老祖宗依赖合群为生存的法宝，想必也是同样的情况。随着人类对文化的依赖日益加深，更多需要团结一致的理由因而出现。人类求生越是依赖知识，共同分享学会的一切就越有利；这时独来独往的人就变成了"呆子"——英文中"idiot"（呆子）一词源自希腊文，原来的意思就是"独处的人"——一个不能向别人学习的人。

他人是地狱

矛盾的是,"他人是地狱"也是自古流传的至理。印度教的哲人和基督教的隐士都远离人群,追寻宁静。如果探究日常生活中最恶劣的体验,我们就会发现合群的黑暗面:最痛苦的体验也跟人际关系有关。不公正的上司、粗鲁的顾客,都造成工作上的不愉快;漠不关心的配偶、不知感恩的子女、凡事干预的姻亲,则使家庭变成痛苦的深渊。最大的快乐和最大的痛苦都是旁人所引起的,如此两极化的事实该如何调和呢?

这种表面上的矛盾其实不难理解。人际关系就跟其他事情一样,一切顺利时,我们就觉得非常愉快;挫折丛生时,我们就感到沮丧。其实人是环境中最有弹性,也最善变的因素。同样一个人,早晨可能使我们快乐无比,晚上则可能变成磨人的恶魔。我们太依赖别人的情爱与认可,以至于完全受制于他们对待我们的方式。

因此,懂得如何与他人相处,就能大幅改善生活品质。撰写或阅读诸如"如何赢取友谊与影响他人"这类书的人,都很明白这个道理。商业主管渴望实现更好的沟通,以便更有效的管理;初出茅庐的人熟读社交礼仪,为的是争取社交圈子内同侪的接纳与称许。这种态度大致反映出一种企图操纵别人的外在动机。一个人之所以重要,并不仅仅是因为他能帮助我们实现目标;只有在我们因一个人本身的优点而重视他时,他才能成为最丰富的幸福泉源。

重新制定规则

人际关系的弹性，能把不愉快的互动状况转变为可以容忍，甚或相当有趣的状况。我们对人际交往情况的定义和阐释，在人与人之间如何相互对待和因而产生的感受上，都会造成莫大的影响。下面就是马克的父母讲的马克的故事：

> 我的儿子马克12岁的时候，有一天下午放学，他抄捷径穿过一座荒凉的公园。在公园里迎面撞见三个来自附近贫民区人高马大的青年。其中有一个人说："不许动，否则我会开枪打你。"他向其他人示意，他们抢走了马克身上所有的东西：一些零钱和一只旧的天美时手表。"继续向前走，不许跑，不许回头。"
>
> 马克开始往回家的方向走，那三个人则走向相反的方向。但没走几步，马克就掉头追上他们，说："喂，我们谈谈好吗？"他们说："滚吧！"但他跟在后面，求他们把手表还给他。他说那只手表根本不值钱，只有他会珍惜："那是我父母在我生日时送给我的。"那三个人非常生气，最后决定投票表决要不要把表还给马克。结果两票对一票，赞成还表，于是马克扬扬得意地把表装在裤袋里回家了。但身为父母的我们可是吓得要命，久久不能安心。

以成年人的观点来看，马克为了一只旧表甘冒生命危险，实在太蠢了，不论那只表的纪念价值有多大都不值得。但这个故事说明了一项重要的原则：任何人际交往的情况都可以借着重新制定规则而改变。马克并不认可抢匪派给他的"受害者"角色，也不把拦截他的人当作"抢匪"；反之，他把他们看成肯讲理的人，会同情一个希望保留父母给的纪念品的儿子，结果把一场抢劫事件变成一次基于理性的民主投票。这个例子里，他的成功大部分靠运气——抢匪很可能喝了酒，或完全不讲理，马克就很可能受重伤。但这观念本身还是有用的：人际关系的调适性很强，运用适当的技巧就能改变它的规则。

在进一步讨论如何重塑人际关系、追求最优体验之前，必须转个话题，先谈谈独处。唯有了解孤独对心灵产生的影响，我们才能更清楚地知道，为什么友伴是幸福不可或缺的要素。一般成年人约有 1/3 清醒的时间是单独度过的，但我们对于占据人生这么多时间的独处，除了不喜欢，所知却极为有限。

寂寞之苦

很多人孤单而又无事可做时，会产生一种无法忍受的空虚感。青少年、成年人、老人都说，他们最不愉快的感觉发生在独处的时候。几乎所有的活动都是"独乐乐不如众乐乐"，不论在装配线上工作还是看电视，一般人都是在周遭有人时觉得更愉快振作。最令人沮丧的倒不是独自工作或独自看电视，而是独自一个人并且无事可做。我们的研究发现，独居的人，星期天早晨往往是情绪最低潮的时候，因为他们的注意力无所寄托，不知道该做什么才好。在一周其他的日子里，注意力都被外界的例行公事占据——工作、购物、看喜爱的电视节目等，但星期天吃完早餐、翻完报纸以后，还有什么事可做呢？这些无所事事的时间对很多人来说都是一种折磨。通常到中午时分，他们才会决定要去拜访亲友或看电视转播的球赛，目标感这时才又重现，注意力方可集中于下一个目标上。

独处的体验为何如此受到否定？最根本的答案是：内在维持心灵的秩序十分困难。我们往往需要外在的目标、外来的刺激、外来的回馈，帮助我们控制注意力的方向。如果缺乏外来的力量，注意力就开始游荡，思路也变得混乱——也就是第二章谈到的"精神熵"的状态。

独处的时候，一般的青少年必然会想到："我的女朋友在做什么？我是不是长了青春痘？我来得及写完数学作业吗？昨天跟我打架的那群痞子会来报仇吗？"换言之，无所事事的时候，心灵就无法遏制消极念头的来袭。除非学会控制意识，否则成年人也会被类似的情况困扰。有关感情、健康、投资、家人及工作的烦恼，总在注意力周遭徘徊，一有机会就乘虚而入。心灵一准备要放松，虎视眈眈的难题就"咻"的一声扑上前来。

正因为如此，电视成了许多人的恩宠。虽然看电视算不得什么积极的体验——很多人说，他们看电视时觉得消极、软弱、易怒，但跳动不已的屏幕至少带给意识某种程度的秩序感。可预测的情节、熟悉的角色，甚至大量的广告，都提供一种令人安心的刺激模式。屏幕使注意力集中在一个容易处理的小范围之内，心灵跟电视互动，暂时可以不受个人的烦虑打扰。屏幕上掠过的资讯，会把不愉快的念头逐走。但用这种方式逃避沮丧，实在是一种浪费，因为徒然投下许多注意力，却得不到什么收获。

孤独的解药

解除孤单痛苦的极端手段包括：服药或一些无法自制的行为，例如不断打扫房屋或强迫性行为等。在药物的化学作用之下，暂时卸下控制精神能量的责任——不论发生什么事，都超乎我们所能控制的范围。药物就像电视一样，可以使心灵暂时无须面对沮丧的念头。虽然酒精和其他药物也能创造最优体验，但其复杂程度却很低。

有些人并不同意以上有关药物对心灵影响的看法。过去25年来，不断有人信心十足地告诉我们，药物能扩张意识、增加创造力。但证据显示，化学物质虽然能改变意识的内涵与构造，却无法扩大或增加自我对意识的控制。然而创造却需要通过自我对意识的控制才能实现，因此，尽管迷幻药确实能提供更加多样化的心灵体验，但对于我们整理这种体验的能力却无所增益。

很多现代艺术家用迷幻药做实验，希望能像传说中吞了鸦片酊，才写出《忽必烈汗》那样传颂千古好诗的英国诗人柯勒律治一样，创造出充满神秘魅惑的作品。但他们早晚会发现，艺术创作需要的是清醒的心灵。药物作用下完成的作品，经常缺少杰作应有的复杂性——它往往显得肤浅而自我陶醉。受化学作用改变的意识，会产生不寻常的意象、思想、感觉，在艺术家恢复清醒时可以作为有用的素材。但危险的是，如果一味依赖药物建构心灵模式，很可能到头来连控制心灵的能力也一并丧失了。

性也常是用外在秩序控制思想的手段，一种逃避孤单的消磨时间的方法。因此，把看电视和性行为相提并论，也不足为怪。性虽是人类与生俱来繁衍后代的本能活动，但春宫画和夸张的性行为却使它吸引力大增，注意力因而很容易集中在这种事情上，使不受欢迎的念头无隙可入，而问题是它并没有开发意识复杂性的潜力。

类似的情况也适用于其他乍看似乎与愉悦背道而驰的活动：如自虐行为、冒险、赌博。这些一般人用来伤害或恐吓自己的方法，并不需要太多技巧，但它们能给人一种控制的快感，因为痛苦往往比茫然无依、被混沌蚕食心灵好过。不论在肉体还是情绪上伤害自己，都可以确保注意力集中在一件虽然痛苦，但至少控制得住的事情上——因为造成痛苦的是我们自己。

人生的考验

对控制体验品质能力最大的考验就是，一个人在独处而没有外来需求帮助他组织注意力时，采取什么对策。工作、跟朋友相聚、欣赏戏剧或演奏时很容易专心，但当一切都只能依靠自己时怎么办？独自一人，灵魂的黑夜渐次降临，我们是否疯狂地企图转移自己的注意力？或者我们能找到不但充满乐趣，还能帮助自我成长的活动？

以需要注意力、能改进技巧，并且带动自我发展的活动填满闲暇，跟看电视消磨时间或服用药物寻求创造力截然不同。虽然后两种策略也不失为抵抗混沌、防御形而上焦虑的出路，但它们只能保护心神于不乱，不像第一种还能启发自我的成长。一个人若永远不觉厌倦，不需要靠有利的环境替他制造乐趣，就已通过了创意人生的考验。

学习运用独处的时间在童年时期就很重要。十来岁的孩子若不能忍受孤单，成年后就没有资格担负需要郑重其事准备的工作。很多青少年放学回家，丢下书，吃些点心，就立刻抓起电话跟朋友联络。如果电话没什么好聊的，他就打开音响或电视。即使看书，也不会看太久，做功课代表把注意力集中在相当困难的资讯模式上，甚至最能自律的人早晚也会丢开书本，去寻求更愉快的意念。但快乐的意念并不是呼之即来的；相反，我们的心灵更容易被阴森的梦魔所侵占。于是，青少年开始烦恼自己的外表、受人欢迎的程度及前程。为了免于遭受打扰，他们就必须把心灵填满。读书并不能发挥这种功能，因为它太难了。青少年为了逃避混沌的黑暗，几乎什么事都愿意做——只要无须消耗太多精神能量即可。听音乐、看电视或找朋友打发时间，都是最常见的解决办法。

学习独处

我们的文化对资讯科技的依赖越来越深。在这样的环境中生存，必须熟悉抽象的象征语言。几代以前，一个不能读、不能写的人，还是能找得到收入不错又体面的工作。农夫、铁匠、小商人都可以借着向老师傅拜师学艺，习得一门手艺，并不需要接触象征的系统。但今天即使最简单的工作也得靠文字的指示，较复杂的工作更需要专门的知识，而且唯有靠自己摸索。

未曾学习过控制意识的青少年，很可能会长成不学无术的成年人，他们缺乏在资讯充斥的竞争环境里求生所必需的复杂技巧。更糟糕的是，他们不知道如何享受生活的乐趣；他们更没有养成寻求挑战、激发成长潜能的习惯。

不过学习独处，并不局限于青少年时期。可惜有太多成年人一满二三十岁——充其量到 40 岁，就自认为有资格缩进既有的窠臼，好好休息一下了。他们付出了足够的代价，学会了所有的求生伎俩，就以为从此能在人生汪洋中厘清航行方向。这些人的内在纪律并不坚固，一年年松懈下去，精神熵的现象越来越严重。事业不尽如人意，健康江河日下，人生的浮沉累积成一大堆消极的资讯，对心灵的平静构成越来越大的威胁。这些问题该如何解决？如果一个人不能在独处时控制注意力，就不可避免地要求助于比较简单的外在手段：诸如药物、娱乐、刺激等任何能麻痹心灵或转移注意力的东西。

这是一种退化的反应，并不能带你前进。在成长的同时享受人生，就是从人生必然会出现的精神熵现象中，创造更高的秩序形式。换言之，不要把新挑战看成需要压抑或逃避的东西，而是一个学习和改善技巧的机会。肉体的精力随年龄渐长而衰退，这代表我们应该把精力从操控外在世界的野心，转向对内心的真相做更深入的探讨；这也代表我们终于有时间读普鲁斯特的小说、学下棋、种兰花、帮助邻居——如果我们觉得这些事情值得追求的话。除非早已养成善用独处光阴的习惯，否则这些事情都是非常困难的。

这种习惯越早养成越好，而且永远不嫌太早。前几章已经谈到若干运用肉体与心灵创造心流的方法，如果一个人能随心所欲地进入心流，不受外在条件限制，就已掌握了改变生活品质的钥匙。

驯服孤独

所有的规则都有例外。虽然大多数人都怕孤独，但也有些人刻意离群索居，选择独自生活。英国哲学家培根引用一句俗语说："喜欢独居的人，不是野兽就是神。"倒不一定是神，但一个人若能从独处中找到乐趣，必须有一套自己的心灵程序，不需要靠文明生活的支持——亦即不需要借助他人、工作、电视、剧场规划他的注意力，就能达到心流状态。

现代"梭罗"

在这种类型的人中，有个有趣的例子：一位名叫桃乐西的妇人独自住在美加边界湖泊森林区的一个孤寂的小岛上。桃乐西原本在大城市里当护士，在丈夫去世、儿女都成年离家后，搬到了旷野中居住。夏季的三个月里，捕鱼人会划船经过她的小岛，有时会停下来和她聊聊天，但漫长的冬季里，她完完全全与世隔绝。

桃乐西跟其他独居在旷野中的人一样，尽可能在环境中树立个人风格，到处都看得见她种花的花盆、点缀花园的摆设或丢弃的工具。很多树上钉有标语牌，上面写着打油诗、老掉牙的笑话或指示她住处方向的漫画。她在野性难驯的大自然里，加入了自己独特的风格和文明。桃乐西一年到头的日程安排都很紧凑：5点起床，看母鸡有没有下蛋，挤羊奶，劈木材，做早餐，盥洗，缝纫，钓鱼等。桃乐西知道，如果要驾驭陌生的环境，就必须把自己的一套秩序加诸旷野之上。于是，漫漫长夜桃乐西都专心阅读和写作。她书架上的书包罗万象，所有你想得到的题材都有。偶尔她也会出去采购日用品；夏季则因渔夫的到访，生活有较大的变化，桃乐西似乎很喜欢人群，但她更喜欢充分掌握自己的世界。

熬过孤独唯一的方法就是设法整顿注意力，不让精神熵损害心灵。布琪以驯养纯种狗为业，曾经参加过北极圈雪橇大赛，在11天的长途奔驰竞逐中，还要躲避野麋和狼群攻击。多年前，她从马萨诸塞州搬到阿拉斯加州曼雷镇，全镇人口62人，她的小屋距最近的村落25英里。结婚前，她跟150条爱斯基摩犬生活在一起。她根本没有时间想到寂寞——打猎觅食，加上照顾狗群，就花掉她一天中的16小时，一周7天，完全没有假期。她能叫得出每只狗的名字，也清楚地记得每只狗的血统。她知道它们的个性、喜好、吃东西的习惯、目前的健康状况。布琪说，她喜欢这种生活，一点儿也不想改变。她为自己安排的时间表，使她的意识一直集中于她能处理的工作上——于是，生活就成为一股涓涓不断的心流。

甲板上的鸡蛋

一位喜欢独自驾帆船长途航行的朋友讲了一个故事,说明单枪匹马的航海家为了保持心神集中,需要付出多大的努力。在一趟向东横渡大西洋的航程中,当他快速接近距葡萄牙海岸约 800 英里的亚速尔群岛时,看见一艘小船正朝相反的方向行驶(多日以来,他连一艘船也没见过)。航海者都很乐意会晤同道,因此双方都调整航向,边靠边地在公海上会面。另一艘船上的人正在刷地,甲板上有一层又黏又臭的黄色液体。

我的朋友先开口问:"你怎么会把船搞得这么脏?"那个人耸耸肩膀说:"哦,不过是一堆烂鸡蛋罢了。"我的朋友不能理解为什么在大海中会有那么多烂鸡蛋砸在一艘船的甲板上。那个人说:"是这样的,冰箱坏了,鸡蛋也坏了,好几天没有风,我真的烦透了。所以我想,与其把鸡蛋都扔到海里,不如把它们全都砸在甲板上,然后再洗掉。本来是想让它停留一段时间,会比较难洗,但是没想到会这么臭。"正常情况下,孤独的水手在船上有很多事情可做。海洋与船的状况随时会对他的生命构成威胁,必须提高警觉。注意力持续集中于可速成的目标上,是航海最大的乐趣所在。一旦厌倦来袭,临时要找别的挑战,简直就比登天还难。

借着没有必要却又十分耗力费神的事情排遣寂寞,跟经常喝药或看电视又有什么不同呢?可能有人认为,桃乐西和其他隐士就像上瘾一样,找到了逃避现实的有效方法。两种情形都是把不愉快的思想和感觉排除在心灵之外,不给精神熵可乘之机,但真正的区别在于你如何面对孤独。一方面，如果把孤独当作实现在人群中不可能实现的目标的机会，那么你不但不会觉得寂寞，反而会喜欢独处，而且从中学到新的技巧。另一方面，如果在一个人心目中，孤独根本不是什么挑战，而是必须不计代价避免的不幸下场，那么孤独当前，他就会慌乱失措，用不能助长自我复杂性的手段转移注意力。饲养长毛狗、在北极赛雪橇，比起花花公子或吸毒者的稀奇怪招，或许显得相当原始，但是从精神结构来看，前者远比后者复杂得多。一味追求逸乐的生活方式，只能跟建立在努力工作与乐趣之上的复杂文化共生。如果文化不能或不愿意再支持这批没有生产力的享乐主义者，他们就会变得无依无靠。

这并不代表一定得搬到阿拉斯加猎麋鹿才能控制意识，任何环境下都有掌握心流活动的机会。只有少数人需要住在旷野里，或者单独出海远航，大多数人都觉得置身于喧嚣忙碌的人际关系中，很有安全感。但不论在纽约市中心，还是在阿拉斯加的边陲，都会有孤独的问题，除非学会从中找到乐趣，否则你就得花大半辈子的时间逃避它的阴影。

天伦之乐

人生最强烈而有意义的体验，往往发生在家庭中。很多成功的人都同意艾柯卡的话："我有成功的事业，但跟我的家庭比起来，事业实在是无足轻重。"

自古以来，人的一生几乎都在家族团体中度过。家庭的规模与组成有多种形式，但无论如何，亲戚之间的感情与来往总比外人密切。社会学家指出，亲族间的忠诚度跟两个人共有的基因成分呈正比：例如，兄弟姊妹有一半的基因相同，表兄弟姊妹有 1/4 的基因相同，因此亲手足互相帮助的热忱平均是表亲的两倍。根据这种说法，我们对亲戚的特殊感情只不过是保障同类基因存续的生物机制罢了。

亲情之所以存在，当然有很强大的生物学因素。哺乳类成长缓慢，如果没有与生俱来的机制，使成兽对幼兽有抚养的责任心，使幼兽对成兽有依赖心，就不可能生存至今。同样，人类新生儿与照顾者之间，也存在着这种密不可分的关系。不同文化与不同时代的家族实际关系，却出人意料的复杂多变。

比方说，父系氏族社会或母系氏族社会、一夫多妻制或一夫一妻制的婚姻，或诸如特殊的继承制度等较不明显的家族结构，对家庭成员的日常体验都有很大的影响。大约 100 年前，德国分裂成许多小公国，各国有不同的继承法，或是嫡长子继承全部家产，或是由所有儿子平分。何种继承法会被采用，似乎完全出于偶然，但在经济上却有深远的影响（嫡长子继承造成资本的集中，带来工业革命的契机；平均分配则把产业分割得支离破碎，导致工业发展落后）。回到手足关系的正题，采用嫡长子继承制度的文化，必然与将产业平分给子女的文化有本质上的差异。手足之间的感情与彼此的期望，以及相互的权利与责任，大抵由特定的家族运作形式决定。正如上面的例子显示，虽然基因可能规划我们对家族成员有一份特殊的感情，但文化对这份感情的强度与走向，也有不小的影响力。

因为家庭是我们最先接触到的单位，在很多方面也是最重要的社交环境，所以生活品质也大部分取决于我们能否从亲戚互动关系中得到乐趣。不论家人之间的生物或文化关联多么强大，一般人对亲戚的感受仍然相去甚远。有的亲人和蔼而乐于伸出援手，有的很难缠，有的无时无刻不对家中成员构成威胁，有的更是令人无法忍受。谋害至亲的人伦悲剧，发生的概率比没有亲戚关系的人还高。虐待儿童和乱伦的性骚扰，一度被认为只是难得一见的变态现象，现在则得知这种事发生频率之高远超乎一般人的想象。弗莱彻说："我们爱的人最有能力伤害我们。"毫无疑问，家庭能带给人极大的快乐，但也可能成为一个无法承受的重担。这完全得看家人在相互关系和彼此追求的目标上投注多少精神能量，而后者更为重要。

婚姻是妥协的开始

所有人际关系都需要重新调整注意力，为目标重新定位。两个人开始以"一对儿"的姿态公开出现时，他们必须接受单身时不会有的限制：时间上要互相搭配，计划要稍作修订；连相约吃顿饭这么简单的事，都必须在时间、地点、口味上达成妥协。在某种程度上，情人或夫妻对外来刺激的情绪反应也必须类似——如果一个人爱看电影，另一个人讨厌电影，这份关系可能就维持不久。两个人决定把注意力集中到对方身上，就等于同意改变自己的习惯；自然而然，他们的意识模式也必须跟着改变。结婚无疑是把应用注意力的习惯，做一个极端而永久的调整。生育孩子以后，父母为了配合婴儿的需要，又得重做改变：睡眠的周期要变，外出的机会要减少，妻子还可能必须放弃工作，必须为孩子储蓄教育经费。

这些调整都很辛苦，也可能使人感到沮丧。如果有人不愿在一段感情关系开始时调整个人目标，那么这段感情往往会在他的意识中制造混乱，因为新的互动模式一定会跟旧的期待模式发生冲突。一个单身汉可能把开一辆拉风的跑车和每年冬季去加勒比海度假当作第一优先考虑。倘若一旦决定结婚、生子，他就会发现，后面这两个目标跟前面两个目标轧不拢。他再也买不起玛莎拉蒂跑车，岛屿度假也变得遥遥无期。除非他修订过去的目标，否则互相矛盾的目标只会让他产生挫折感，在内心造成精神熵。如果他修订目标，自我也会随之改变——自我本来就是目标的整理与总和。由此可见，感情关系必然会带来自我的转变。

为情感而厮守

数十年前，一家人还倾向于住在一起，父母子女都基于外在的理由，不得不维持共同居住的关系。过去的人很少离婚，倒不是因为那时候夫妻的情爱比较深厚，而是因为丈夫需要人替他做饭和打扫房屋，妻子需要人负担家计，孩子也需要父母供给吃住，帮助他们进入这个世界。老一辈的人费尽苦心灌输给年青一代的"家庭价值观"，无非就是反映这种简单的需求，只不过多披上一层宗教和道德的外衣罢了。

当然，一旦"家庭价值观"的重要性建立，一般人就会把它奉为金科玉律，而它也确实维系了家庭的完整。但这套道德规范常被视为外来的压迫，在它的压力之下，夫妇儿女敢怒而不敢言。它所造成的完整家庭只是一种假象，内在却充满了矛盾与仇恨。现在常见的家庭瓦解，其实是维持婚姻状态的外在因素逐渐消失的结果。妇女就业机会增加、省时省力的家电用品普及，对离婚率的影响远比爱心和道德衰微更大。

维持婚姻生活，与家人同住，并非只因为外在的理由。很多享受乐趣和成长的机会，只有在家庭生活中才体验得到，这些内在的回报现在也没有减少；事实上，现在可能比以前还容易得到。如果传统家庭为方便而厮守在一起的现象已逐渐减少，为共处的乐趣而齐聚一堂的家庭就可能不断增加。当然，因为外在力量还是比内在力量强大，两者消长的结果会使家庭瓦解的趋势再持续一段时间；但能支持下去的家庭，将会比那些违背个人意志、勉强守在一起的家庭，更能帮助成员培养充实的自我。

环境决定婚姻制度

人的本性究竟属于一夫多妻还是一夫一妻，一夫一妻制到底是不是文化演进的最高形式，一直是众说纷纭的话题。我们知道，这样的问题谈的只是塑造婚姻关系的外在条件。就这个观点而言，最重要的似乎是，哪一种形式能最有效地保障物种的生存。同一物种的生物，其至也会因环境而改变交配模式。以沼泽中的长嘴鹩鹩为例，这种鸟在华盛顿州是一夫多妻的，因为那一带沼泽的生活品质迥异，占据富庶领域的少数雄性，较能吸引雌性，运气差的雄鸟只好注定打一辈子"光棍"。同一种鹩鹩在佐治亚州却奉行一夫一妻制，倒不是受这一州宗教信仰特别虔诚的影响，而是因为这儿的沼泽能提供的食物和栖息地都差不多，雄鸟的条件也都差不多，都能吸引到一只雌鸟比翼双飞。

人类家庭的形式，同样是出于环境压力的影响。如果只谈外在因素，我们现在实行一夫一妻制乃是因为科技社会建立在货币经济上，时间已证明这种婚姻制度最方便。但个人的问题，不在于人类是否天生适合一夫一妻制，而在于我们自己要不要遵守一夫一妻制。回答这个问题之前，我们必须先衡量各种选择的后果。

忠于最初的承诺

有些人习惯把婚姻视为自由的终结，也有人把家庭称作"枷锁"；家庭生活则令人联想到干预个人目标、阻挠行动自由的限制与责任——这固然是事实，尤其当结婚是为了方便时更是如此。但我们往往忘记，这些规范与义务，原则上与游戏规则没有两样。它们跟所有规则一样，都是为了缩小范围，帮助我们把注意力完全集中在若干特别的选择上。

古罗马雄辩家西塞罗曾说，要得到完全的自由，必须先臣服在一套法律之下。换言之，接受限制就能得到解放。例如，决定把精神能量全部投注在一夫一妻制的婚姻之中，不论发生什么问题、障碍，或有更好的人选出现，都不会变心，就不会再有追求最大感情回馈的压力。既然已决定信守旧式婚约的承诺，而且不受传统所迫，完全发乎本心，当事人就不必担心自己是否做了正确的抉择，别人的配偶是否比自己的更好，结果就省下不少精力应付生活需要，不必再花无谓的力气，思索该过什么样的日子。

如果一个人决心选择传统式的家庭，一夫一妻制的婚姻，跟儿女、亲戚、社区都保持密切的联系，就必须先考虑清楚，家庭生活如何能转变为心流活动。因为若非如此，厌倦和挫折感不久就会入侵，除非靠异常有力的外在因素维系，否则人际关系就会被破坏无遗。

家庭要能提供心流，必须先有存在的目标。光有外在的理由还不够，"人家都结婚了"、"该生孩子了"、"两个人吃饭也不过多一双筷子"的想法或许是成家的诱因，也可能足以使一个人把结婚的念头付诸实施，但它们并不能使家庭生活变得有乐趣。要先有积极的目标，才能使父母子女集中精神能量，携手努力。

以上的目标可能很广泛，而且需要花很长的时间才能实现，例如计划一种特定的生活方式——建一幢理想的住宅、让孩子尽可能接受最好的教育，或在现代的世俗社会中奉行某种宗教理想而生活。家庭若要使这些目标变成助长家族成员复杂性的互动关系，必须通过独特化与整合的过程。所谓独特化，就是鼓励家庭中每个人发展自己的特质，发挥最高的技巧，并建立个人的目标。整合则正好相反，它确保一个人身上发生的变化也能影响到其他人。如果孩子以自己在学校的表现为自豪，家中其他人也会表示关切，并以他为荣；如果母亲觉得疲倦沮丧，家人会试着鼓舞她。在一个整合良好的家庭里，每个人都把彼此的目标放在心上。

共享目标

除了长期的目标，源源不断的短期目标也是不可或缺的。这可能包括买一套新沙发，去野餐、度假，星期天下午一块儿玩拼字游戏等简单的活动。除非全家人愿意分享一个目标，否则要大家共聚一堂几乎不可能，更不要说从活动中得到乐趣了。独特性和多样性的整合在此还是很重要：共同的目标必须尽可能反映各个成员的目标。如果瑞克想去看越野机车赛，艾莉却想参观水族馆，那就不妨安排一个周末去看赛车，下个周末再去水族馆。这种安排的好处是艾莉可能会觉得赛车很有趣，而瑞克也会喜欢观赏水中游鱼。如果两人各走各的，他们的收获就只局限于个人偏见的一隅。

家庭活动正如其他心流活动一样，也要提供清楚的回馈。在此指的是保持沟通渠道畅通，就这么简单。丈夫若不知道妻子为什么烦恼，或妻子对丈夫的心事一无所悉，双方就没有机会化解可能发生的紧张情势。我特别要强调，精神熵是团体生活基本的状况，除非人际关系中每一个人都投入精神能量，否则因为每个人的目标都多少跟别人有点儿不同，冲突一定会发生的。没有良好的沟通渠道，误会就会加深，直到关系因而破裂为止。

发掘新挑战

在判断家庭目标是否已经实现时，回馈也具有决定性作用。我太太跟我一直以为，每隔几个月，趁星期天带孩子去动物园一趟是极富教育意义的活动，大家都能从中得到乐趣。我们最大的孩子满10岁的时候，开始对动物被关在狭小的空间里感到非常不快乐，我们就不再带他去动物园。人生的现实就是，早晚孩子会有自己的意见，认为全家一起从事的某些活动"很傻"，这时硬逼着他们一块儿做某事，反而会适得其反。很多父母干脆就放弃，让孩子去追逐他自己的同侪文化。但找一种仍能使全家人共同参与的新活动，虽不容易，收获却更多。

从社交关系（尤其是家庭生活）中得到乐趣，心流活动中挑战与技巧平衡的因素极为重要。男女相互吸引的最初，行动的机会通常很明显。自古以来，好逑的男子最基本的挑战就是："我能把她追到手吗？"女方的想法则是："我能钓到他吗？"通常除了双方的技巧水准之外，还涉及一连串更复杂的挑战：了解对方究竟是个什么样的人，她喜欢什么样的电影，他对时事有什么看法，这段缘分能否发展成一段有意义的关系。接下来，他们可以一块做一些好玩的事情、去一些地方、参加派对、事后评头论足等。

渐渐地，两人了解越来越深，显而易见的挑战都发掘完了。一般的花招都已尝试，对方的反应也都可以预测，至此性追逐已失去了最初的魅力。这时感情就面临着沦为无聊例行公务式的危机，它或许还可以靠方便的需求维持，但已经不可能提供进一步的乐趣或激起复杂性的新成长。使感情重回心流唯一的方法就是从中找到新挑战。

这可能只需要改变一下吃、睡、购物的习惯，但也可能需要谈谈新的话题，结交新的朋友。最重要的是，他们必须多注意伴侣本身的复杂性，从更深的层次了解对方，对岁月造成的无情改变表示同情与宽容，并给予支持。复杂的关系早晚会面临一个重要的问题：双方是否准备许下终身的承诺？这一刻会有新的挑战涌现——共同组织、经营一个家，在孩子成年后参与更广泛的社会事务，共同工作。当然，这些事都需要付出大量精力和时间，但体验品质上的收获也往往远超过付出的代价。

青少年问题多多

父母跟子女的关系也需要不断增加挑战与技巧。婴幼儿期，父母只要目睹孩子的成长就觉得乐趣无穷——第一个微笑、第一句话、第一次迈开脚步、第一次涂鸦，都能令他们开心不已。孩子在这些技能上的突飞猛进，每一次都是充满乐趣的新挑战，而父母的反应则给孩子更多的行动机会。从摇篮、游戏间到幼儿园的运动场，父母不断矫正孩子与环境之间挑战与技巧的平衡。进入青春期以后，很多青少年变得不再那么好控制，于是大多数父母选择视若无睹，假装一切都正常，明知无望，却仍抱着情况会好转的希望。

青少年在生理上与成年人无异，已成熟到可以生育下一代；大多数社会（我们的社会 100 年前也如此）都认为他们已经可以接受成年人的责任，得到社会的认同。但现代社会并没有为青少年安排与他们技巧相称的挑战，他们必须在成年人许可的范围以外，寻求挑战的机会。通常他们的发泄渠道就是破坏公物、吸毒和性游戏。在既有的条件下，父母很难弥补文化中机会的欠缺。就这一点而言，市郊高级住宅的富人和贫民窟居民并没有太大差别。一个身体强壮、精力充沛、头脑灵活的15岁少年，在你家附近有什么事可做？仔细思考这个问题，你很可能会发现，目前的一切不是太人工化、太简单，就是不足以掌握一个青少年的想象力。

然而，家庭还是可以采取一些措施，稍微缓和这种机会贫乏的现象。从前，年轻男子会离开家一段时间，去当学徒或到远方旅行，接触新挑战。今天也有类似的机会——到外地上大学，不过12~17岁左右大约5年的青春期仍然是个问题。这个年龄的人能找到什么有意义的挑战？如果父母在家里安排一些容易了解、颇具复杂性的活动，情况就好多了。如果父母喜欢玩乐器、烹饪、阅读、园艺、木工或修汽车引擎，他们的子女就有可能从类似的活动中发现挑战，投入足够的注意力，开始从一些有助于他们成长的事情上找到乐趣。如果父母多谈谈他们的理想与梦想——即使没能实现——也可能会激励孩子的野心，突破目前的自满状态。再不然，拿工作或时事当话题，把孩子当作小大人或朋友看待，也能把他们训练成有思考能力的成年人。但如果父亲一有空就捧着酒杯，坐在电视机前不动，孩子当然就会推论，成年人都是一些不知乐趣为何物的无聊家伙，他们会转向平辈寻求乐趣。

在比较贫穷的社区，年轻人常会加入帮派，借由械斗、耀武扬威及飙车，体验挑战的刺激；然而在比较小康的社区，这些机会通常不存在。包括教育、休闲、工作等活动，几乎都在成人的掌握之中，年轻人很少有参与的机会。也由于缺乏可以表现技巧、创意的机会，他们只得转向通宵达旦地逸乐、嚼舌根、吸毒及自恋式的反省，证明自己的存在。不管是不是有意的，许多年轻女孩都认为，唯有怀孕才能证明自己已长大成人，尽管这种想法可能导致危险而不愉快的后果。如何使环境变得富有挑战，无疑是青少年的家长面临的重要课题。然而光是对迷失的青少年耳提面命，灌输他们该做何事，并没有用；只有活生生的范例及具体的机会才能奏效。倘若没有这些条件，一味怪罪青少年是不对的。

家是感情的避风港

如果家庭能给青少年接纳感、控制感和自信心，青春期的压力就会稍微缓和些。在具备这些要素的家庭中，成员相互信赖、相互接纳，他们不需要时时担心是否讨人喜欢，人缘好不好，有没有满足别人的期望。常言说得好，"爱不必说抱歉"，"家是一个永远欢迎你的地方"。确信自己在亲人眼中价值不凡，能给人尝试的勇气。过分墨守成规，往往是源于害怕遭受否定的心态。如果一个人知道，不论发生什么事，家永远是感情的避风港，他就更有勇气去开发自己的潜能。

无条件地接纳对儿童尤其重要，如果父母威胁孩子，不能实现要求就收回对他的爱，孩子游戏的天性就会逐渐被长期焦虑所取代。但如果孩子知道父母无条件地为他的幸福奉献，他就能无所畏惧地去探索这个世界；否则他就只好抽出一部分精神能量来保护自己，这样他能自由运用的精神能量就少了。早期精神上的安全感，很可能是养成儿童自得其乐性格的一大要素，少了它，就很难长时间放松自我，真正体会心流。

当然，无条件的爱并不是指人际关系不需要任何标准，犯规也不会受罚。如果触犯规定不需要冒任何风险，规则就变得没有意义了；任何活动若缺乏有意义的规则，就不可能产生乐趣。孩子必须知道，父母对他们有某些期望，不听话就要面对特定的后果。但他们也该知道，不论发生什么事，父母对他们的关怀都不会改变。

一家人拥有共同的目标和开放的沟通渠道，就能在信任的氛围中，逐渐扩充行动的机会，使家庭生活成为乐趣洋溢的心流活动。家人自然而然地把注意力投注在团体关系中，并且在某种程度上把个人的自我与目标置之度外，以便在一个结合不同意识、追求统一目标的复杂体系中，享受心流的乐趣。

我们这个时代最根本的一个错觉就是，以为家庭生活可以自给自足，处理家庭生活最好的策略就是听任其自由发展。男人尤其喜欢用这个念头自我安慰。他们知道工作要有成就是多么困难，要为事业付出多少努力。回到家，他们只想松口气，而且觉得家人无权再向他们提出重大的要求，他们同时迷信家庭的完整。只有当一切都已太迟——妻子开始酗酒，孩子变成冷漠的陌生人——很多男人才醒悟，原来家庭跟"合资企业"一样，必须不断投注精神能量，才能保障它的生存。

"业精于勤，荒于嬉。"小喇叭手要吹奏得好，绝不能荒废时日不练习；运动员若不定期锻炼，体能就会退步，再也不能享受跑步的乐趣；所有经理人都知道，只要他一分心，公司就会出问题。这些例子都说明，不集中注意力，复杂的活动就会陷入混沌。家庭又怎么可能幸免？家庭成员之间的完全信赖、无条件接纳，只有在毫不吝惜投入注意力时才有意义，否则它不过是空洞的姿态与做作罢了。

朋友之乐

培根写道："最可怕的孤独就是没有真诚的友谊。"跟家庭关系比起来，从友谊中找到乐趣要容易许多。我们可以根据共同的兴趣或人生目标选择朋友。朋友绝少会试图改变我们的自我，只会帮我们加强自我。家庭中有很多烦人却不得不接受的事，诸如倒垃圾、打扫卫生等，但是跟朋友在一起，我们只需要把注意力集中在好玩的事情上就够了。

我们在研究日常体验时一再发现，一般人心情最好的时候，往往是跟朋友在一起。尤其是年轻人，他们觉得跟朋友在一起的快乐，甚至超过跟自己的配偶共处。连退休者都承认，朋友比配偶或家人更能带给他们快乐。

由于友谊通常都涉及共同的目标与共同的活动，所以自然而然能产生乐趣。跟所有其他活动一样，友谊有很多形式，从破坏性到高度复杂都有可能。如果友谊只是消除自我不安全感的手段，那么它虽然还是能给人快乐，却不具有乐趣的作用，也无法帮助成长。例如，酒肉朋友在全世界的小社区中都很常见，成年男性聚在一起嘻嘻哈哈，在酒店、小酒馆、餐厅、茶艺馆、咖啡厅、啤酒屋的欢乐气氛下，借打牌、掷飞镖、下棋消磨时间，或一边拌嘴、互相嘲弄。每个人都对别人的观念和癖好付出注意力，并由此互相肯定自我存在的价值。这种互动使孤独而漫无组织的状态，无从入侵消极的心灵，但它并不能刺激成长。就像集体看电视，虽然它需要的参与程度比较复杂一点儿，但其中的动作与语汇大多已经固定，很容易预测。

这种社交方式只是模拟友谊，并不能提供真正的友谊。每个人偶尔花一天嚼舌根，都会觉得有趣，但很多人却变得极端依赖每天肤浅的接触。耐不住孤独，在家里又得不到感情支持的人，尤其是如此。

寻求同侪认同

与家庭联系不够密切的青少年，可能会因为非常依赖同侪团体，为加入不惜做任何事。大约20年前，亚利桑那州图森城有一所规模很大的高中，有个年纪较大的退学的学生杀了好几个高三的学生，把他们的尸体埋在沙漠里。被害人的同学全都知道这回事，但他们跟凶手是"朋友"，好几个月都没有人泄密，最后还是警方偶然发现这场令人发指的谋杀案的真相，才揭发全案。

这些学生都来自环境不错的郊区中产阶级家庭，他们说自己是因为害怕被朋友排斥，所以才不敢走漏消息。如果这些青少年有比较温暖的家庭，或跟社区中其他成年人有比较密切的联系，遭同侪放逐或许就不至于那么无法忍受了。很明显，他们跟孤独之间的唯一屏障就是同侪团体。很不幸，这种现象并不罕见，类似的故事经常出现在媒体上。

如果年轻人在家里觉得被接纳、被照顾，对团体的依赖程度就会减轻，青少年也能学习控制与同伴相处的关系。克里斯15岁时还相当害羞，沉默寡言，戴眼镜，没什么朋友，但他跟父母很亲近。他告诉父母，他受够了被排除在学校团体之外，决心要广结善缘。克里斯为此还精心设计了一套策略：他要配隐形眼镜，穿比较时髦的服饰，学习最新的流行音乐和青少年时尚，并且把头发染成金黄色。他说："我要试试能不能改变我的人格。"他花了很多天在镜子前面练习满不在乎的酷模样。

这套策略在他父母的支持之下，进行得很顺利。一年之后，他被邀请加入最好的社团。翌年，他在学校筹办的歌剧中得到一个重要的角色。他扮演摇滚歌星柏蒂十分传神，风靡全校，女生们甚至把他的照片贴在储物箱门上。毕业纪念册上，还刊登了他参加各式各样活动大放异彩的照片，包括赢得"性感美腿"比赛。他的确成功地改变了人格的外观，并且控制了同伴对他的看法。同时，他自我的内在结构却没有改变：他仍是个敏感、慷慨的年轻人，不会因为自己有办法左右同伴的意见就轻视他们，也不过分高估自己而志得意满。

克里斯能赢得众人爱戴，最与众不同的一点就是，他秉持运动员看待足球队或科学家看待实验那种超然的自律，不为自己的目标而患得患失。他不在期待中迷失自己，并选择自己能应付的实际挑战。换言之，他把"人缘"这头令人望而生畏、难以捉摸的妖魔鬼怪，变成可应付的心流活动，不仅从中得到乐趣，而且也为自己找到了自尊和自重。

与同侪为伴的经验跟所有其他活动一样，可分成不同的层次：最低的层次最简单，但只是暂时摒除混沌、制造快乐的一种方法；最高层次则能带来高度的乐趣与成长。

真友谊

最强烈的体验也是在亲密友谊之中产生的。亚里士多德曾说："纵使拥有世上所有的宝物，如果没有友谊，也没有人能活得下去。"指的就是这样的关系。从一对一的友谊中得到乐趣，需要心流活动的全部条件。不但要有共同的目标、相互的回馈（这些在一般酒吧或鸡尾酒会上的互动也能提供），更需要从共处中发掘新的挑战。这也许只是一天比一天更了解朋友，发现他与众不同的地方，同时也渐渐崭露自己的独特之处。跟另一个人分享自己的秘密和思想，可谓是人间至乐。这些条件虽然乍看很普通，事实上却需要大量的注意力、开放的态度和敏锐的感觉。现实生活中，在友谊上投注这么多精神能量的实例却少得可怜，因为很少有人愿意付出这么多精力和时间。

友谊是我们表现平时少有机会崭露的部分自我的良机。要说明一般人所用的技巧，最好先把它分成两类：实用性和表达性。实用性技巧适用于有效地适应环境，它是基本的求生工具，读书、写字以及科技社会的专业知识都属于此类。不懂得如何达到心流的人，通常都把实用性的事务当作一种外在的体验——因为这种事不能反映他们自己的抉择，而是外界强加给他们的要求。表达性技巧指的是，试图把主观体验呈现在外的行动，例如唱一首能表达心情的歌曲，把情绪转变成舞蹈，画成一幅画，或说一则喜欢的笑话，打几局保龄球等。表达性的活动使我们觉得触及真正的自我。一个只活在实用性行动之中，不能体验表达性心流的人，最后就变得跟科幻小说里只会模仿人类行为的外星机器人一样呆板。

在正常生活的过程中，我们很少有机会体验完整表达的感觉。工作时必须遵守角色的要求，做一个胜任的技工、严肃的法官、唯命是从的侍者。在家里要扮演慈祥的母亲或孝顺的儿子，搭巴士或地铁通勤时，又得戴上另一副无动于衷的面具。只有跟朋友在一起时，一般人才觉得可以轻松一下，做真正的自己。因为我们选择的朋友都是拥有相同终极目标的人，可以一块儿唱歌、跳舞、说笑话、打保龄球。面对这样的朋友，我们可以清楚地体会到自由的感觉，了解真正的自我。现代婚姻的理想是把配偶当作朋友，过去的婚姻安排则以家人的方便为主。前述理想曾被视为不可能实现，但现在很多人都说，他们最好的朋友就是自己的配偶。

我们必须先接受友谊在表达上的挑战，才能享受到它的乐趣。如果一个人交了一大堆只会肯定他的朋友，也从不追究他的梦想与欲望，从不强迫他尝试新的生活方式，他就错失了友谊真正能提供的成长机会。真正的朋友偶尔会陪我们疯狂一下，但他们不会期望我们一味任性到底；他们能与我们分享实现自我的目标，也愿意分担提升复杂性的风险。

神秘的冒险

家庭提供以情绪为主的保护，友谊却是神秘的冒险。被问到最温馨的回忆，很多人记得的都是跟亲人共度的假日或旅游。提起朋友，他们较常想到的则是刺激、发现与冒险。

遗憾的是，现代人的友谊很少能维系到成年以后。我们的职业流动性太大，太过专业化和狭隘，无法培养长期的人际关系。能维持一个完整的家庭就算是运气不错，朋友圈子就更不用提了。听成功的成年人（尤其是男人——大公司的经理、杰出的律师、医生等）谈到他们的生活变得如何如何孤独时，总令人不免感到意外。他们含着眼泪追忆初中、高中或大学时代的好朋友，但这些朋友都已成过去，即使现在还见得到面，大家的共同点已很少，往往就只剩甜蜜与苦涩交杂的回忆。

很多人以为朋友跟家庭关系一样都是自然发生的，如果这些关系失败，除了自怜就没有别的法子可想。青少年总有一大堆兴趣跟别人分享，可以挥霍在朋友身上的时间又那么多，交朋友看来真的完全发乎自然。但人生到了后期，友谊就很少出于偶然：它跟工作或家庭一样，必须努力培养。

胸怀大我

一个人只有把精神能量投注在与别人共同拥有的目标上，才能成为家庭或友谊的一分子。同样，一个人若认同一个社会群体、一个种族团体、一个政党、一个国家，就能隶属于这个更广大的人际系统。像甘地或特蕾莎修女，把全部精神能量投注在他们心目中的全人类的共同目标上。

在古希腊人的观念中，"政治"一词指的是一切与人有关而又超越个人与家庭之上的事务。在这么广泛的定义下，政治可能是个人所能参与的最有乐趣和最复杂的一种活动，因为一个人投入的社会竞技场越大，挑战也越大。一个人独处时除了处理非常复杂的问题，还会把注意力分给朋友和家人。但要把一群不相干的人的目标发挥到极致，涉及的复杂程度就大得多了。

不幸的是，很多涉及公共事务领域的人，行为复杂程度的层次并不高。政客要的是权，慈善家要的是名，自命圣人者只想证明自己是多么正确。如果投入足够的精力，这些目标并不难实现，但更大的挑战是，在满足个人心愿之外，同时还要帮助别人。这么做困难度会增加，但成就感也更高，如此一来，政客可以真正改善社会状况，慈善家能真正救助匮乏的人，圣人也能为其他人树立生活的典范。

如果只考虑物质的收获，我们或许会认为，一味为自己争权夺利的政客很精明。但如果承认人生真正的价值在于最优体验，我们就必须说，为众人谋福利的政治家才是聪明绝顶的，因为他们接受了更高的挑战，更有机会体验真正的乐趣。

先改变自己，再改变世界

公共事务领域潜藏着很多乐趣，但必须通过心流的架构才能找得到。不论从参加童子军、古典名著读书会，还是从保护环境或声援地方工会着手，重要的是确立一个目标，集中精神能量，注意回馈，确定挑战与自己的技巧水准相称。早晚这样的互动会发生作用，心流体验就随之出现。

当然，精神能量有一定的极限，我们不能期望每个人都对公共目标感兴趣。有些人光是在充满敌意的环境里求生，就已经耗尽了全部的注意力；其他人则全心投入特定的挑战（例如艺术或数学），不能有丝毫分心。倘若没有人乐于把精神能量投注在公共事务上，并且在社会体系中创造同舟共济的情操，人生就太无情趣了。

心流的观念不仅能帮助个人改善生活品质，也指出了公共行动的方向。或许心流理论对公共事务最大的效用，就是提供一幅改革既有制度的蓝图，使它更有助于产生最优体验。过去几个世纪以来，经济发展太顺利，以至于我们已经习惯用金钱来计算所有人类努力的成绩。但纯粹从经济的角度来看生活极不合理，价值的计算还得包含体验的品质与复杂性。一个社群之所以好，不是因为它科技先进、物质富庶，而是必须提供尽可能从生活各个方面享受乐趣的机会，同时让人在追求越来越大的挑战中，发挥个人的潜能，才称得上是好。同样，学校的价值与它的名声或对学生应付生活需求的训练无关，而在于它能传授多少终身学习不辍的乐趣。一家好工厂不见得是最赚钱的工厂，而是最能改善工人与顾客生活品质者。政治的真正作用也不是使人民更富有、更安全、更有权力，而是尽可能让人从越来越复杂的生活中发现乐趣。

个人意识必须先改变，社会改革才会产生。一个年轻人问历史学家卡莱尔，他将如何改变这世界，卡莱尔答道："改变你自己，这样世上就少了一个恶棍。"他的忠告至今仍然适用。企图改善所有人的生活，却不先学习控制自己生活的人，到头来往往把世界搞得更糟。

第九章

挫折中如何自得其乐？

人生的悲剧在所难免，但遭受打击未必与幸福绝缘。人在压力下的反应，决定他们能否转祸为福，或只是徒然受苦受难。

谈了这么多，可能还是有人认为，只要运气够好，拥有健康、金钱及出众的外表，就很容易获得快乐。如果事业不是那么顺利，命运发给我们一副烂牌，又怎么能改善生活品质呢？不必担心月底会没钱吃饭的人，当然大可慢慢思索乐趣和享乐之间的差异，但对于大多数人而言，沉溺于这种比较之中根本就是种奢侈。假如你有一份收入很好、又有兴趣的工作，当然不妨多考虑一下挑战和复杂性的问题，但一份根本就是愚蠢而抹杀人性的工作，有什么好改进的呢？我们怎么能要求疾病缠身、贫困、遭受种种打击的人，控制自己的意识呢？一定得先改善实际物质条件，然后心流才能对生活品质有所裨益。换句话说，最优体验只是锦上添花，健康与财富才是根本。只有巩固"根本"以后，心流才有助于创造生活的主观满足感。

不消说，本书彻头彻尾都反对以上这种论调。主观体验不只是人生的一个面，它就是人生。物质条件只是次要的，它们只能通过体验，对我们产生间接的影响；心流却直接裨益生活品质，甚至享乐也有同样的效果。健康、金钱，还有其他物质上的优势不一定能改善生活；一个人除非先学会控制精神能量，否则这些优势都发挥不了作用。

相反，很多人历经艰难困苦，不但没有被打倒，反而充分享受到生活的乐趣。这些人怎么能在匪夷所思的恶劣环境下，找到心灵的和谐，提升复杂性呢？本章所要讨论的就是这么一个看似很简单的问题。

扭转悲剧

如果以为能控制意识的人，不论发生什么事仍然会快乐，那就未免太天真、太理想主义了。一个人所能承受的痛苦、饥饿、剥夺，都有一定的限度。正如亚历山大大夫所说的，"心灵统治肉体的论调，虽然没有生物学或医学的根据，却是生命过程中最根本的事实"。整体医学、诺曼·卡曾斯对抗绝症成功的故事，以及西格尔大夫有关自我医疗等书籍的出版，都使20世纪盛行的建立在唯物观点上的保健理论不得不重做调整。我们在此要强调的是，一个懂得在生活中找到心流的人，即使在全然绝望的情形下，也仍然能找得到乐趣。

米兰的马西密尼教授收集到的资料中，有些处于极端困境仍能找到心流的实例，令人叹服不已。他的研究对象有一组是半身不遂的病人，他们年纪轻轻，便因意外事故丧失了运用肢体的能力。这项研究最出人意料的发现是，大多数患者都说，导致半身不遂的那场意外是他们一生中最不幸，但也是最有意义的事件。悲剧事件的正面意义在于，它带给受害者一个非常明确的目标，并减少了冲突性或不必要的选择。学会面对残疾挑战的病人觉得,人生方向变得前所未有的清晰,重新学习生活就是一种骄傲和乐趣。他们把意外事故从精神熵的来源,转变为内在秩序的开端。

苦难是人生的契机

这群人中有个名叫鲁吉奥的青年,他在 20 岁那年骑摩托车出事,腰部以下全部瘫痪。在这之前,他只是个浑浑噩噩的加油站工人,喜欢踢足球、听音乐,自认人生没有目标,也一直没发生过什么大事。车祸以后,他体验到的乐趣大有提升。休养期间,他去念大学,并获得了语言方面的学位。现在他自己开业,替人做税务顾问。他觉得学习与工作都是强大的心流泉源,钓鱼和射箭的效果也不错。最近,他还赢得了区域射箭比赛的冠军——是坐着轮椅出赛的。

鲁吉奥接受访问时说:

> 瘫痪使我重生,所有我过去做的事都必须从头开始学习。我必须学习自己穿衣服,好好用自己的头脑;必须成为环境的一部分,利用它,却不试图控制它……这需要专注、意志力、耐心。说到未来,我希望能不断进步,打破残障的限制……每个人都需要一个目标。在半身不遂以后,在这些方面进步就成为我的人生目标。

还有一个名叫法兰戈的青年,他的腿在 5 年前瘫痪,还有相当严重的泌尿方面的问题，必须动好几次大手术。事故发生前，他是个电器工人，工作带给他很多乐趣，但他最强烈的心流体验来自每星期六晚上的有氧运动。腿部的瘫痪对他构成格外沉重的打击。常人难以想象的障碍，非但没有削减法兰戈体验的复杂性，反而使它变得更丰富、更充实。现在他担任其他半身不遂患者的心理辅导员。法兰戈自认目前最大的挑战是，帮助其他病人重建信心，并提供恢复健康方面的协助。他最重要的人生目标是："觉得我对别人有用，帮助最近才出事的人接受这种处境。"法兰戈跟一位曾因车祸瘫痪而极为消沉的女孩订了婚。他们第一次约会的时候，他开车（有配合残障驾驶的设计）载她到附近的山上去玩，不料车子抛锚，他们两个被困在荒凉的山路上。女朋友惊慌失措，甚至连法兰戈也不知如何是好，但他们终于找到人帮忙。诸如此类化险为夷的小事件，使他们觉得更有自信。

目盲心不盲

米兰研究小组的研究对象，有一组包括数十位先天或后天失明的人。访谈记录中最值得注意的乃是，很多人认为失明是一桩使人生变得更充实的积极改变。以碧拉为例，她现年33岁，12岁时因视网膜脱落而永久失明。失明使她不必再目睹家中的暴力与贫困，她的人生因而有更远大的目标和收获，这都是拜丧失视力所赐。她跟很多盲人一样，都在当电话接线员。她提到的心流体验包括工作、听音乐、帮朋友洗车，以及"我做的任何事"。她觉得工作时最大的乐趣就是，得知她负责接通的电话，通话非常顺畅，谈话衔接得如行云流水。这时她会觉得："好像上帝似的，非常满足。"碧拉认为，失明对她的人生有积极的影响，因为"它带给我连大学文凭也无法带给我的成熟度……例如，我周遭的人认为极为严重的问题，我都不受影响"。

现在30岁的保罗，6年前完全丧失视力。他并没有把失明列为积极的影响，但他提到这次不幸事件带来的四个正面结果："首先，虽然我知道，也接受了自己因失明而造成的限制，但我还是会不断试图克服这些限制。其次，我决心要尝试改变我不喜欢的状况。第三，我会小心避免重复过去所犯的错误。最后，我现在已没有幻想，但我会努力包容自己，同时也包容别人。"

保罗和大多数残障者一样，都把控制意识看作最重要的目标，实在很令我们意外，但这并不代表挑战只限于精神层次。保罗是全国西洋棋协会的会员，也参加盲人运动会，平日靠教音乐维生。他把弹吉他、下棋、运动、听音乐都列为目前的心流源泉。最近，他在瑞典的残障游泳联谊赛中赢得了第七名。他的妻子也是盲人，在一个失明妇女的体育队担任教练。现在他计划用盲人点字，写一本古典吉他弹奏的教科书。

还有安东尼奥，他在高中教书，妻子也是盲人；他们目前面临的挑战是领养一个盲童，这很可能是意大利第一宗如此特殊的案例。安妮妲说，用黏土雕塑、做爱、阅读点字，都能产生强大的心流。生下来就失明、现在已85岁的狄诺，已婚，育有两个孩子，以整修旧椅子为业，他说工作始终能带给他多姿多彩的心流体验：

"我用天然藤修理椅子,不像一般店里用合成材料……当你调整得恰到好处,弹性刚刚好时,感觉实在太棒了——尤其一试就成功的话……完工以后,椅子保证可以再坐 20 年。"另外,还有很多很多像他们一样的人。

流浪汉的告白

马西密尼教授的另一组研究对象中,包括无家可归的流浪汉。露宿街头的人在欧洲大城市里很常见,我们常会认为他们很可怜。不久前,这些无法适应"正常"生活的人,还可能会被诊断为精神病或更严重的症状。事实上,他们之中很多人确实是被各式各样的灾难打垮而落得孤苦伶仃。但再次出乎我们意料的是,他们之中也有很多人能把悲惨的境遇变成十分满足的心流体验。我们从众多实例中特别选出一段具有代表性的记录。

芮亚是埃及人,今年 33 岁,睡在米兰公园,以到慈善机构吃救济餐维生,偶尔需要钱用,就到餐厅里帮人洗盘子。接受访问时,访谈者先读了一段关于心流体验的描述给他听,然后问他是否有过类似的感受,他回答道:

> 是的,我从 1967 年到现在的生活一直就是这个样子。1967 年"以阿战争"[①] 结束后,我决心离开埃及,就一路搭便车来到

[①] "以阿战争",即以色列与阿拉伯国家之间为巴勒斯坦问题而发动的战争,前后共有五次,文中提到的 1967 年的战争为第三次。——编者注

欧洲。从此以后，我就过着心灵非常集中的生活。这不仅是一次旅行，还是自我的追寻。每个人的内心都有些亟待发现的东西。我老家的人在我决心徒步来欧洲的时候，都以为我疯了。人生最棒的事就是了解自己……我从1967年到现在，只有一个念头：找到自己。我必须跟很多事物做斗争。我经历过黎巴嫩的战事，经过叙利亚、约旦、土耳其、南斯拉夫，终于来到这儿。我也经历过各种自然灾难。在暴风雨中，我睡在路旁水沟里；我出过意外，有朋友就死在我身边，但我的注意力不曾松弛过……这是一场持续了20年的冒险，它还会持续到我这辈子结束……

我像一只刚孵出来的雏鸟，展开这场旅程，从此我就能自由地飞翔。每个人都应该了解自己，亲自体验生命的每个形式。我也可能还是在老家的床上呼呼大睡，或到镇上谋一份现成的工作，但我选择跟穷人在一起，因为每个人都必须受过苦才能成为一个真正的人。结婚、做爱，并不能让你成为男子汉；做男子汉就得负责，知道什么时候该说话、说些什么，什么时候又该保持沉默。

芮亚的话还有很多，但他说的每句话都完全符合他坚持追求的精神目标。就像2 000年前浪迹沙漠、寻求启示的先知，芮亚也从日常生活中提炼出清晰无比的目标：控制意识，建立自我与上帝沟通的桥梁。是什么使他放弃"人生的好东西"，去追求一个如此捉摸不定的目标？他是否天生荷尔蒙不均衡？他的父母是否造成他心灵上的创伤？这些颇能引起心理医生兴趣的问题，我们在此都不予讨论。芮亚为何与众不同并不重要，但是他能把大多数人无法忍受的处境，转变成有意义、有乐趣的生活，这才是真正值得我们注意的。很多养尊处优的人都还做不到这一点呢！

纾解压力

英国哲人约翰逊说："让一个人得知他两个星期后会被处决，对于他集中精神有莫大的帮助。"这种说法也适用于我们刚才所举的每一个例子。人生的中心目标受到重大打击，如果自我没有因而完全毁灭，就可能迫使我们用全副精神能量，在硕果仅存的目标周围建筑一道藩篱，防御命运再度发动攻势；要不然，灾祸也可能带来一个更清晰、更迫切的新目标，那就是克服挫败造成的新挑战。如果选择第二条路，这场悲剧不见得对生活品质有不利的影响。事实上，正如鲁吉奥、保罗以及不计其数像他们一样的人，旁观者眼中的厄运，或许反而能使他们的人生变得更充实。即使失去一种最基本的能力，例如视力，也不代表意识会因而变得贫瘠，结果往往正好相反。是什么造成这样的结果？同样的打击，为什么有人从此一蹶不振，却也有人用它创造内在的秩序？

心理医生通常把这种问题归为"压力的适应"。很明显，某些事件产生的心理压力特别大，例如，丧偶之痛比抵押房屋借款严重得多，被迫质押房屋又比接到交通违规罚单严重得多。显而易见的是，在同样的情况下，有些人一味自艾自怜，有些人却咬紧牙关、力图振作。一个人应对压力的态度，就称为他的适应能力或适应方式。

在分析压力下的适应能力之前，先要谈谈三种不同的支持来源。第一种是外来的助力，尤其是社会给予的支持。例如，罹患重病时，若有完善的社会保险和挚爱的家人在旁照顾，情况就会缓和许多。第二种是个人的心理资源，包括智能、教育水准以及其他相关的人格因素。比方说，对于内向的人而言，搬家到另一个城市、结交新朋友构成的压力，比外向的人更大。最后一种资源则是一个人对付压力的策略。

在这三种因素中，第三种最重要。光靠外来的支持缓和压力的效果不大，这一招往往只对本来就很坚强的人有用。心理资源大多也不在我们的控制之内——我们很难使自己变得更聪明、更外向。然而适应策略不但能改变压力产生的效果，也最具弹性，可以完全由自己控制，因此特别值得重视。

40 岁失业

一般人面对压力的反应，可分为积极、消极两大类。研究哈佛大学毕业生的生活状况达 30 年之久的心理学家范伦特，把积极的反应称为"成熟型防御"，其他学者则称之为"转换型适应"。消极反应分别被称为"神经过敏型防卫"或"退化型适应"。

我们以吉姆为例，说明两者之间的差别。吉姆是一个财务分析师，本来拥有一份养尊处优的工作，40岁时却被炒鱿鱼了。在人生压力的量表上，失业大约居于中间位置；它的影响当然会随个人的年龄、技能、储蓄、就业市场的状况而有所不同。吉姆面对这件不愉快的事，可以做两种选择。他可以过隐遁的生活，晚起、否定一切、拒绝去想它；他也可以把挫折感发泄到家人和朋友身上，或借酒消愁。这些行径都属于"退化型适应"或"神经过敏型防卫"。

当然，吉姆也可以保持冷静，暂时压抑自己的愤怒与恐惧，合理地分析问题，并重新评估处事的先后顺序。这样他可以重新界定问题所在，设法解决——例如，他可以换到更需要他的技能的工作岗位上，或接受新训练，从事别的工作。选择这些出路，就是"成熟型防卫"或"转换型适应"。

很少有人会只用一种策略渡过难关。吉姆很可能在失业的第一晚喝个酩酊大醉，跟一年到头都在抱怨他的太太大吵一架，但第二天或一星期以后，他会冷静下来，开始思考下一步要怎么办。各个人应用策略的能力有别，赢得射箭比赛冠军的半身瘫痪者、双目失明的西洋棋高手，承受的人生压力远超常人，他们是"转换型适应"中的佼佼者。但也有人在不算太严重的压力下就轻言放弃，从此降低生活的复杂度，不作他图。

勇气是应变的开始

把不幸的灾祸变成幸运的契机，是一种难得的天赋才能。具备这种能力的人被公认为是社会的"适存者"，他们的力量来自弹性或勇气。不论我们如何称呼他们,能够克服万难、超越障碍,已足以使他们鹤立鸡群。事实上,一般人谈起他们最佩服某个人的理由,大多不外乎勇气过人、不畏艰难。培根引用禁欲学派哲学家塞涅卡的话指出:"人在得意时表现出的种种优点令人羡慕,但人在困境中表现的种种优点更令人佩服。"

在我们的一项研究中,受人佩服者的名单包括一位半身不遂的老太太,她一直保持心情愉快,并随时乐意聆听别人的苦恼;还有一位青少年夏令营的营地辅导员,在一名学员游泳失踪,所有人都惊慌失措时,还能保持冷静地组织救援队,成功完成了一次救援任务;另一位女性主管则在男性的嘲弄与打压之下,克服艰苦的环境,获得成功。19世纪的匈牙利医生塞麦尔维斯,无视其他医生的冷嘲热讽,坚持相信只要医生在接生前把手洗干净,很多妇女就不至于在分娩时丧生。这些人和其他数以百计的榜上有名者,都因相同的理由受人尊敬:他们坚持自己深信不疑的事,不在别人的反对之下退缩。他们有超乎常人的勇气——也就是古人所谓的"美德"。

一般人特别重视勇气,当然是有原因的。在所有美德当中,首推把困境转变为乐趣盎然的挑战的能力,而这也最有用,在求生时最不可或缺,且最有可能改善生活品质。能欣赏别人所具有的这种能力,代表我们已对这种人付出注意力,必要时我们极有可能效法他们。因此,佩服有勇气的人本身就是一种优点,会这么做的人已经为灾祸的来临,做了最好的准备。

仅是把摆脱混沌的能力命名为"转换型适应",或把具备这种能力的人称为"有勇气",还不足以充分说明这份独特的天赋。正如法国剧作家莫里哀的剧中人,声称睡眠是"入睡能力",如果我们说良好的适应是"勇气"这种美德所造成的,根本就是把事实真相越搞越糊涂。我们需要的不仅是名词和描述而已,还需要了解它的整个运作过程。不幸的是,我们目前在这方面所知还相当有限。

化腐朽为神奇

一个很明显的事实就是,从混沌中创造秩序的能力不仅限于心理层次。事实上,有的进化观认为,复杂的生命形式依靠从精神熵中汲取能量而生存——把废物重新加以利用,改造成有结构的秩序。曾获诺贝尔奖的化学家普利高津,把控制随机运动中,原来会散失掉能量的物理系统,称作"耗散结构"。例如,地球上的植物界就是一个庞大的耗散结构,因为它靠光进行光合作用,光本来只是太阳燃烧的副产品,没什么用途。植物有法子把这种可能浪费掉的能量,转变为叶、花、果、树皮及树干生长所需的原料。又因为没有植物就不会有动物,所以也可以说,地球上所有的生命,都靠着耗散结构把混沌塑造成复杂的秩序才得以存在。

人类也会运用可能报废的能量,实现自己的目标。科技上的第一个重大发明——生火——就是一个很好的例子。最初,火都是由偶发事件所引起的:火山爆发、闪电、各种易燃物的自燃。自然腐朽的树木到处弃置,毫无用途可言。人类学会用火以后,原来可能散失的能量就可以用来温暖他们的洞穴、炊煮食物,还可以用于冶铸金属用品。利用蒸汽、电力、汽油、核能推动的引擎，也是基于相同的原理，把原来不是散失掉就是与我们的目标背道而驰的能量，重新加以利用。要不是人类学会把无秩序的力量转变为可以利用的形式，我们就不可能生存得像今天这么顺利。

不如意事常八九

前面已谈过，心理的运作方式也遵循类似的原理。自我的完整取决于把中立或破坏性事件，转变为对自己有利状态的能力。如果被开除是找一份更符合个人志趣的工作机会，就不是什么坏事。一个人一生中好运连连的时候，可说是微乎其微，每个愿望都实现的可能性更可谓是等于零。所有人早晚都必须面对与目标相违背的情况：失望、罹患重病、财务困境，到头来还有不可避免的死亡。这些事都会产生消极的回馈，造成心灵的失序。它们都对自我构成威胁，并破坏它的正常运作。如果受到严重的心灵创伤，一个人可能就无法再把注意力集中到主要目标上，自我就此失去控制力。重大的伤害会使意识陷入一片混乱，当事人可能就此丧失心神，也就是产生各种精神官能症。在比较轻微的状况下，饱受威胁的自我能继续生存，但不会再成长；它在攻击下畏缩，退居自卫的屏障之后，在不断的自我怀疑中茫然度日。

也正因为如此，勇气、弹性、坚忍不拔、"成熟型防卫"或"转换型适应"（亦即心灵的"耗散结构"）都不可或缺。少了它们，我们就会一直处于精神"陨石"的火力扫射之下。若能发展积极的应付策略，至少可以把不利的情况转为中立，或进而把它们变成有助于自我茁壮、复杂的挑战。

适应技巧随年龄增长

　　转换型技巧通常是在青春期的晚期养成，较年幼的孩子或刚步入青春期的少年，大多依赖社会网络所提供的屏障免于伤害。当孩子受到任何打击——即使是诸如成绩考砸了、下巴长了颗青春痘或学校里同学不跟他说话这类小事，他们都觉得像是世界末日，生命不再有意义。倘若别人能适时给予正面的回馈，只需要几分钟就足以振作他的精神。一个微笑、一通电话、一首好歌，就足以吸引他的注意，使他忘记忧虑、重建心灵的秩序。我们从心理体验抽样法的研究中得知，健康的青少年沮丧的时间每次平均不超过半小时（成年人从恶劣的心境中复原，却平均需要两倍的时间）。

　　不过，大约到十七八岁左右，青少年大多就已经能比较清醒地看待不利的状况，如果一件事情未能按照预期发展，也不至于构成致命的打击。大多数人到这个年纪，已开始有能力控制意识。这种能力部分归功于时间的历练：曾经失望、熬过失望。长大了的青少年知道，其实事态并没有乍看之下那么糟。部分则由于知道别人也会遇到相同的问题，而且终能解决。得知自己的问题也会发生在别人身上，使年轻人的自我产生新的觉悟。

　　当年轻人在自行拣选的目标上建立了坚强的自我，任何外来的失望都不能撼动时，适应型技巧的发展就已臻至巅峰。对某些人而言，这股力量来自认同家庭、国家、宗教、意识形态而确立的目标；对其他人而言，这股力量来自精通一套和谐的符号系统，诸如艺术、音乐、物理等。印度的年轻数学天才拉马努金，把所有精神能量都投注在数学理论上，贫穷、疾病、痛苦及短暂的寿命，虽令他疲惫不堪，却不能使他分心——甚至还进而刺激他更努力地发挥创造力。弥留之际，他还对自己发现的方程式赞叹不已。他心灵的宁静悠远，正反映出他所运用的象征符号秩序井然。

化危机为转机

为什么有些人的力量被压力削弱，有些人却变得更坚强？答案很简单，懂得如何把无助的状况转变为新的心流活动，并加以控制的人，会为自己找到乐趣，在考验中锻炼得更坚强。这样的转变可以分三个步骤来讨论：

第一，不自觉的自我肯定。罗根曾对受过严格体能折磨的人做过一项研究，这些人包括单独到北极流浪的探险家、集中营的囚犯等，他们共有的心态就是，深信命运掌握在自己手中，我们不妨说他们是自信，但同时他们的自我又似乎并不存在：他们一点儿也不以自我为中心，他们的能量不用于控制环境，而是致力于寻求一种与环境和谐共存的途径。

抱持这种态度的人，不把环境视为敌人，也不坚持自己的目标和企图必须凌驾于一切事物之上。他只觉得自己是周遭的一部分，应当在运作的体系当中尽一己之力。而矛盾的是，承认自己的目标或许是一个更伟大的实体的附庸，为了成功，可以遵守一套并非出于自己选择的游戏规则，往往是强者必备的特征。

在此举一个很普通的例子。假定某个寒冷的早晨，你赶着要去上班，但车子却发动不了。在这种情形下，很多人会变得越来越固执，一心一意非赶到办公室不可，没法子拟订其他计划。他们可能咒骂车子，拼命转动车钥匙，或愤怒地猛敲仪表板，而这些动作通常都不会有任何效果。他们的自我太强，使他们无法适应挫折，也不能实现目标。比较理性的态度是，认清不管你是否急着赶到公司，汽车自有它的运作方式，唯一能发动汽车的法子就是按照它的规矩来。如果你实在不知道点火系统出了什么问题，倒不如叫辆计程车，或干脆请一天假，在家做些别的有用的事。

基本上，要达到这样的自信，一个人首先要对自我、自己的处境、自己在环境中的地位，都有相当的信心。一名优秀的飞行员知道自己有什么样的技巧，对飞机有信心，也知道万一遇到飓风或机翼结冰，该如何应付。他对自己在任何天气状况下的适应能力都有信心，并不是因为他能强迫飞机服从他的意志，而是因为他把自己当作调节飞机性能、配合天气的工具。他是飞机航行安全不可或缺的环节，但只有在他以一个环节自居时，才能实现自己的目标。

第二，注意力集中于外界。 注意力向内集中时，精神能量都被自我的关注与欲望吸收，很难再去观察周遭环境。懂得如何把压力转换成充满乐趣的挑战的人，很少花时间想到自己，他们不会把所有的能量都用在满足自己的需求上，或为受社会制约的欲望烦恼。相反，他们的注意力随时保持警觉，不断处理来自周遭环境的资讯。注意焦点仍由个人的目标决定，但尤需保持开放，随时注意外界的变化，做出相应的调整，尽管这些变化不见得跟他想要实现的目标直接相关。

开放的态度使一个人更客观，能够注意到变通的可能性，自觉是周遭环境的一部分。攀岩者修伊纳把那种与环境融合为一的感觉表达得很好，他描述攀登险峻的约塞米蒂谷埃尔卡皮理岩壁的经历说：

> 花岗岩的每个结晶都像从石头上凸显出来，云朵的变化万千，一直吸引我们的注意。有生以来第一次，我们发现岩壁上布满了小昆虫，它们小到几乎看不见的程度。我盯着一只小虫足足看了15分钟，看它爬来爬去，对它鲜红的外壳赞叹不已。有这么多美好的东西供你观看和感觉，你怎么可能厌倦？我们跟如此充满乐趣的环境结合在一起，无微不至、无远弗届的感知，带给我们一种多年来不曾有过的感受。

达到这样天人合一的和谐境界，不仅是享受心流体验乐趣的重要因素，也是克服困境的中心机制。首先，把注意力从自我转移出去，欲望受挫就较不可能干扰意识。精神熵是因为注意力集中于内在的无秩序而产生的，这时若把注意力转而投注在周遭的事物上，压力造成的破坏就会减轻。其次，如果一个人沉浸在环境中，成为环境的一部分，利用精神能量参与到环境体系之中，这样一来，他就更能了解体系的特性，可以用更好的方式适应不利的情况。

再回到前面那个车子发动不了的例子：如果你的注意力全都放

在及时赶到办公室这个目标上,你心里想的可能只是万一迟到会有什么后果,对不肯合作的车子满怀敌意。因而,你就不大可能会注意到汽车要告诉你的信息:引擎油气太重,或电瓶没电了。同样,如果飞行员一心只想着他要飞机怎么做,就可能忽略有助于安全导航的资讯。第一个单人飞渡大西洋、开创飞行纪元的林白,把对环境完全开放的心理状态描述得非常好:

> 我的驾驶舱很小,墙也很薄,但在这个小空间里,尽管思潮汹涌,我却觉得很安全……我对驾驶舱里每个细节都非常清楚——所有的仪表、扳手、结构上的每个角度。每件东西都具有新的价值。我细看管路上焊接的痕迹(曾经有多少肉眼看不见的沉重压力凝固在金属的皱褶中)、高度表上四溅散开的油漆……成排的燃料阀……这一切我过去不以为然的东西,现在都觉得十分醒目而重要……我一方面驾驶着复杂的飞机,在空中飞行;另一方面在机舱里,周遭只有单纯的东西,思考也摆脱了时间的局限。

他还讲到他过去的一位同事 G 在空军服役时的一次令人毛骨悚然的经历,说明当我们过度以安全为念、忽略了现实状况时,反而可能造成严重的危机。朝鲜战争期间,G 的部队参加一次例行的跳伞演习。有一天,一组受训的伞兵发现标准型的降落伞不够,有个惯用右手的人,被迫使用左手开纹的降落伞。负责军需品的士官长向他保证:"两种伞完全一样,只是拉绳在背带左边。你可以用任一只手开伞,但是用左手会比较容易些。"全组登机,飞到 8 千英尺的高空，大家在目标降落区的上空，一个接一个往下跳。一切都很顺利，除了一个人：他的降落伞没有打开，活活摔死在沙漠里。

G是负责调查降落伞为何没能打开的特别小组成员。死去的士兵是被分配到用左手开启降落伞的那个人，在他的制服右襟，标准降落伞开伞拉绳所在的位置已被完全撕裂，甚至右胸也被他染血的右手抓得皮开肉绽，只要再向左几寸就是拉绳实际的位置，但那根绳子完全没有动过的痕迹。降落伞一点儿问题也没有，问题就在于这个人下坠时，一心一意只想在习惯的部位找到拉绳，他知道拉开绳子自己就安全了，但他的恐惧太过强烈，根本没想到真正的安全只差几英寸。

危机迫在眉睫时，我们自然会动用精神能量自卫，但这种内在的反应不见得有助于适应状况。它往往反而使内心的混乱加剧，削弱反应的弹性。更糟的是，它还可能使一个人变得孤立于世界之外，独自面对挫折。相反，如果我们继续跟事态发展保持接触，就会出现新的可能，启发我们采取新的因应对策，不至于被完全排除在生命的主流之外。

第三，找寻新出路。应付造成精神熵的状况，有两种基本的方法：一种是把注意力集中在阻挠我们实现目标的障碍上，消除它，并重建意识的和谐，这种方法比较直接；另一种是把注意力集中于整个状况，包括自己在内，探讨有没有其他更合适的目标，寻求不同的解决之道。

比方我们可以假定，应该可以升为公司副总裁的费尔，眼看着升迁机会可能落到另一位跟总裁处得特别好的同事头上。这时他有

335

两个基本的选择：设法改变总裁的想法，证明自己比较胜任副总裁一职（第一种方法）；或考虑新的目标，如转到公司别的部门，或干脆转行，或降低事业野心，多投注精力照顾家庭、社区或自我人格的发展（第二种方法）。任何一种方法都不会是绝对的好，而重要的是，费尔选择的出路对他整个人生目标有无意义，能否帮助他享受到人生最大的乐趣。

不论采取何种对策，只要费尔把自己、自己的需要看得太重，一旦事态不能按照预期发展，他就会出问题。若不保留注意力寻觅实际的变通之道，就非但找不到有乐趣的新挑战，反而会陷入压力的重重包围。

俯拾皆是的契机

人生各种状况都可能成为成长的契机。我们已谈过，即使像失明或半身不遂这样的灾难，也能转变为带来莫大乐趣、增加复杂性的状况。甚至死亡的逼近，也能创造意识的和谐，不需要感到绝望。

然而，这些转变都要求当事人随时做好迎接意外的准备。很多人都对遗传和社会制约习以为常，全然忽视了选择不同行动的可能性。完全遵守遗传和社会制约，在万事顺利时，没什么问题。一旦目标受挫——这是早晚必然会发生的事，一个人就必须设定新目标，为自己创造新的心流活动，要不然他就会在内在的混乱上浪费大量能量。

如何找出变通的策略？答案很简单：只要怀着不以自我为出发点的信心，对环境保持开放的态度，充分投入，出路自然就会铺展在你眼前。发掘人生新目标的过程，在很多方面都跟艺术家创造一件艺术品的历程颇为相似。传统艺术家开始为画布上颜料时，已经知道自己要画什么，他会坚持自己的构想，直到完工为止；但一位原创艺术家一开始只有很强烈的感受，并没有明确的目标，他会随着画面上兴之所至的色彩与图形，修正构图，最后完工的作品可能和先前构想截然不同。一方面，如果艺术家服膺内心的感觉，了解自己喜欢和不喜欢什么，对画布上呈现的一切付出注意力，就一定会完成一幅好画。另一方面，如果他坚持原先的构图，对眼前次第呈现的其他可能性置之不理，画出来的肯定是幅平庸之作。

我们在人生初始就有种种预设的期许，包括基因为了确保生存而规划的基本需求——食物、舒适、性、控制其他生物；我们的文化塑造的特殊需求——苗条、财富、教育、讨人喜欢也包括在内。如果我们接受这些目标，而且运气够好，或许能如法炮制这个时代和地域对外表与社会地位的理想，但这能算是精神能量最好的用途吗？万一无法实现目标又该怎么办呢？除非我们能像密切注意画布上变化的画家一般，对周遭的一切付出关心，根据事物直接给我们的感觉加以评估，不受成见拘囿，否则就不可能察觉到其他的可能性。这么做我们就会发现，事实往往与我们的预期相反，帮助别人远比击败他人更令人满足，跟两岁的孩子聊天也比陪董事长打高尔夫球更有乐趣。

培养自得其乐的性格

本章再三强调的是,外来的力量无法决定困境能否转变成乐趣。一个健康、富有、强壮、有权力的人,在控制自己的意识上,并不见得比一个疾病缠身、贫穷、衰弱、受尽迫害的人更有胜算。一个能从生活中找到乐趣的人,和一个被生活压垮的人之间的差别,无非是外在因素的综合和个人对这些因素的阐释,也就是由他把挑战视为威胁或行动的契机所造成的。

"自得其乐的自我"倾向于把潜在的威胁解释成充满乐趣的挑战,因此得以维持内在的和谐。一个永不觉得厌倦、很少感到焦虑、投入周遭事物,并经常处于心流状态的人,可以说是具备了"自得其乐的自我"。这一词的意义也就是"拥有自足目标的自我",大多数人的目标都受生理需要或社会传统的制约,亦即来自外界。自得其乐的人,主要目标都从意识评估过的体验中涌现,并以自我为依据。

自得其乐的自我会把可能发展成精神熵的体验转变成心流。培养这样一个自我的规则很简单,直接源于心流模式,可以简略地归纳成以下几点。

确立目标

要体验心流,先得有一个清楚的奋斗目标。一个具备"自得其乐的自我"的人会干净利落、镇定自若地做抉择——从择偶、就业等终身大事，乃至周末如何消磨、待在牙医候诊室时做些什么等小事。

选择目标与认知挑战有关。如果决心学打网球，我就该学发球、打反手拍和正拍，训练体力和反应。或者过程也可能刚好相反：因为我从击球过网中得到乐趣，我渐渐把学打网球当成一个目标。两种情形下，目标与挑战都是相辅相成的。

从目标与挑战中确立行动的体系后，在体系运作中所需的技巧就显而易见了。如果我决心辞去工作，转行经营度假事业，我就该学习旅馆经营、财务管理、选择开业地点等。当然，这整件事情的发展过程也可能正好相反：我认为自己的技巧可以经由一个特定的目标充分发挥——我可能因具备足够的条件，才决定投入度假休闲这一行。

在培养技巧的过程中，我们必须注意行动造成的结果，也就是留意所有的回馈。一位优秀的度假休闲业经营者，必须对创业企划书在一位银行家心目中可能引起的反应做出正确的评估，还必须知道旅客会喜欢哪些措施和设备，哪些又可能引起他们的反感。若不能对回馈保持密切注意，他很快就会与行动体系疏离，技巧不再进步，效率也一落千丈。

一个人有没有"自得其乐的自我"，最根本的不同在于，自得其乐的人知道目标完全由自己选择，并不是什么随机效应，也不是外来力量所造成的。这个事实造成两个乍看可能截然相反的结果：一方面，自行做主的信念使一个人更能全心投入目标，他的行动确实而有内在的控制；另一方面，由于对目标有主控权，必要时他可以很容易修正。由此可见,自得其乐的人待人处事既能做到前后一致,又能保持相当的弹性。

全神贯注

选定行动体系以后,具备自得其乐性格的人就会一头扎进他所做的事情里面。不论是驾飞机绕地球飞行一周,还是吃罢晚餐清洗碗盘,他都会把注意力投注于手头的工作上。

要做到这一点,必须先学会在行动的机会与本身具备的技能之间取得平衡。有些人抱着不切实际的期望,诸如拯救全世界,或在20岁以前成为百万富翁等,希望破灭时,大多数人都会觉得沮丧,精神能量浪费在没有结果的追逐上,使他们委靡不振。在极端的情形下,很多人因对自己的潜力丧失信心而停滞不前,于是选择安全而微不足道的目标,使复杂性的发展局限于最起码的层次。在行动体系中妥善运作,最重要的就是使环境的要求与行动的能力保持在伯仲之间,相去不远。

举个例子,如果一个人走进一个拥挤的房间,决定加入派对,也就是尽可能多认识一些人,玩个痛快。如果他缺乏自得其乐的性格,很可能就没法子主动展开人际接触,而会退缩到角落里,希望有人会注意到他。要不然,他也可能表现得太聒噪、太招摇,不合身份的虚情假意,极可能引起别人反感。这两种策略都不可能成功,也无助于玩得愉快。但一个自得其乐的人,一走进房间,就把注意力由自己身上转移到派对——也就是他打算加入的"行动体系"。他会观察所有的来宾，研究判断哪些人可能在兴趣和气质上跟自己合得来，开始与对方谈论双方可能都感兴趣的话题。如果回馈很消极——例如话题变得很乏味或对方接不上，他就可以换个话题或换个谈话对象。只有在一个人的行动与行动体系提供的机会相称时，才可能真正投身其中。

集中注意的能力越强，投入就越容易。注意力失序、精神容易涣散的人，总觉得被排除在心流之外。任何转瞬即逝的外来刺激，都有可能使他们分心。如果分心不是出于自愿，就可见对自我缺乏控制。令人意外的是，大多数人都不曾在加强控制注意力上下过什么工夫。如果没法子专心阅读一本书，我们非但不设法提升注意力，反而丢下书，打开电视，让剪接粗糙、不时被广告打断、情节低俗的电视节目进一步割裂我们的注意力。

避免过于自我

投入需要专心，保持投入更要不断专注。运动员都知道，比赛中只要一分神，就可能招致惨败。重量级拳王如果没看见对手一记左钩拳，很可能就被打昏过去；篮球选手若因观众的欢呼而分心，上篮就会失误。任何置身复杂体系中的人，都面临相同的考验：他必须不断投入精神能量，才不至于被淘汰出局。不肯用心聆听孩子说话的家长，会损害亲子间的互动关系；心有旁骛的律师很可能辩输案子；心不在焉的外科医生，则会使病人不再上门。

"自得其乐的自我"能维系投入的状态。最常见的一个分心因素——自我意识过强,在这种人身上并不构成问题。他们并不担心自己的表现好不好,别人怎么看他,只是全心投注在自己的目标上。有时候,全心投入能把自我意识排除到意识之外,但有时候却正好相反:因为缺乏自我意识,所以能强烈投入。自得其乐性格的各项因素往往互成因果,难以区分。选定目标、培养技巧、加强集中注意的能力及摆脱自我意识,何者为先,其实并不重要。我们可以从任何一点开始,心流活动一旦展开,其他因素自然水到渠成。

一个人把注意力投注在互动关系上,不为自我烦恼,得到的结果乍看可说是矛盾的:他不再自觉是独立的个体,但自我却变得更强大。自得其乐的个人借着把精神能量投入所属的体系,得以超越个人的极限。个人与体系结合,自我的复杂性才能更上一层楼,就由于这个缘故,曾拥有爱而失落胜于从未爱过。

一个凡事以自我为中心、只谋私利的人,自我或许觉得很安全,但是跟一个愿意为了互动而投入周遭活动的人相比,前者的自我显得非常贫瘠。

芝加哥市政府对面的广场,一座毕加索户外雕塑举行揭幕典礼时,我也在场,旁边站着一位专办个人伤害案件的律师,我们有过数面之缘。主席致辞时,我注意到他脸上的表情十分专注,嘴唇开阖,喃喃自语。我问他当时在想什么,他说他在估计,如果小孩爬到雕像上,摔下来受伤的话,市政府一共要付多少钱来解决纠纷。

这位律师把任何事情都转化为他专业领域上的问题,因此他一直处于心流状态之中,这是否很幸运?换个角度看,他只注意自己熟悉的事情,对这项典礼在美学、服务民众、社交等方面的意义浑然不觉,是否错失了成长的良机呢?或许两种说法都没有错。但长此以往,只从自我的小窗户观看世界,毕竟是一种局限。即使是深孚众望的物理学家、艺术家或政治家,倘若只对自己在宇宙中有限的角色感兴趣,早晚也会变成一个空洞无聊的人,丧失生活的乐趣。

从当前体验中寻求乐趣

拥有"自得其乐的自我",能够学会确立目标、培养技巧、接收回馈,并懂得如何投入和参与,即使客观情况极为不利,也仍然能找到生活的乐趣。能控制心灵就能使周遭发生的事情成为乐趣的来源。大热天迎面吹来一阵凉风,摩天大楼的玻璃帷幕掩映的晴空云影,处理一笔生意,看一个小孩跟狗玩耍,喝一杯白开水,都可能产生莫大的满足感,使生活更充实。

要达到这样的控制需要决心与纪律。纵情逸乐,把一切烦忧置之度外的生活方式,并不能带来最优体验;轻松而顺其自然的态度,也抵挡不住混沌来袭。本书从一开始就强调,把随机事件转变成心流,需要培养技巧,扩充自己的能力,不断追求成长。心流会鞭策一个人发挥创意,表现杰出。不断加强技巧,维系乐趣的需求,正是文化不断演进的原动力。它促使个人与文化都向更复杂的境界迈进。在体验中创造秩序的报酬,推动世界不断前进,为我们的子孙后代铺路,当他们在这个世界上取代我们的地位时,一定比我们更睿智。

然而仅仅学会控制一时一刻的意识状态，还不足以把所有的存在都化为心流体验——我们还必须有个整体目标，使日常生活中每件事都具有意义。如果一个人在不同心流活动之间穿梭，没有衔接的秩序，走到人生终点时，回顾经历过的每件事情，就很难说出其中有什么意义。从自己做过的事情当中创造和谐，是心流理论赋予追求最优体验者的最后一项任务。通过它，整个人生串联成具有一贯目标的大心流活动。

第十章

追寻生命的意义

若能赋予人生意义,就能使生命丰富璀璨,人生至此,夫复何求?是否苗条、富裕、掌权,都已无关紧要了,此时澎湃的欲念止歇,连最单调的体验也变得兴味盎然。

常见网球选手在球场上完全投入，充分享受打球的乐趣，但一下球场他们就变得闷闷不乐、难以相处。毕加索从绘画中得到很大的乐趣，但一搁下画笔，他就变成一个令人讨厌的人。西洋棋怪才费舍除了下棋，做其他事都显出无可救药的笨拙。不计其数类似的例子都在提醒我们，能在一种活动中达到心流，并不能保证这个人在人生其他方面的表现也会有相同的水准。

如果我们能从工作和友谊中找到乐趣，并且把每一次挑战都视同磨炼新技巧的机会，生活带来的回报当然会超过一般的水准，但这仍然不足以保证我们会达到最优体验。不能以一种有意义的方式相互衔接的活动，只能产生支离破碎的乐趣，这时我们还是抵挡不住突如其来的袭击。即使最成功的事业，最令人满足的家庭生活，早晚也会枯竭；对工作的热情会逐渐冷却，配偶会离开人世，孩子也会长大离家。因此，我们必须完成控制意识的最后一步，也就是达到最优体验。

这一步要做到的就是，化整个生命为统一的心流体验。如果一个人决心实现一个困难的目标，所有其他目标都是为这个大目标而存在，他就会投入所有精神能量，培养实现这一目标所需的技巧，那么所有的行动与感受就会形成蔚为和谐的整体，人生各个不同的部分也会契合无间。不论过去、现在，还是未来，每种活动都深具意义。在这种情形下，一个人的生命就有了意义。

要求人生有一个和谐而完整的意义，是否天真得不可思议呢？毕竟，自尼采宣布"上帝死了"，哲学家和社会科学家就一直忙着证明：存在没有任何目的，我们的命运受概率和非人的力量所操纵，所有价值观都是相对而断章取义的。如果我们所谓的"意义"是建立在自然界架构和人类经验之上，并适用于每一个人的目标，那么人生确实没有意义可言，但这并不表示我们不能赋予生命意义。文化与文明大多是人类在艰困无比的条件下，为自己和子孙后代创造目标、奋斗不懈的成果。承认生命不具有意义是一回事，但单凭这个事实就决定一切听天由命，却是另一回事。前一个认知和后一个反应之间，没有必然的关系，正如同人虽没有翅膀，却不见得不能在天上飞翔一样。

以个人的观点来看，最终目标只要能为一生的精神能量建立秩序，它本身是什么并不重要。它可能成为啤酒瓶收藏家、找出癌症疗法或纯属生物本能——希望儿女过得好，光耀门楣。只要方向明确，行动规则清楚，并能提供集中注意力的方法，任何目标都能使人的一生充满意义。

过去几年，我跟几位伊斯兰教徒建立了良好的友谊，包括电子工程师、飞行员、商人、教师，他们大多来自沙特阿拉伯或其他波斯湾国家。跟他们谈话的时候，我意外地发现，即使处于沉重的压力下，他们仍能保持轻松自如。当我表示困惑时，他们告诉我：

"这不算什么，我们把生命交托在真主手中，一切都由他决定，所以我们不会焦虑不安。"

何谓意义？

"意义"是个很难界定的概念，"意义"本身究竟有什么意义呢？这个词可以做三种解释，说明达成最优体验的最后步骤。第一种解释指涉一个目标或重要性，例如在"人生有什么意义"这句话中，"意义"一词反映一种假设，即事件之间基于一个最终目标而互有关联，它们有一种现成的秩序和联系。这一假设的前提是，各种现象都不是随机发生的，都遵循一种可辨识的模式，指向一个最高的目标。第二种解释指的是个人的企图，例如"她通常都是好意"，这句话里的"意"已经认定，一般人会在行动中泄露他们的目的，通过可预测的、表里一致、有秩序的方式，表达真正的目标。最后一种解释指的是一种有秩序的资讯，例如，"耳鼻喉学意即从事耳朵、鼻子、喉咙等方面的研究"，或"黄昏时满天红霞，意即明天会有个晴朗的早晨"，这两句话里的"意即"赋予不同字句对等的地位，界定事件之间的相关性，有助于澄清不相干或互相矛盾的事件，并确立其间的秩序。

创造意义就是把自己的行动整合成一个心流体验，由此建立心灵的秩序。上面所介绍"意义"一词的三种解释，有助于我们了解如何创造意义。肯定人生有意义的人，通常都有一个富于挑战性、足够凝聚他们全部精力的目标，人生意义就建立在这个目标之上。我们不妨把这个过程称为"找到方向"。心流的首要条件便是，行动必须有目标，如赢得一场比赛、跟某个人交朋友、用某种特定方式办成一件事。目标本身通常并不重要，重要的是经由目标，集中注意力，投入一种实际可行而充满乐趣的活动。

拿破仑与特蕾莎修女

有些人能够经由同样的方式，把一生中的精神能量都集中于一点。各个独立的心流活动能把看似不相关的目标，结合成一场无所不包的大挑战，使一个人一生中做过的每一件事，顿时有了方向。建立方向感的方式很多，拿破仑追求权力，一将功成万骨枯，赔上了数十万法国士兵的性命；特蕾莎修女奉献一生，帮助无依无靠的人，以信仰为基础的无条件的"大爱"，赋予她人生的方向，建立了一种超乎理解的精神秩序。

从纯心理学的观点来看，拿破仑和特蕾莎修女的内心方向感均属于相同的层次，都可视为最优体验。但两者之间明显的差异，使人不得不考虑一个道德上的问题：这两种赋予人生意义的方式，各有什么样的后果？我们的结论可能是：拿破仑使不计其数的生命陷入混沌，特蕾莎修女却缓和了许多人的精神熵。我们在此不打算对行动的客观价值进行判断，我们关注的是：统一的方向感为个人意识带来什么样的主观秩序。"人生有什么意义？"这个老问题的解答顿时变得很简单。人生的意义就在于"寻求意义"：不论它的本质，不论它来自何处，只要找到一个统一的大方向，人生就会有意义。

意义的第二种解释与企图的表达有关。这个解释也适用于把整个人生转变为心流活动，并从中创造意义的情况。找到一个能统一所有目标的方向还不够，我们仍必须不屈不挠地面对随之而来的每一个挑战。方向需要奋斗，企图一定要化为行动，这就是追求目标的决心。一个人制定的目标完成多少并不重要，重要的是他有没有为实现目标而努力，不让自己的精力消散或浪费掉。哈姆雷特说："决心的本色在顾虑的阴影下变得苍白……气壮山河的冒险……也失去行动之力。"一个知道该怎么做，却无法打起精神实践的人，实在很可悲，所以英国浪漫诗人布莱克说："心中有欲望却不付诸行动的人是在毒害自己。"

追求意义的第三种方式，是前两种的结果。痛下决心追求一个重要的目标，各式各样的活动都能汇集成统一的心流体验时，意识就呈现出一片祥和。知道自己要什么，并朝这个方向努力的人，感觉、思想、行动都能配合无间，内心的和谐自然涌现。生活在和谐之中的人，不论做什么、遭遇什么，都不会把精神能量浪费在怀疑、后悔、罪恶感及恐惧之上，精力永远用在有益的方面。对生命胸有成竹的人，内心的力量与宁静，就是内在一致的最高境界。

方向、决心加上和谐，就能把生命转变成天衣无缝的心流体验，并赋予人生意义。达到这种境界的人再也不觉得匮乏。意识井然有序的人不需要害怕出乎意料的事，甚至也不惧怕死亡，活着的每一刻都饶富意义，大多数时候也都乐趣无穷。这种境界听来实在很有吸引力，但我们该怎么做才能进入这种境界呢？

培养方向感

很多人都能在生活中为每天所做的事情找到统一的方向——一个像磁铁一般,能吸引他们的精神能量,并整合所有次要目标的标杆。这个目标决定一个人必须面对哪些挑战,才能把生活转变成心流活动。缺乏这样的方向感,即使是有秩序的意识也不会有意义。

在人类历史中,努力寻求能赋予经验意义的例子,可说俯拾皆是。这些典范彼此相去可能甚远。例如,社会学家阿伦特指出,古希腊人通过英雄式的作为,追求不朽;基督教世界里的男男女女则效法圣徒,追求永生。阿伦特认为,终极目标与人生有限的认知有关:它必须能给人一种延伸到死后的方向感。不朽或永生都有这种作用,但运作的方式却不尽相同。希腊英雄崇高的行为是为了赢得同侪的尊敬,希望个人的英勇行为能靠歌谣与故事,一代接一代,传颂千秋万世。圣徒却放弃个人的独特性,一言一行都以上帝的旨意为依归,希望借着与上帝结合,得到永恒的生命。不论英雄还是圣徒,都为一个远大的目标,奉献全部的精神能量,终身笃行,至死方休,使生命成为统一的心流体验。社会其他成员就遵照这些榜样,过着比较平凡的生活,人生遂也具备一个不那么明确,但也多少算得上中规中矩的意义。

文化三阶段

按照定义来说,每种文化都自有一套意义体系,帮助个人规划目标的方向。比方说，索罗金把西方文明分为三大类型。他认为，2 500年来，这三种类型不断交替出现，有时能持续数百年，有时仅数十年。他称之为文化的"知觉"、"观念"与"理想"三个阶段，他试图演绎，每个阶段都用不同的优先顺序，证明一套存在的目标。

知觉阶段的文化对现实的观念，以满足感官为整合的主轴。这类文化倾向于享乐主义及功利主义，并以具体的需求为主要考量。这一阶段的文化中，艺术、宗教、哲学以及日常行为模式，都以实际体验的目标为圭臬。索罗金指出，知觉文化在公元前440—公元前200年，是欧洲文化的主流，并于公元前420—公元前400年登峰造极。过去100年，知觉文化在发达的资本主义民主国家再度兴起。生活在知觉文化中的人，不见得崇尚物质，但他们整理目标，或证明自己行为的正当性时，都以乐趣与实用性为主，很少考虑到抽象的原则。他们心目中的挑战，几乎完全以如何使生活更轻松、更舒适、更愉快为出发点。他们所谓的"善"，就是愉快的感觉，对理想化的价值观则抱着不信任的态度。

观念阶段文化的组织原则，与知觉文化阶段恰好相反：它们轻视具体事物，全心追求非物质及超自然的目标。他们强调抽象的原则，主张禁欲，并超越对物质的关心。艺术、宗教、哲学、日常行为模式的正当性，都附属于精神秩序的实践之下。一般人的注意力都投注在宗教或观念之上，如何生活得更好对他们而言并不构成挑战，心灵的澄明与坚定才是真正值得追求的目标。索罗金说，公元前600—公元前500年的古希腊、公元前200年至公元400年的西欧，都是这种世界观的高峰期。

知觉、观念文化的差异

以知觉为中心或以观念为中心的文化的差异，可用一个简单的例子来说明。我们的社会和法西斯社会都重视强健的体魄，崇拜人体之美，但出发点截然不同。我们的知觉文化把锻炼身体当作追求健康与快乐的途径，观念文化却把身体当作某些抽象原则的象征，它的价值在于形而上的完美。在知觉文化中，俊美青年的海报可能会刺激性欲，被当作商品出售牟利。而在观念的文化中，同一张海报却成为观念的宣言，具有政治上的效用。

当然，任何时代、任何社会，都不可能只用这两种方式中的一种来整理体验的秩序。知觉或观念的世界观，会衍生出各种不同的次类型或综合类型，共生在同一个文化之中，甚至在同一个人的意识之中。所谓"雅痞"生活方式，就是建立在知觉原则之上。美国的"圣经"地带①，基督教基要派信徒却属于观念的系统。这两种形态及其衍生出来的次形态，在当前的社会体系中虽然各自为政，但它们所具备的目标系统，却有助于把人生整理成首尾一致的心流

---

① 美国"圣经地带"是指美国南部部分州的别名。这些州的民风非常保守，对宗教非常狂热。关于这一地带的具体范围，有三种说法：其一，包括美国东南部及中西部各州，大致是西北至堪萨斯州，西南至得克萨斯州，东北至弗吉尼亚州，东南至佛罗里达州。其二，是指南北战争期间所有南方各州及其西面延伸，但不包括加利福尼亚州。其三，认为连加拿大的艾伯塔省及卑斯省的费沙谷也包括在内。——编者注

活动。

不仅文化能概括这两种意义体系,个人也能做到这一点。诸如艾柯卡或佩罗特等商界领袖,人生秩序一方面建立在具体的企业挑战上,另一方面却也经常在追求感官享乐方面领先群伦。《花花公子》杂志的老板赫夫纳代表知觉世界观较原始的一面,他提倡的"花花公子哲学"鼓吹纯粹的享乐取向。肤浅的观念型人生观,还包括宣扬盲从、过分简化人生疑难的神棍和故弄玄虚的神秘主义者。他们当然也有多种变化与组合:例如电视布道家贝克和斯华格等人,嘴上讲的是要求观众奉行观念的目标,私下却沉溺于感官的享受。

三者各有利弊

有一种文化能成功地整合这两种各走极端的模式,保存两者的优点,弥补两者的缺点,索罗金称之为"理想文化"。它能结合具体的感官体验,而仍然保持对精神目标的尊重。中世纪晚期的西欧与文艺复兴时代,在索罗金心目中都颇具理想倾向,并在14世纪前20年之内臻于巅峰。不消说,理想文化当然是最好的方案,一方面避免物质主义的散漫,另一方面也没有观念体系的狂热禁欲作风。

索罗金的文化三分法虽然太过简化,颇有可议之处,但是在说明一般人整理终极目标的原则时,还是相当有用。知觉文化永远是个受欢迎的选择,它要求对具体的挑战做出反应,用具有物质倾向的心流活动塑造人生。它的优点包括:规则人人都能懂、回馈清晰——健康、金钱、权力、性满足，都是人人渴望的东西，毋庸置疑。但观念模式也有它的优点：虽然形而上的目标也许永远达不到，但也没有人能证明你已失败；虔诚的信徒无论如何都有法子歪曲回馈，利用它来证明自己没有错，自己是上帝的"选民"。理想模式或许是把人生整合成心流的最好方法，但是在挑战中兼顾物质条件的改善和精神目标，殊非易事，在一个侧重感官的社会里，要做到这一点，更是困难重重。

说明个人如何整顿行动秩序的方式，也可以不谈挑战的内涵，改从挑战的复杂性着手。一个人是物质主义者还是观念主义者，或许并不重要，如何区别与整合自己的目标才最重要。前面我们已经谈到，复杂性取决于一个体系如何发挥它的特色与潜力，还有不同特色之间的关系。从这一点来看，基于感官享乐的人生观，若能经过精心策划，对各种多姿多彩的具体人生经验做出反应，具备内在的一致性，就比未经深思熟虑的理想文化更好。

建立复杂意义

研究一般人如何发展自我观念、人生的长期目标等专题的心理学家，有一个共识：每个人刚开始都只想到求生、保持身体及其基本目标的完整性，这时人生的意义很简单——就只是求生、求舒适、求享乐而已。当身体的安全得到充分保障后，一个人就可以扩张意义系统，包容家人、邻居、宗教或种族等团体的价值观。这一步骤虽然通常会要求个人认同传统的标准与规范，但仍能提升个人的复杂性。下一步发展又回到个人主义的反省。个人再次转向内心，从自我寻求权威与价值标准的新基础。他不再盲目认同，开始发展独立自主的善恶观念。这时人生的主要目标变为追求成长、进步和实现潜能。前面各步骤都已臻至圆熟，第四步才能展开，这是最后一次脱离自我，认同他人及宇宙共同的价值观。在这个阶段，极端个人化的人——就像修行功德圆满，听任河水控制船行方向的佛陀——终于心甘情愿让自己的利益融入大我的利益之中。

这套建立复杂意义系统的过程，说来好像注意力会不断在自我和他人之间转来转去。首先，精神能量投注在个体的需求上，精神秩序就是享乐的同义词。这一层次完成以后，注意力就可以转移到社群的目标上，亦即在团体价值观中具有意义的事，这时宗教、爱国心、别人的接纳与尊敬，都成为内在秩序的变数。这套辩证过程的下一个动作又回到自我：一个人对较大的人群体系产生归属感以后，开始觉得发掘个人极限变成一项挑战，这促使他追求自我实现，并尝试不同的技巧、观念与训练。在这个阶段，乐趣已取代享乐，成为主要的"报酬"。但因为一个人在这个阶段又成为追寻者，中年危机很可能随之出现，他可能转业，个人能力的极限也构成越来越沉重的压力。从这时起，个人已准备最后一次改变精力的方向：他已知道什么事自己能做，什么事光凭一个人的力量做不到，最终目标是跟一个超乎个人的体系——一种主义、一种观念、一个超越的整体合而为一。

并非每个人都能沿着这个复杂性渐增的"螺旋梯"爬到顶。一小部分人永远停留在第一阶段。如果求生的压力一直压得人无法把注意力投向其他方面，他就不能为家庭或社群的目标贡献多少精神能量。个人的利益也能赋予生命意义；大多数人很可能在第二阶段就觉得很安适，家庭、公司、社区或国家，就成为他们主要的意义源泉。较少的人攀升到反省式个人主义的第三层次，到达与宇宙价值观结合的境界者更少。因此后两个阶段不见得能反映现实状况或可能发生的状况，它们只代表一个人如果够幸运，能成功地控制意识，结果会是什么样子。

上述四个阶段，对意义按照复杂度渐次增加而显现的过程做了极为简单的描述，另外可能还有六阶段或八阶段的区分法。阶段的多少并不重要，重要的是，大多数理论都承认个体与团体的对峙，以及独特化与整合不断交替发生的重要性。从这个观点来看，个人的生活包含一连串不同的"游戏"，代表不同的目标与挑战，会随着个人渐趋成熟而改变。复杂性需要我们投注精力，培养与生俱来的技巧，学习自制与自立，意识到自己的独特与极限。同时，我们也需要投注精力去认识和了解个人疆界之外的力量，并设法与之配合。当然我们大可不理会这些事情，但如果不行动，多半的情形下，你迟早会后悔的。

下定决心

目标给人方向感，但不见得能使日子更好过。目标可能带来各式各样的问题，往往使人想干脆放弃，另谋比较简单的出路。遇到阻力就改变目标必须付出的代价就是，虽然生活可能会舒适愉快一些，但人生到头来可能落得空洞而没有意义。

最早移民到美国的清教徒，认定维系自我完整的唯一方法，就是根据自己的良心服侍上帝。他们深信，个人与至高无上的神之间的关系是世上最重要的事。自古就有很多人经由选择一个至高无上的目标，整顿人生的秩序，清教徒的不同处在于，他们不让迫害与困境动摇自己的决心。他们跟着既定的信念走，不惜放弃舒适的生活，甚至不惜放弃生命。由于他们有这样的表现，不论他们的目标本来会得到什么样的评价，也就变得崇高起来。清教徒的献身赋予目标以价值，目标也为清教徒的生活创造意义。

目标决定努力方向

目标一定要先受重视，才能发挥作用。每个目标都有一连串影响，如果我们不准备把它们列入考虑，目标就变得没有意义。登山者在决定攀登一座崎岖的山峰时，已经知道要历经种种危险，把自己弄得筋疲力尽。如果他轻易就放弃，这场追求就没什么价值可言。所有的心流体验也是如此：目标与努力之间有对应关系。开始时靠目标证明努力的必要，到后来却变成靠努力证明目标的重要性。一个人结婚是因为找到了值得终身厮守的伴侣，如果他的表现一点儿也不像要终身厮守的样子，婚姻就会渐渐变得不值得维系了。

考虑各种因素以后，实在不能说人类没有贯彻决心的勇气。任何时代、任何文化，都有不计其数的父母为儿女牺牲自己，因而使自己的人生更有意义。可能也有许多人为了土地和同胞，付出全部精力。数以百万计的人为国家、信仰或艺术，放弃了一切。凡是能无视痛苦和失败，坚持下去的人，他的人生就有可能成为一股涓涓不断的心流：一系列有焦点、全神贯注、表里一致、秩序井然的体验，从内在秩序中创造出无穷的意义与乐趣。

随着文化不断演进，这种程度的决心越来越难达成。竞争的目标太多，谁能说哪一个目标才是值得一生为它奉献的呢？才不过几十年前，一个女人还理所当然地以为，家人的幸福就是她这一生最高的目标，因为她没有太多其他的选择。今天的女人可以往商界、学术界、艺术界发展，也可以从军，做一个贤妻良母已不再是女人的天职。所有人都同样面临一片更开阔的天空，便利的交通使人不必再困守家乡，任何人都不必只跟自小生长的街坊邻居来往，不必只认同自己的出生地。如果这山望见那山高，尽可以去爬那座山。其实，生活方式或宗教信仰很容易替换。在旧时代，一个猎人一辈子打猎，铁匠一辈子打铁；现在要换职业很方便，没有人非得干一辈子会计不可。

认识你自己

我们今天面临多样的抉择，个人的自由因而大为扩张，这是100年前无法想象的。但吸引人的选择机会一多，不可避免地会带来方向摇摆不定的结果；方向不定，决心当然会受到影响；决心不足，选择也就随之贬值了。由此可见，自由不见得有助于创造生命的意义——事实上还正好相反。游戏规则弹性太大，注意力就会减退，导致更不容易进入心流状态。投入一个目标和它的相关规则，在选择比较少而明确时，比较容易做决定。

这并不代表我们应该回归过去那种价值观森严、选择有限的时代——事实上，我们也回不去了。我们的祖先一直奋斗争取的复杂性和自由，已成为我们必须设法克服的挑战。若能成功，我们的后代都会受益，生活的丰富程度也将是地球上前所未有的。倘若失败，我们就面临着把精力浪费在互相矛盾、没有意义的目标上的危险。

目前，我们怎么知道把精神能量投注在哪方面呢？没有人会挺身而出告诉我们：这就是值得你一生投入的目标。因为该走哪个方向没有定论，每个人都必须发掘自己的终极目标。经过尝试与犯错，经过努力学习，我们才能把纷乱的目标理出头绪，挑出能带给行动方向感的那一个。

"自知之明"这个救命秘方，往往因用得太久而被人忘怀，却是整理纷乱的选择的最好出路。德尔斐神庙的门楣上就刻着"认识你自己"几个大字，而自古以来也一直有数不清的警句，宣扬这些字眼的妙用无穷。忠告会被人重复，就是因为它能发挥作用；但每一代人都必须重新探讨这几个字的意义，它如何能适用于个人的特殊处境？要做到这一点，就该用现代知识表达这个观念，并用现代的方法实践它。

剔除旁枝目标

内在冲突是注意力分散、难以分配的结果。欲望及不协调的目标太多，竞相争夺精神能量，应付这种情况唯一的方法就是挑出最基本的目标，把无关紧要的枝节目标剔除，并为保留的目标排定先后次序。要做到这一点，有两个基本的法则，也就是古人所谓的"行动式生活"和"反省式生活"。

沉浸在行动式生活中的人，借着面对具体的外在挑战达到心流状态。丘吉尔、卡耐基等伟大领袖，都以无比的决心终身追求一个目标，似乎没经过什么内心的挣扎，优先秩序也毋庸置疑。成功的主管、经验丰富的专业人士、天才艺术家，都学会信任自己的判断与能力，并运用与生俱来的直觉，即刻展开行动。只要行动的竞技场具有足够的挑战，一个人就会在自己选择的行业中，不断体验到心流，几乎没有余裕去察觉正常生活中还有精神熵存在。这时和谐就以一种间接的方式，在意识中重现——不需要直接面对冲突，或消除目标与欲望的矛盾，而可以专心致志地追求自己选择的目标，使所有杂念都毫无机会乘虚而入。

行动虽有助于创造内在秩序，但也不是没有缺失。一个全心全意投注在实际目标中的人，或许可以消除内心的冲突与矛盾，但他的选择机会也会大受限制。决心45岁要当上厂长的年轻工程师，把全部精力都放在这个目标上，开始几年，他可能十分成功，信心十足，但早晚他就会想起自己放弃的其他机会，心中会涌现难以言喻的怀疑与后悔。为升迁而牺牲健康，值得吗？可爱的子女一下子变成了脾气别扭的青少年，这几年发生了什么事？我现在坐拥权力和金钱，有什么用？换言之，目标虽能支持行动一段时间，却不能赋予整个人生以意义。这时就可以看出反省式生活的好处。

行动、反省相辅相成

对经验进行独立反省，实际评估各种选择机会及其效果，一直被视为追求美好人生的最佳途径。不论是躺在心理医师诊疗室的长椅上，不厌其烦地发掘饱受压抑的欲望，并把它整合到意识之中；还是像耶稣会修士的良心考验一般，每日数次反省自己的言行，严格检讨过去几小时内所做的一切，是否符合长期的目标；各种建立自知之明的方法，都以增加内在的和谐为目标。

最理想的方法其实应该是，行动与反省相辅相成。行动本身是盲目的，光靠反省又流于缺乏行动力。在为一个目标投下大量精神能量之前，应该先提出几个基本问题：我真的想做这件事吗？做这件事会有乐趣吗？在可预见的将来，我仍然能从中得到乐趣吗？我和其他人，必须为它付出的代价值得吗？完成这件事以后，我还会喜欢自己吗？

这些问题乍一看很简单，但一个跟自己的体验脱节的人是答不出来的。如果一个人连自己要什么都懒得去研究，注意力都放在外在目标上，连自己的感觉都无暇顾及，那么他就不可能形成对行动有意义的企图。而如果一个人已养成良好的反省习惯，就不需花大量时间探索内心深处，才能决定行动过程是否会造成精神熵。他几乎凭直觉就可以知道，某种推销方式会产生跟收获不成比例的压力，某段友谊虽然很吸引人，但若发展成婚姻，却会造成令人无法忍受的压力。

为心灵创造短时间的秩序并非难事：只要有个切合实际的目标，就能做到这一点。好好玩一场、工作出现转机、家人愉快的聚会，都能集中注意力，创造和谐的心流体验。但把这种状态延长为整个人生历程，就困难多了。首先需要一个极具说服力的目标，即使资源已用尽，天公也不作美，生活险阻重重，我们仍觉得有必要投注精力。如果目标选得好，我们又有勇气无视阻碍，坚持到底，就能全神贯注在周遭的行动与事件上，无暇觉得不快乐。那时我们就会在人生的挫折中找到一种秩序感，使所有的思想与感情融合成一个和谐的整体。

重获内心和谐

目标与决心塑造人生，能创造内心的和谐感，意识中也会洋溢着流动不息的秩序。也许有人会说，达到这种内在秩序有什么难的呢？为什么要奋斗得那么辛苦，使人生成为一致的心流体验呢？一般人难道不是生下来就表里一致吗？人性难道不是天生就有秩序吗？

在养成自省的习惯之前，人类意识的原始状态确实已具备内在的平静，只是偶尔会被饥饿、性欲、痛苦或危险打断。目前带给我们那么多苦恼的精神熵——无法满足的需要、受挫折的期待、寂宽、沮丧、焦虑、罪恶感——都可能最近才侵入人类的心灵。这类情绪都是大脑皮层的复杂度急速提升，加上文化象征日趋丰富的副产品，它们可视为意识黑暗面的呈现。

如果通过人类的眼光诠释动物的生命，我们可能会觉得它们大部分时间都处于心流之中，因为它们观念中该做的事，通常也就是它们正准备要做的事。狮子肚子饿的时候会四处寻找猎物，直到饥饿感消除为止；吃饱了，就躺在太阳底下，做只有狮子才会做的梦。我们没有理由认为它会受不满足的野心折磨，或者它会被迫在眉睫的责任压得喘不过气来。动物的技巧总是能配合实际的需要，因为它们的心灵只容纳环境中确实存在的，并与它们切身相关、靠直觉判断的资讯。饥饿的狮子只注意能帮助它猎到羚羊的资讯，吃饱的狮子注意力则完全集中在温暖的阳光上。它的心灵不会去考虑当时不存在的可能性，不会想象其他更好的选择，也不担心失败。

生物程序规划的目标无法实现时，动物也会跟我们一样觉得痛苦。它们会有饥饿、痛楚、性欲得不到满足的冲动。被训练成人类之友的狗，一旦被主人抛下，就会变得不知所措。但动物中除了人以外，都不会自作自受，它们的进化程度还不足以感受沮丧和绝望，只要没有外来的冲突干扰，它们就能保持和谐，体验到人类称为心流的那种圆满。

快乐的野蛮人？

发生在人类身上的精神熵，都是因为觉得该做的事比做得到的更多，或自觉能做到的比环境许可的更多所引起的。这种现象只有在一个人同时考虑多个目标，不同欲望发生冲突时才会出现；只有在一个人不仅知道自己是什么，也知道自己能成为什么时，才会发生。一个体系越复杂，变通的出路越多，就越可能出问题。心灵的演进正是如此：处理资讯的能力越强，内在冲突的可能性也随之增加。面临太多要求、选择及挑战，我们会觉得焦虑；但太少时，我们又觉得厌烦。

把演化的譬喻从生物层次推广到社会层次，或许可以说，较落后的文化，社会角色种类少，复杂性低，变通的目标或行动方向都几乎等于零，因此体验心流的机会反而比较大。来自较文明社会的人，发现较落后的种族不怕外来的威胁，仿佛得天独厚，拥有宁静的心灵，于是"快乐的野蛮人"观点就不胫而走。但这个说法只说明了事实的一半：在饥饿或出猎时，野蛮人不见得比我们快乐；他处于不愉快状态下的时间可能比我们还多。科技较不发达的种族，选择的机会和可应用的技巧种类都很有限，好处是容易得到内心的和谐。我们的灵魂骚动不已，正是被无限的机会和臻至完美的可能性永远开放所赐。在德国文学家歌德笔下，象征现代人原型的浮士德与魔鬼的交易，充分呈现了这种两难境地：浮士德得到了知识与权力，付出的代价却是灵魂的纷扰难安。

重获清明之心

我们不需行万里路就能知道，心流本是生活的一部分。小孩子在自我意识介入之前，做任何事都是发乎自然、全心全意的。当他们必须在人为设限下辛苦学习时，才会知道厌倦是怎么回事。这并不代表小孩儿永远都快乐。残忍冷漠的父母、贫穷和疾病、生活中不可避免的意外事故，都会使小孩儿痛苦，但小孩儿不会没来由地不快乐。很多人怀念童年时光，并非事出无因；很多人都像托尔斯泰笔下的伊凡·伊里奇一样，觉得童年的完整宁静的心灵，对此时此刻的专一投入，都随岁月流逝越来越难唤回。

我们在缺乏机会与变通时，和谐可谓唾手可得。欲望很单纯、选择很清楚，没有矛盾存在的空间，也不需要妥协，这就是简单体系的秩序——它根本欠缺秩序。这种和谐非常脆弱，复杂度一步步增加，由体系内部产生精神熵的可能性也相对增加。

我们可以提出很多因素，说明意识为什么会越变越复杂。从生物物种的角度来看，中枢神经系统的演化是一个因素。当心灵不再完全受直觉和反射作用限制，就有了选择。从人类历史的角度来看，语言、信仰体系、科技的发展，是心灵内涵日趋独特化的另一个因素。社会组织从一盘散沙的渔猎部落转为拥挤的大都市，角色独特化造成个人的思想与行动自相矛盾。所有人都以打猎维生，有相同的技巧和利害考量的时代已成过去。农夫、磨坊工人、教士、士兵，对世界的看法各不相同，没有绝对正确的行为法则，不同的角色需要不同的技巧。从个人的角度来看也是如此，年龄渐长，接触到互相矛盾的目标越多，不能协调的行动机会也越多。小孩儿面对的选择寥寥无几，冲突也小，但它们会一年年增加。童年时心流自然涌现的那颗清明的心，会随着纷纭杂沓的价值观、信念、选择及行为模式，逐渐变得黯淡模糊。

很少人会坚持，简单的意识比复杂的意识好，虽然前者比较和谐。我们可能会羡慕狮子休息时的平静、部落成员面对自己命运时的坦然，以及孩子对此时此刻的专注，但这些模式都解决不了我们当前的困境。建立在天真无邪基础上的秩序，对我们已是遥不可及。一旦摘下知识树上的果实，重返伊甸园的路就永远被封闭了。

一贯的人生主题

除了一味被动地服从生物本能或社会规范所提供的统一目标，我们也可以根据理性与自由选择，创造和谐。包括海德格尔、萨特、梅洛–庞蒂在内的哲学家，都肯定现代人的这项任务，并称之为"人生计划"，意为由目标指引，塑造个人的一生，并赋予生命意义的所有行动。心理学家则称之为"特有奋斗"或"人生主题"。这些观念都指涉一系列跟一个终极目标有关的目标，个人所做的每件事都因终极目标的存在而具有意义。

人生主题就像游戏规则，参加者一定要按照规则行动才能体验到心流，这可视为生命乐趣的泉源。有了人生主题，所有事情都会有意义——不尽然是好的意义。如果一个人只想在30岁以前赚到100万，所有的事情不是使他更接近目标，就是更远离目标。清楚的回馈帮助他一直投入行动之中。即使损失所有的钱，他的思想与行动仍然与终极目标密切结合，仍然觉得所有的体验都有价值。同样，一个决心穷毕生之力找出治愈癌症方法的人，通常也一直知道自己是否距离目标更近——在这两种情形下，该怎么做很清楚，当事人的任何抉择都具有举足轻重的意义。

撰写人生的脚本

精神能量与人生主题结合时，意识就能达到和谐。但并非所有的人生主题都具有建设性。存在主义哲学家把人生计划分为真、伪两种。真人生计划乃是一个人知道自己有选择的自由后，根据经验进行理性的价值判断所选择的主题。只要选择足以代表这个人真正的感觉与信念，他最后选择的是什么并不重要。伪人生计划指的是一个人因为觉得什么事都该做，什么事别人都在做，所以自己没有别的选择，也只好这么做。真人生计划有自发的动机，因自身的价值而被拣选；伪人生计划则必须靠外来的力量推动。人生主题也有类似的区分："发现性"人生主题是一个人基于个人经验和选择的自觉，自行撰写行动的脚本；"接受性"人生主题则是按照别人写就的脚本，扮演分配在自己头上的角色，照本宣科。

这两种人生主题都有助于赋予生命意义，但两者也都有缺点。接受性人生主题在健全的社会体系下，能运作得很妥善，但社会体系一出问题，个人就很可能陷入变态的目标，不能自拔。把数十万人送入煤气室的纳粹刽子手艾希曼，把官僚体制奉为至高无上。他在处理复杂的火车行程表，尽可能调配数量不足的车厢以满足需求，用最低的成本转运尸首时，说不定也沉浸在强烈的心流之中。

他似乎从来不问交代下来的任务是对是错,只要奉命行事,就能保持意识的和谐。对他而言,人生的意义就是隶属于一个强大而有组织的制度,其他的事都无关紧要。在太平盛世,艾希曼这种人或许能成为社会的栋梁,广受敬重。但他的人生主题太脆弱,一旦狂妄自大、心智失常的人控制社会,问题就暴露无遗;正直的公民不需要调整目标,就能摇身一变为得力的帮凶,浑然不觉自己的行动违反人性。

"发现性"人生主题的弱点属于另一类型:因为它是个人自行界定人生方向,奋斗之下的产物,所以往往缺乏社会的认可,它的创新和与众不同常被世俗视为疯狂或具有破坏性。若干有力的人生主题其实是基于古人所设定的目标,只不过由现代人重新发现罢了。已故的美国黑人民权运动领袖马尔科姆·艾克斯,早年的行径跟其他贫民窟出身的青年无异,视打架与吸毒为家常便饭。但他在狱中经过阅读和思考,发现了一套不同的目标,重新寻回了尊严和自尊。虽然这份认同感是由过去的智能堆砌而成,但从本质上看,却是崭新的发现。他从此摒弃贩毒和拉皮条的旧业,为不计其数的黑皮肤和白皮肤的社会边缘人,创造更复杂的目标,帮助他们建立人生的秩序。

从另一个角度切入

一位参加我们研究的受访者 E 提供了另一个从古人的目标中发掘人生主题的范例。E 在一个贫穷的移民家庭中长大,他的父母只认得几句英文，勉强能读、能写。快节奏的纽约生活令他们胆怯，但他们崇拜美国和一切代表这个国家的权威。E 在 7 岁的时候，父母花了一笔积蓄，买了一辆脚踏车送给他当作生日礼物。没几天，他在附近骑车时，被一辆不遵守交通规则的汽车撞倒，受了重伤，脚踏车也全毁了。驾驶人是个有钱的医生，他开车送 E 到医院，求 E 不要报警，承诺负担一切费用，并且买一辆新的脚踏车赔他。E 和他的父母相信这些承诺，依约行事，但不幸的是，肇事医生再也没有出现过，E 的父亲只好借钱偿还高昂的医药费，脚踏车当然也没了下文。

这件事很可能在 E 的心灵里留下永远的创伤，使他变成一个愤世嫉俗的人，凡事只谋求自己的利益。事实并非如此，E 从这次经历中学到了一个奇怪的教训。他从中创造的生活主题，不仅赋予他自己生命意义，也帮助很多人缓和了他们的精神熵。这场意外发生后的很多年，E 和他的父母一直对陌生人抱着敌视、怀疑及困惑的态度。E 的父亲自觉是个失败者，开始酗酒，成为一个闷闷不乐、凡事退缩的人。看起来，贫穷无助已对这家人造成莫大的伤害。但是 E 十四五岁的时候，在学校读到美国宪法和《权利法案》时，他把这些历史文件秉持的原则跟自己的遭遇结合在一起，他渐渐认清，家人的贫穷与疏离并非他们自身的错，而是因为他们不明白自己的权利，不懂得游戏的规则，不能向有权管辖的人提出有效的抗议。

于是，他立志当一名律师，不仅为了改善自己的生活，更为了确保发生在他身上的不公不义，不会在处境跟他类似的人身上重演。一旦目标确定,他的决心就毫不动摇。他进入法学院就读,并担任一位知名法官的助手,最后终于成为法官。在事业的巅峰,他进入内阁,协助总统创制更有力的民权政策与法律,对处于不利环境下的人伸出援手。他毕生的思想、行动与感情都在他十来岁为自己选择的主题下得到统一。他至死方休的努力,是一场了不起的游戏,遵守他所制定的目标与规则进行。他觉得人生极具意义,每一场挑战都充满乐趣。

对痛苦的阐释

E 的例子说明了"发现性"人生主题形成时,几个共同的原则:首先,这种主题往往是对早年遭受重大伤害的反应——成为孤儿、遭人遗弃、受到不公平待遇等。伤害本身并不重要,主题永远不可能靠外在事件决定。重要的是,一个人对痛苦做何种阐释。如果父亲是个残暴的酒鬼,子女对这个问题可以有数种不同的见解:他们可能会告诉自己,父亲是个该死的混蛋;父亲是人,人都难免有缺点、有暴力倾向;父亲的困境是贫穷所造成的,要避免跟他一样的下场,就得设法赚钱致富;父亲的行为是无助和未受教育所引起的。只有最后一种阐释,能导向 E 所选择的那种人生主题。

因此,接下来的问题就是,用哪种方式阐释遭受的痛苦,能导向精神负熵的人生主题?如果一个饱受有暴力倾向的父亲虐待的小孩儿,认为问题就潜藏在人性之中,人都是软弱而暴戾的,那么凭他一己之力,当然无药可医,小孩儿哪有可能改变人性呢?要在痛苦中找出方向，首先我们必须把它解释成一项可能的挑战。例如，E把自己的遭遇看成少数民族的无助与权利受到剥夺，不怨怪父亲，然后他才能培养适当的技巧——进修法律，以解决他眼中损害个人生活的症结。这种把伤痛的事件转变成挑战，赋予生命意义的原动力，就是前面谈到的"耗散结构"，亦即从无秩序中发现秩序的能力。

最后，精神负熵的复杂主题，很少会在应付个人问题时出现。它所涉及的挑战一定要能适用于其他人，甚至全人类。以E为例，他所提出的无助问题，不仅适用于自己和家人，也适用于所有与他父母类似的穷苦移民，不论他为自己的问题找到什么样的出路，都会惠及很多人。这种广泛利他的解决方式，是精神负熵人生主题的典型特征，它为很多人带来生命的和谐。

绝处逢生

芝加哥大学研究小组访谈的另一位戈特弗瑞先生，也提供了一个类似的例子。戈特弗瑞自小跟母亲很亲近，他的童年回忆充满了快乐与温馨。然而在他未满10岁时，母亲就罹患癌症，极为痛苦地死去了。这孩子大可从此自艾自怜，变得十分沮丧，也可以用愤世嫉俗的面具自我防御。然而他并没有自暴自弃，反而把癌症视为生平最大的仇敌，发誓要打败它。他从医学院毕业后，就致力于钻研肿瘤学，他的研究成果在人类克服癌症威胁的努力当中，有显著的重要性。个人的不幸遭遇再一次转变成广泛的挑战，在个人培养迎接这场挑战的能力同时，其他人的生活也能分沾到好处。

从弗洛伊德开始，心理学家一直希望能说明，童年所受的伤痛如何引起成年后的精神官能障碍。两者之间的因果关系不难理解，真正难以解释而更值得注意的是，与这种预期相反的结果：受苦刺激使一个人奋发向上，成为伟大的艺术家、英明的政治家或杰出的科学家。如果我们假设外在事件能决定心理的发展，受苦的人罹患精神官能症就很正常，建设性的反应也不外乎"自卫"或"升华"。如果我们假设一般人有权对外在事件做出何种反应时，那么建设性的反应才是正常的，精神官能症则是无法面对挑战，心流的能力受阻所引起的。

为什么有些人能建立一致的目标，终身受用不尽，而有些人却一辈子过着空洞、无意义的生活呢？这个问题并没有标准答案，因为一个人能否在乍看一片混沌的体验中，找到和谐的主题，乃是由很多内在和外在的因素决定的。一般人倾向于认为：在天生残疾、贫穷、受压迫之下，人生就不会有什么意义，但即使如此也有例外。

人道主义的马克思主义哲学家葛兰西对近代欧洲思潮有很大的影响。他天生驼背，出生在一个贫苦的农家。幼时，他父亲曾入狱多年（后来证明是冤狱），家中几无隔宿之粮。葛兰西自幼体弱多病，据说他母亲每晚都为他穿上最好的衣服，让他睡在一具棺材里，因为她认为，一早起来他可能已经死了。由此看来，他的前途实在很黯淡。然而，葛兰西无视种种障碍，不但活了下来，还接受了良好的教育。他成为老师，生活勉强有保障后，并毫不懈怠，决心跟损害母亲健康、侮辱父亲名誉的社会状况抗争到底。他最后成为大学教授和国会议员，无畏地对抗法西斯主义。在死于墨索里尼的黑狱中以前，他不断用美丽的散文，刻画人类若能摒弃怯懦与贪婪，将会生活在多么美好的世界里。

类似葛兰西型的人格很常见，这充分证明：童年恶劣的外在环境，不见得会导致长大后内心缺乏意义。发明大王爱迪生小时候是个穷苦多病的孩子，还被老师认为是低能儿；爱因斯坦幼时生活充满焦虑与失望；罗斯福夫人从小是个寂寞、神经质的女孩，但他们后来都为自己创造了有意义的人生。

超越前人智慧

如果赋予生命意义有特别的方法可循，这方法也似乎简单得不值一提，但因为它经常受到忽视，而且这种情况在今天尤其严重，所以不妨重新拿出来谈谈。这一方法主要是从前几代建立的秩序中汲取经验，找到一个避免自己内心被扰乱的模式。文化会累积大量的知识——或者说有秩序的资讯，可资运用在这方面。伟大的音乐、建筑、艺术、诗歌、戏剧、舞蹈、哲学、宗教，都是以和谐克服混沌的好榜样，任何人都可以仿效。但很多人都忽视它们的存在，只想靠自己的力量创造生命的意义。

这种态度跟要求每一代都要从无到有，凭空创造一套物质文化，并无不同。任何心智正常的人都不会企图重新发明轮子、火、电力，以及其他数百万种现在大家视为理所当然的工具或步骤。相反，我们会从老师、书本、模型中，寻求制造这些东西的资讯，从先人的知识中寻求超越，设法更上一层楼。放弃祖先辛苦累积的教我们如何生活的资讯，或自以为能靠个人的力量，发现一套合适的目标，都是妄自尊大，成功的机会就跟完全不懂物理却试图制造一台电子显微镜一样渺茫。

长大后能顺利建立一致的人生主题的人，往往记得小时候听父母讲故事或念书给他们听的情景。听一个值得信赖而充满爱心的大人讲述童话故事、《圣经》故事、历史英雄的丰功伟绩、家族的憾事，往往是一个人从过去的体验搜集有意义资讯的第一次接触。相应地我们在研究中也碰到过从来不曾专心追求任何目标，也不曾义无反顾地接受社会交付的目标的人，这种人完全不记得小时候听父母讲过或念过的任何故事。周末早晨电视上的儿童节目，只有漫无目标的煽情，不可能发挥相同的作用。

从书中获得启发

不论出身背景如何，人生稍后的阶段仍然有很多从过去汲取意义的机会。很多发掘到复杂人生主题的人，若不是以他们深为尊敬的长者或历史人物为模范，就是从书本中找到行动的新方向。例如，一位现在已成名的社会科学家，谈到他少年时读《双城记》，狄更斯笔下社会与政治的乱象给他留下了很深刻的印象。这跟他父母第一次世界大战后在欧洲的经历相呼应，因此他当时就决心设法了解，为什么人类要把彼此的生活搞得这么痛苦。还有一个男孩儿,在管教严格的孤儿院长大,偶尔读到霍雷肖·阿尔杰丛书中的一个故事,书中描写一个跟他一样贫苦寂寞的小孩儿,靠着努力和运气发达起来,他就想:"他做得到,为什么我不能?"今天他已退休了,是一位以乐善好施闻名的金融家。也有其他人因读到柏拉图的对话录,或科幻小说的英勇行为,一生就此发生了重大的改变。

优秀的文学作品往往包含有秩序的资讯,包括各种行为模式、目标模式如何成功运用于有意义的目标,规范人生的典范等。很多生活陷入混乱的人,得知在他们之前也有人面临类似的问题,就能重燃希望,克服困境。

《神曲》中的中年危机

我曾为企业主管讲过如何处理中年危机的课程。这些事业有成的主管,很多已经在公司中爬到顶峰,而家庭与私生活却是一团糟,因此他们需要有个机会想想,下一步该怎么办。多年来,我应用发展心理学方面的最好理论和研究结果,带动授课和讨论。我对这些讨论会的结果大致上还算满意,学员也都觉得学到了有用的知识。但一直困扰我的是,我使用的教材似乎没有多大意义。

后来,我想要尝试一些不同的东西。我在讨论会一开始,先简单介绍了一下但丁的《神曲》。这部写于600多年前的作品,是我所知道的谈到中年危机及其解决之道的最古老的文献。但丁这部卷帙浩瀚的长诗,开宗明义就写道:"我在人生旅程的中途,发现自己置身于幽暗的森林,完全不认得路。"接下来的描写不但扣人心弦,而且在很多方面对中年遭遇的困境，可谓刻画得入木三分。

首先，但丁在黑暗的森林中徘徊时，发现三头野兽正垂涎欲滴地在背后窥视他。它们包括一头狮子、一只山猫和一头母狼——象征野心、色欲和贪婪。换言之，但丁的大敌就是他对权力、性欲和金钱的渴望。为了避免被欲望吞没，但丁拼命往山上跑，希望能逃脱。但野兽越追越近，绝望之余，但丁只好向上帝求助。一个鬼魂应他的祷告出现——来者是早在但丁出世前1 000年就已经去世的大诗人维吉尔。但丁崇拜这位前辈气魄宏伟的诗篇，一直视他为良师。维吉尔告诉但丁：好消息是有一条路可以走出这森林，坏消息是这条路必须通过地狱。于是，他们穿过曲曲折折的地狱之路，沿途看见那些不曾选择人生目标，或误把增加精神熵当作人生目标的人的悲惨下场，这些人就是所谓的"罪人"。

我很关心这些疲惫不堪的企业主管，对几百年前的老寓言作何反应。我担心他们会认为这是在浪费他们宝贵的时间。结果证明我多虑了，我们过去讨论中年生活的陷阱，如何使往后的日子过得更充实，从来没有像这次这样坦诚而严肃。会后有几位学员私下告诉我，用但丁做引子是个很棒的点子，《神曲》的故事清楚地点出了问题的症结所在，帮助他们顺畅地思考、谈论这些问题。

还有一个原因使但丁成为一个重要的模范。虽然诗中洋溢着浓厚的宗教伦理观，但是读者一看即知，他所信奉的基督教不是接受型的信仰，而属于发现型。换言之，他创造的宗教生活主题，糅合了基督教最好的启示、古希腊哲学和渗透欧洲的伊斯兰教智慧等精华。同时，他的炼狱里有许多永远遭天谴的教皇、红衣主教和神职人员。甚至他的向导维吉尔也不是基督教的圣徒，而是位异教诗人。但丁早已看清，所有精神修炼体系一旦与教会这样的世俗机构结合以后，就开始受到精神熵的困扰。因此，为了从信仰体系中汲取意义，首先就得拿这个体系包含的资讯跟自己的具体体验比较，只保留合理的部分，把剩下的一股脑儿抛弃。

信仰的力量

今天我们仍不时遇见把内在秩序建立在过去伟大宗教启示之上的人。尽管我们天天读到股市黑幕、国防工程贪污、政客没有原则的新闻，但与此相反的例子也还是存在的。成功的商人抽时间到医院陪伴垂死的病人，因为他们相信，照顾受苦的人是有意义的人生不可或缺的一环。很多人从祷告中获得力量和宁静，还有很多人根据有意义的信仰体系，建立心流的目标与规则。

毋庸置疑，大多数人并没能从传统宗教和信仰体系中获得帮助。很多人无法区分古老教义中的真理和经年累月堆积的谬误。因为他们不能接受错误，所以干脆连真理也一块儿拒绝。有些人则是迫切追求秩序，抓到什么信仰就不计好坏，照单全收，变成顽固刻板的基督徒、伊斯兰教徒。

有没有可能出现一套新的目标与实践体系，帮助我们的儿孙在21世纪找到生命的意义？有些人相信，如果恢复基督教过去的光荣,就能实现这项需求。但也有人认为,唯有共产主义才能解决人间的混沌,它终有一天会横扫全世界。目前看来,这两种预言都还没有实现。

如果有一种新信仰要吸引我们,它必须能理性地解释所有我们知道、感觉、希望和害怕的事。它必须是一个能引导我们的精神能量朝一个有意义的目标迈进的体系,一个为心流生活提供规则和方法的体系。

我们很难想象,这么一个体系在某种程度上,不会依赖科学对人类和宇宙的认识为基础。若没有这样的基础,我们的意识就仍然在信仰与知识之间左右为难。如果科学要提供真正的帮助,也必须重作调整。除了各种描述、控制现实中独立现象的专门学科,还需要对所有知识做一个整体的解释,把它跟全人类和人类的命运结合在一起。

要做到这一点,有个方法是通过进化的观念。所有我们关注的问题——我们从哪里来?我们往哪里去?什么力量塑造我们的生活?什么是善,什么是恶?我们彼此之间,我们和宇宙之间有什么关系?我们的行动有什么后果?这些都可以用目前的进化论知识作系统地讨论,这方面的知识未来还会继续扩充。

这种方式面临的批评是,一般科学或进化论科学处理的都是已经存在的现象,不考虑应不应该的问题。然而信仰却不受现实的局限,它会讨论什么是对的,什么是令人渴望的。进化的信仰或许能在现实与理想之间做一整合。当我们了解自己为什么是现在这样,就更能了解直觉冲动、社会控制、文化表达等有助于意识形成的元素,更容易把精力导向更正确的方向。

进化掌握在我们手中

进化观点同时指向一个值得我们投注精力的目标。数十亿年来，地球上的生命形式越来越复杂，人类神经系统也日趋精巧细密；大脑皮层演化而具有的意识，影响力遍及全球。复杂性不仅是现实，也是理想：它已经出现——按照地球的法则，它必然会出现；但除非我们希望它继续，否则它的发展很可能会中断。进化的未来就掌握在我们手中。

过去几千年来——从进化时间来看，只不过是一瞬间——人类在意识的独特化上有惊人的进步。我们认知到人类与其他生命形式有所不同，也认知到每个人跟其他人有所不同。我们发明了抽象思考与分析，也就是分辨物体空间与运动的能力。通过独特化，产生了科学、技术以及前所未有的建设与破坏环境的能力。

然而复杂性除了独特化，还要整合。未来一代的任务就是开发心灵的这个层面。过去我们学习把自己跟别人及环境区分开来，现在我们要学习在不丧失辛苦得来的独特性前提下，跟周遭其他个体重新结合。未来最大的希望就寄托在宇宙体系是靠共同法则结合的认知之上，我们把自己的梦想和欲望加诸自然，若不把这个认知列入考虑，一切就没有意义可言。认清人类意志的极限，接受与宇宙合作，而非统治宇宙的角色，我们就会像终于回到家的流浪者，觉得无比轻松。只要个人目标与宇宙心流汇合，意义的问题也就迎刃而解了。